NEIL SHUBIN

DIE GESCHICHTE DES LEBENS

VIER MILLIARDEN JAHRE EVOLUTION ENTSCHLÜSSELT

AUS DEM ENGLISCHEN
VON SEBASTIAN VOGEL

impian

DIE GESCHICHTE DES LEBENS

In Erinnerung an meine Eltern,
Seymour und Gloria Shubin

Genehmigte Lizenzausgabe für Impian GmbH, Leverkusen, 2023

Die Originalausgabe erschien 2020 im Verlag Pantheon Books,
Penguin Random House, New York
unter dem Titel ›Some Assembly Required. Decoding
Four Billion Years of Life, From Ancient Fossils to DNA‹

Umschlaggestaltung: Nele Schütz Design,
unter Verwendung von Illustrationen von Shutterstock/ Ekaterina Gerasimchuk,
El Cutter, Nicolas Primola, Olga Korneeva, Bodor Tivadar, Steve Allen
Druck: CPI books GmbH, Leck
Printed in Germany

ISBN 978-3-96269-168-4

www.impian.de

Inhalt

Prolog

Jahrzehntelanges Steineklopfen hat meinen Blick auf Lebewesen verändert. Wenn man weiß, wo man nachsehen muss, wird wissenschaftliche Forschung zu einer weltweiten Fossilien-Schatzsuche: Fische mit Armen, Schlangen mit Beinen und Menschenaffen, die auf zwei Beinen gehen – viele vorzeitliche Tiere können uns etwas über wichtige Augenblicke in der Geschichte des Lebens berichten. In *Der Fisch in uns* habe ich geschildert, wie Planung und Glück meine Kollegen und mich in den hohen Norden Kanadas und zu *Tiktaalik roseae* geführt haben, einem Fisch mit Hals, Ellenbogen und Handgelenken. Dieses Tier überbrückte die Kluft zwischen dem Leben im Wasser und dem Leben an Land und offenbarte damit den zentralen Moment, in dem unsere entfernten Vorfahren noch Fische waren. Entdeckungen wie diese zeigen uns seit fast zwei Jahrhunderten, wie die Evolution abläuft, wie ein Körper entsteht und wie er ins Dasein tritt. Mittlerweile steht die Paläontologie jedoch an einem wichtigen Wendepunkt, der vor über drei Jahrzehnten mit dem Beginn meiner Berufslaufbahn zusammenfiel.

Ich war mit dem Magazin *National Geographic* und Naturdokus aufgewachsen. Deshalb wusste ich schon in jungen Jahren, dass ich an Expeditionen teilnehmen und Fossilien entdecken wollte. Mein Interesse führte dazu, dass ich an der

Harvard University meinen Abschluss machte, und dort leitete ich schließlich Mitte der 1980er Jahre auch meine ersten Reisen zur Fossilsuche. Da ich nicht in der Lage war, Exkursionen an exotische Orte zu organisieren, machte ich mich an den Straßenböschungen in der Nähe von Cambridge in Massachusetts auf die Suche. Als ich nach einem solchen Ausflug aus dem Freiland zurückkam, fand ich auf meinem Schreibtisch einen Stapel mit Fachartikeln vor. Durch sie wurde mir zum ersten Mal klar, welch dramatischen Wandel die Welt der Paläontologie erleben sollte.

Die Artikel hatte ein Doktorandenkollege in der Bibliothek gefunden: Sie berichteten darüber, wie man an mehreren Instituten die DNA entdeckt hatte, die für den Aufbau des Körpers von Tieren verantwortlich ist. Man hatte geklärt, welche Gene den Kopf, die Antennen und die Flügel von Fliegen entstehen lassen. Das allein war eine unglaubliche Tatsache, aber es war noch nicht alles: Versionen der gleichen Gene sorgen für die Entwicklung des Körpers von Fliegen, Mäusen und Menschen. Die Bilder in den Artikeln vermittelten eine Ahnung von einer neuen Wissenschaft, mit der man erklären konnte, wie aus dem Embryo ein fertiger Organismus wird und welche Evolution dieser im Laufe der Jahrmillionen durchgemacht hat.

Experimente mit der DNA versprachen Antworten auf Fragen, die früher die alleinige Domäne der Fossiliensammler gewesen waren. Tatsächlich konnten Kenntnisse über die DNA sogar zum genetischen Mechanismus der Veränderungen führen, die ich mit Hilfe uralten Gesteins erklären wollte.

Wie die fossilen Lebewesen aus unserer Vergangenheit, so musste auch ich mich entweder weiterentwickeln oder aussterben. Während Aussterben für einen Wissenschaftler bedeutet, dass er in der Bedeutungslosigkeit versinkt, würde ein tiefes Eintauchen in Genetik, Entwicklungsbiologie und die Welt der DNA mich weiter am Geistesleben teilhaben lassen. Seit jenen ersten Fachartikeln leite ich eine Art schizophrenes Labor: Im Sommer suchen wir im Freiland nach Fossilien, den Rest des Jahres arbeiten wir mit Embryonen und DNA. Beide Methoden können Antworten auf eine einzige Frage liefern: Wie kam es in der Geschichte des Lebens zu großen Veränderungen?

Während der letzten 20 Jahre folgten die technischen Fortschritte mit schwindelerregendem Tempo aufeinander. Genom-Sequenziergeräte sind heute so leistungsfähig, dass sie die Arbeit des Human Genome Project, die mehr als zehn Jahre andauerte und mehrere Milliarden Dollar kostete, an einem Nachmittag für weniger als 1000 Dollar erledigen können. Und die Sequenzierung ist nur ein Beispiel: Rechenleistung und bildgebende Verfahren versetzen uns in die Lage, in Embryonen hineinzublicken und sogar den Molekülen in den Zellen bei der Arbeit zuzusehen. Die DNA-Technik ist so weit fortgeschritten, dass man heute ganz unterschiedliche Tiere wie Frösche und Affen ohne weiteres klonen kann; Mäuse kann man mit den Genen von Menschen oder Fliegen ausstatten. Die DNA nahezu jeder Tierart lässt sich heute verändern, was uns die Möglichkeit verschafft, die genetische Information, die den Körper nahezu aller Tier- und Pflanzenarten aufbaut, zu entfernen und neu zu schreiben. Wir können auf Ebene der DNA fragen, welche Genkombination dafür sorgt, dass ein Frosch sich von einer Forelle, einem Schimpansen oder einem Menschen unterscheidet?

Diese Revolution hat uns einen bemerkenswerten Umbruch beschert. Wenn wir die Erforschung von Gestein und Fossilien mit der DNA-Technik kombinieren, können wir einigen klassischen Fragen nachgehen, mit denen Darwin und seine Zeitgenossen sich herumschlugen. Neue Experimente offenbaren die Geschichte von mehreren Milliarden Jahren, eine Geschichte von Kooperation, neuen Zielen, Konkurrenz, Diebstahl und Krieg. Und alles geschieht innerhalb der DNA. Das Genom, das ständig von Viren infiziert wird und dessen eigene Teile im Krieg miteinander liegen, ist in jeder einzelnen Zelle im Aufruhr, während es andererseits Generation für Generation seine Arbeit tut. Das Ergebnis dieser Dynamik waren neue Organe und Gewebe, biologische Innovationen, die unsere Welt verändert haben.

Nachdem das Leben entstanden war, bevölkerte ein Mikroorganismenzoo über Jahrmilliarden die ganze Erde. Vor ungefähr einer Milliarde Jahren brachten die einzelligen Mikroben erstmals Lebewesen mit einem vielzelligen Körper hervor. Einige hundert Millionen Jahre später war alles andere entstanden, von den Quallen bis zu Menschen. Seit jener Zeit haben die Tiere durch die Evolution gelernt, zu schwimmen, zu fliegen und zu denken; dabei war jede Erfindung eine Vorankündigung für die nächste. Vögel fliegen mit Flügeln und Federn. Tiere, die an Land leben, haben eine Lunge und Gliedmaßen. Die Liste lässt sich beliebig verlängern. Ausgehend von einfachen Vorfahren, haben sich die Tiere so entwickelt, dass sie in der Lage sind, am Meeresboden zu leben, öde Wüsten zu bewohnen, auf den Gipfeln der höchsten Berge zu gedeihen und sogar auf dem Mond spazieren zu gehen.

Die großen Umwälzungen in der Geschichte des Lebens

haben umfangreiche Veränderungen in der Lebensweise und im Körperbau der Tiere mit sich gebracht. Die Evolution der Fische, die zu landlebenden Tieren führte, die Entstehung der Vögel und die Entwicklung des vielzelligen Körpers aus einzelligen Lebewesen – das sind nur einige der großen Revolutionen. Und die Wissenschaft, die ihnen auf die Spur kommt, ist voller Überraschungen. Wer glaubt, die Federn seien entstanden, um den Tieren beim Fliegen zu helfen, oder die Lungen und Beine haben von Anfang an den Zweck gehabt, Tieren das Gehen an Land zu erleichtern, der ist in guter Gesellschaft. Und trotzdem liegt er völlig falsch.

Fortschritte auf diesem Wissenschaftsgebiet können dazu beitragen, einige grundlegende Fragen unseres Daseins zu beantworten: Ist es reiner Zufall, dass wir auf der Erde existieren? Oder gab es historische Wege, die uns zwangsläufig hierher geführt haben?

Die großen Übergänge in der Geschichte des Lebens und unsere Bestrebungen, sie zu verstehen, vollzogen sich auf einem langen, eigenartigen, wundersamen Weg, den Ausprobieren, Zufall und Notwendigkeit, Umwege, Revolutionen und Erfindungen prägen. Von diesem gewundenen Evolutionspfad und von den Wegen, auf denen wir ihn kennengelernt haben, handelt das vorliegende Buch.

1.
Fünf Wörter

Manche Menschen finden das Thema, dem sie ihre ganze Karriere widmen, in einem Labor oder im Freiland. Ich fand meines in einem einzigen projizierten Dia.

Kurz nach Beginn meines Studiums nahm ich an einem Seminar teil, das von einem führenden Wissenschaftler geleitet wurde. Es handelte von den größten Volltreffern in der Geschichte des Lebens und war eine Art Crashkurs, ein Schnelldurchgang durch die größten Rätsel der Evolutionsforschung. Das Thema war jede Woche ein anderer entscheidender Übergang in der Evolution. In einer der ersten Sitzungen projizierte der Professor eine einfache Karikatur; sie zeigte, was man damals, 1986, über den Entwicklungsweg von den Fischen zu den landlebenden Tieren wusste. Ganz oben in der Skizze war ein Fisch abgebildet, unten ein frühes fossiles Amphibium. Vom Fisch zum Amphibium zeigte ein Pfeil, und er, nicht der Fisch, fesselte meinen Blick. Ich sah mir die Zeichnung an und kratzte mich am Kopf. Ein Fisch, der auf dem Trockenen ging – wie hatte es jemals dazu kommen können? Es schien mir ein erstklassiges wissenschaftliches Rätsel zu sein, an dem ich mich abarbeiten konnte. Es war Liebe auf den ersten Blick. So begannen vier Jahrzehnte mit Expeditionen zu beiden Polen und auf mehrere Kontinente, immer auf der Suche nach Fossilien, die zeigen konnten, wie das große Ereignis sich abgespielt hat.

Aber wenn ich mich bemühte, Freunden und Verwandten mein Anliegen zu erklären, traf ich häufig auf gequälte Blicke und höfliche Fragen. Damit sich ein Fisch in ein landlebendes Tier verwandeln konnte, musste sich ein neuartiges Skelett entwickeln, zu dem keine Flossen zum Schwimmen mehr gehörten, sondern Gliedmaßen zum Gehen. Notwendig war außerdem eine neue Art der Atmung mit einer Lunge anstelle der Kiemen. Ebenso mussten sich Ernährung und Fortpflanzung verändern – Fressen und Eierablage laufen im Wasser ganz anders ab als an Land. Damit ein solcher Übergang stattfinden konnte, mussten sich praktisch alle Körpersysteme gleichzeitig wandeln. Wozu sollten Gliedmaßen zum Gehen an Land nützlich sein, wenn das Tier an Land nicht atmen, fressen oder sich fortpflanzen konnte? Das Leben auf dem Trockenen setzt keine einzelne Erfindung voraus, sondern das Wechselspiel mehrerer hundert Neuerungen. Die gleiche Schwierigkeit stellt sich auch bei den vielen tausend anderen Übergängen in der Geschichte des Lebens, vom Ursprung der Flugfähigkeit und des aufrechten Ganges bis hin zur Entstehung vielzelliger Organismen und des Lebens selbst. Meine Bestrebungen schienen von vornherein zum Scheitern verurteilt zu sein.

Die Lösung des Dilemmas ist in einer Bemerkung der Dramatikerin Lillian Hellman enthalten, die in den 1950er Jahren vom Komitee für unamerikanische Umtriebe auf die schwarze Liste gesetzt wurde und ein schweres Leben hatte. Als sie ihr Leben schilderte, sagte sie einmal: »Natürlich beginnt nichts zu der Zeit, zu der man es glaubt.« Mit dieser Formulierung umriss sie unwissentlich eines der wichtigsten Konzepte aus der Entwicklungsgeschichte des Lebens, ein Konzept, das den Ursprung nahezu jedes Organs, jedes Gewebes und jedes DNA-Stückchens aller Lebewesen auf der Erde erklärt.

In der Biologie wurde der Samen für diese Idee durch die Arbeiten eines Wissenschaftlers gelegt, der selbstzerstörerisch war wie kaum ein anderer und das Fachgebiet gerade dadurch veränderte, dass er unrecht hatte.

Um zu verstehen, welche Entdeckungen man in jüngster Zeit im Genom gemacht hat und was sie bedeuten, müssen wir uns erst einmal mit einem früheren wissenschaftlichen Zeitalter beschäftigen. Das viktorianische England war ein Nährboden für bleibende Ideen und Entdeckungen. Der Gedanke hat etwas Poetisches: Unsere heutigen Kenntnisse darüber, welche Funktion die DNA in der Geschichte des Lebens erfüllt, basieren auf Gedanken aus einer Zeit, als man noch nicht einmal wusste, dass Gene überhaupt existieren.

St. George Jackson Mivart (1827–1900) war der Sohn strenggläubiger, evangelikaler Eltern. Die Familie wohnte in London. Sein Vater war vom Butler zum Eigentümer eines der größten Hotels in der Stadt aufgestiegen. Die Position von Mivart senior verschaffte seinem Sohn die Chance, im gesellschaftlichen Leben aufzusteigen, und gewährte ihm das Vorrecht, eine Berufslaufbahn seiner Wahl einzuschlagen. Wie sein Zeitgenosse Charles Darwin, so hatte auch Mivart von klein auf eine Leidenschaft für die Natur. Als Kind sammelte er Insekten, Pflanzen und Mineralien, wobei er sich häufig im Freiland umfangreiche Notizen machte und Klassifikationsschemata entwickelte. Eine Karriere als Naturforscher schien für Mivart vorgezeichnet zu sein.

Aber dann kam ihm das beherrschende Thema seines persönlichen Lebens dazwischen: der Kampf mit Autoritäten. Schon als Teenager fühlte sich Mivart in dem anglikanischen Glauben seiner Familie zunehmend unwohl. Zur großen Verblüffung seiner Eltern konvertierte er zum Katholizismus. Diese – für einen 16-Jährigen sehr kühne – Entscheidung hatte unvorhergesehene Folgen. Mit seiner neuen Bindung an die katholische Kirche konnte er weder in Oxford noch in Cambridge studieren, denn der Zugang zu englischen Universitäten war Katholiken zu jener Zeit verschlossen. Da er sich in keinen naturhistorischen Studiengang einschreiben konnte, ergriff er die einzige Gelegenheit, die ihm noch blieb: Er studierte Jura am ›Inns of the Court‹, wo die Religionszugehörigkeit kein Hindernis war. So wurde Mivart zum Anwalt.

Ob er jemals juristisch tätig war, ist nicht geklärt, aber in jedem Fall blieb die Naturgeschichte seine Leidenschaft. Mit seiner Stellung als Gentleman fand er Zugang zur wissenschaftlichen Oberschicht und trat in Beziehung zu Schlüsselfiguren seiner Zeit, insbesondere zu Thomas Henry Huxley (1825–1895). Huxley wurde schon bald zum öffentlichen Fürsprecher der Ideen Darwins. Er war aber auch selbst ein angesehener vergleichender Anatom und hatte ein ganzes Gefolge aus eifrigen Schülern um sich gesammelt. Mivart wurde zu einem engen Vertrauten des großen Wissenschaftlers, arbeitete in dessen Labor und nahm sogar an Zusammenkünften der Familie Huxley teil. Unter Huxleys Anleitung schrieb Mivart wichtige, allerdings meist deskriptive Werke über die vergleichende Anatomie der Primaten. Seine detaillierten Untersuchungen am Skelett sind bis heute nützlich. Als Darwin 1859 die erste Auflage seines Werkes *Der Ursprung der Arten* herausbrachte, betrachtete Mivart sich selbst als Anhänger von Darwins neuer Idee, was vermutlich auch daran lag, dass Huxleys Eifer ihn angesteckt hatte.

Bald aber erging es Mivart wie mit dem anglikanischen Glauben seiner Jugendzeit: Ihm kamen starke Zweifel an Darwins Gedanken, und er entwickelte theoretische Einwände gegen das darwinistische Prinzip des allmählichen Wandels. Irgendwann bekannte er sich – zuerst verschämt, später mit größerem Nachdruck – in der Öffentlichkeit zu seinen Vorstellungen. Er sammelte Belege, die seine abweichenden Ansichten stützen sollten, und stellte sie in einer Antwort auf Darwins *Der Ursprung der Arten* zusammen. Wenn er unter seinen alten Kollegen in der Welt der Naturgeschichte noch

Abb. 1: St. George Jackson Mivart, der es schaffte, in der Evolutionsdebatte alle Seiten gegen sich aufzubringen.

Freunde hatte, verlor er sie mit seiner Abwandlung von Darwins Titel: *Über die Genesis der Arten.*

Auch der katholischen Kirche machte Mivart es jetzt schwer. Er schrieb in Kirchenblättern, die Jungfrauengeburt und die Unfehlbarkeit der kirchlichen Lehre seien ebenso wenig plausibel wie Darwins Ideen. Mit der Veröffentlichung von *Über die Genesis der Arten* war Mivart in der Wissenschaft de facto exkommuniziert, und seine Schriften führten dazu, dass auch die katholische Kirche ihn im Jahr 1900, sechs Wochen vor seinem Tod, exkommunizierte.

Sein Widerspruch zu Darwin bietet einen Einblick in die intellektuellen Grabenkämpfe des viktorianischen Englands. Er formulierte einen Stolperstein, auf den viele Menschen seit Darwins Zeit immer wieder gestoßen sind. Zur Eröffnung seines Angriffs schreibt Mivart über sich selbst in der dritten Person und bedient sich einer Sprache, die ihm eine aufgeschlossene Glaubwürdigkeit verleihen soll: »Ursprünglich war er nicht geneigt, Darwins faszinierende Theorie abzulehnen.«

Zu Beginn seiner Argumentation umreißt Mivart in einem langen Kapitel, was er für Darwins tödlichen Fehler hielt. Er nennt ihn »die Unfähigkeit der natürlichen Selektion, die Anfangsstadien nützlicher Strukturen zu erklären«. Mit dem Titel nimmt er den Mund voll, aber er beschreibt ein wichtiges Thema. Darwin stellte sich vor, dass die Evolution aus unzähligen Zwischenstadien besteht, die von einer Spezies zur anderen führen. Damit das funktioniert, muss jedes dieser Zwischenstadien der Anpassung dienen und die Lebensfähigkeit des Individuums steigern. Mivart erschienen die Zwischenstadien in vielen Fällen nicht völlig plausibel. Ein Beispiel ist die Entstehung der Flugfähigkeit. Welchen Nutzen konnte ein Frühstadium in der Entstehung von Flügeln haben? Der verstorbene Paläontologe Stephen Jay Gould bezeichnete dies als »das zwei Prozent eines Flügels Problem«: Es scheint, als sei ein winziger, im Entstehen begriffener Flügel bei einem Vorfahren der Vögel zu überhaupt nichts nütze. Irgendwann ist er groß genug, um dem Tier beim Gleitflug zu helfen, aber ein winziger Flügel lässt sich für keine Form eines eigenständigen Fluges nutzen.

Mivart führte ein Beispiel nach dem anderen für scheinbar unplausible Zwischenstadien an. Plattfische haben zwei Augen auf einer Körperseite, Giraffen haben einen langen Hals, manche Wale haben Barten, verschiedene Insekten ahmen Baumrinde nach, und so weiter. Welchen Nutzen könnte eine geringe, bruchstückhafte Verschiebung der Augen, eine Verlängerung des Halses oder eine geringfügige Abwandlung der Farbe haben? Kann ein Kiefer mit dem Ansatz von Barten einen ganzen Wal ernähren? Die Evolution schien zwischen den Endpunkten aller großen Übergänge aus unzähligen Sackgassen zu bestehen.

Als einer der ersten Wissenschaftler lenkte Mivart die Aufmerksamkeit auf die Beobachtung, dass wichtige Übergänge in der Evolution nicht mit der Veränderung eines einzelnen Organs einhergehen; vielmehr müssen sich ganze Kombinationen von Eigenschaften quer durch den Körper gemeinsam verändern. Welchen Nutzen hat es, wenn Gliedmaßen sich so entwickeln, dass das Tier an Land gehen kann, wenn es nicht gleichzeitig die Lunge besitzt, um Luft zu atmen? Ein anderes Beispiel ist die Entstehung des Vogelfluges. Der aktive Flug setzt viele verschiedene Erfindungen voraus: Flügel, Federn, Hohlknochen, einen intensiven Stoffwechsel. Wenn die Knochen eines Tieres so klobig sind wie die eines Elefanten, oder wenn sein Stoffwechsel so langsam abläuft wie der eines Salamanders, wäre es nutzlos, wenn sich Flügel entwickelten. Aber wenn sich bei jedem großen Übergang der ganze Körper verändern muss, und wenn viele Merkmale sich gleichzeitig wandeln müssen, stellt sich die Frage: Wie können große Übergänge allmählich stattfinden?

In den eineinhalb Jahrhunderten seit der Veröffentlichung von Mivarts Gedanken waren sie für viele Evolutionskritiker immer ein Maßstab. Damals dienten sie aber auch als Katalysator für eine von Darwins großen Ideen.

Darwin hielt Mivart für einen wichtigen Kritiker. Die erste Auflage seines *Ursprungs der Arten* erschien 1859, Mivarts Werk folgte 1871. In seine sechste, endgültige Auflage des Werkes, die er 1872 veröffentlichte, nahm Darwin ein ganz neues Kapitel auf, um auf seine Kritiker zu antworten, und einer der bedeutendsten war Mivart.

Wie es den Gebräuchen der viktorianischen Debatten entsprach, schrieb Darwin zu Beginn: »Ein namhafter Zoologe, Mr. St. George Mivart, hat unlängst sämtliche von mir selbst und anderen geäußerten Einwände gegen die von Mr. Wallace und mir vorgetragene Theorie der natürlichen Selektion zusammengestellt und mit bewundernswertem Geschick und Nachdruck erläutert.« Und er fuhr fort: »Derart aufgereiht bilden sie eine eindrucksvolle Phalanx.«

Dann aber brachte er Mivarts Kritik mit einem einzigen Satz zum Schweigen, auf den er eine Fülle eigener Beispiele folgen ließ: »Sämtliche Einwände Mr. Mivarts werden im vorliegenden Band noch aufgegriffen oder wurden es bereits. Der eine neue Aspekt, der offenbar vielen Lesern aufgefallen ist, ist der, ›dass sich natürliche Selektion nicht dazu eignet, die Anfangsstadien nützlicher Strukturen zu erklären.‹ Dieses Thema hängt aufs Engste zusammen mit dem Thema der Abstufung von Merkmalen, die häufig mit *einer Änderung der Funktion einhergeht.*«

Wie zutiefst wichtig diese letzten fünf Wörter für die Wissenschaft waren, kann man kaum genug betonen. Sie enthalten die Grundlage einer neuen Sichtweise für die großen Übergänge in der Geschichte des Lebens auf der Erde.

Wie ist das möglich? Einen Einblick liefern wie üblich die Fische.

Ein Hauch frische Luft

Als Napoleon Bonaparte 1798 in Ägypten einmarschierte, brachte er nicht nur Schiffe, Soldaten und Waffen mit. Er hielt sich selbst für einen Wissenschaftler und nahm sich vor, das Land umzukrempeln. Dazu wollte er den Nil regulieren, den Lebensstandard verbessern und sowohl die Kultur- als auch die Naturgeschichte Ägyptens kennenlernen. Zu seiner Mannschaft gehörten einige führende französische Ingenieure und Wissenschaftler. Einer von ihnen war Étienne Geoffroy Saint-Hilaire.

Mit seinen 26 Jahren war Saint-Hilaire ein wissenschaftliches Wunderkind. Er hatte bereits den Lehrstuhl für Zoologie am Museum für Naturgeschichte in Paris inne und sollte zu einem der größten Anatomen aller Zeiten werden. Schon im Alter zwischen 20 und 30 Jahren machte er sich mit seinen anatomischen Beschreibungen von Säugetieren und Fischen einen Namen. In Napoleons Gefolge hatte er die spannende

Abb. 2: Das wissenschaftliche Wunderkind Étienne Geoffroy Saint-Hilaire

Aufgabe, viele Tierarten zu sezieren, zu untersuchen und zu benennen, die Napoleons Leute in den Tälern, Oasen und Flüssen Ägyptens fanden. Eine davon war ein Fisch, von dem der Leiter des Pariser Museums später sagte, dieser allein habe Napoleons gesamte Expedition nach Ägypten gerechtfertigt. Nicht in dieser Beschreibung eingeschlossen war wohl Jean-François Champollion, der mit Hilfe des Steins von Rosetta die ägyptischen Hieroglyphen entzifferte.

Von außen sah das Tier mit Schuppen, Flossen und Schwanz wie ein ganz gewöhnlicher Fisch aus. Anatomische Beschreibungen umfassten zu Saint-Hilaires Zeit aber auch die detaillierten Ergebnisse des Sezierens; häufig stand ein Künstlerteam bereit, um jedes wichtige Detail in wunderschönen, oftmals farbig gestalteten Lithographien einzufangen. Der Schädel hatte auf der Oberseite hinten, in der Nähe der Schulter, zwei Löcher. Schon das war seltsam, aber die eigentliche Überraschung steckte in der Speiseröhre. Sie beim Sezieren eines Fisches freizulegen ist normalerweise eine wenig spektakuläre Angelegenheit, denn sie führt als einfaches Rohr vom Mund zum Magen. Hier jedoch war es anders. Die Speiseröhre hatte auf jeder Seite einen Luftsack.

Solche Säcke waren in der Wissenschaft bereits bekannt. Bei einer ganzen Reihe verschiedener Fische waren Schwimmblasen beschrieben worden; selbst Johann Wolfgang von Goethe machte darüber einmal eine Bemerkung. Die Luftsäcke sind sowohl bei Salz- als auch bei Süßwasserfischen vorhanden; sie füllen sich mit Luft oder leeren sich und sorgen damit für einen neutralen Auftrieb, wenn der Fisch sich in unterschiedlichen Wassertiefen aufhält. Wie in einem U-Boot, das bei dem Befehl »Tauchen« Luft nach außen pumpt, so verändert sich auch die Luftmenge in der Schwimmblase, so dass das Tier sich in unterschiedlichen Tiefen und bei unterschiedlichem Wasserdruck bewegen kann.

Hier jedoch förderte gewissenhaftes Sezieren eine Überraschung zutage: Die Luftsäcke waren durch einen kleinen Gang mit der Speiseröhre verbunden. Und dieser kleine Gang, eine winzige Verbindung vom Luftsack zur Speiseröhre, hatte große Auswirkungen auf Saint-Hilaires Denken.

Die Beobachtung der Fische in freier Wildbahn bestätigte, was Saint-Hilaire bereits aufgrund ihrer Anatomie vermutet hatte. Sie schluckten Luft. Sie sogen die Luft durch die Löcher hinten am Kopf ein. Und man konnte bei ihnen sogar eine Art synchronisiertes Luftsaugen beobachten: Ganze Gruppen schnauften im Einklang. Diese heute als Flösselhechte bekannten atmenden Fische machten mit der aufgenommenen Luft oft auch andere Geräusche, beispielsweise ein Rumpeln oder Stöhnen, was vermutlich der Partnersuche diente.

Die Fische taten noch etwas anderes, was vollkommen unerwartet kam. Sie atmeten Luft. Die Säcke waren voller Blutgefäße, ein Zeichen, dass die Fische mit diesem System den Sauerstoff in ihr Blut aufnahmen. Und was noch wichtiger war: Sie atmeten die Luft durch die Löcher oben auf dem Kopf ein, während der Körper im Wasser blieb.

Damit hatte man nun einen Fisch, der nicht nur Kiemen besaß, sondern auch mit einem anderen Organ Luft einatmen konnte. Es braucht nicht besonders betont zu werden, dass die Spezies zu einer Berühmtheit wurde.

Einige Jahrzehnte nach der Entdeckung in Ägypten schickte man eine österreichische Mannschaft auf eine Expedition: Sie sollte anlässlich der Hochzeit einer österreichischen Prinzessin das Amazonasgebiet erkunden. Das Team sammelte Insekten, Frösche und Pflanzen, neue Arten, die man zu Ehren der königlichen Familie benennen wollte. Unter den Entdeckungen war auch ein neuer Fisch, der, wie alle Fische, sowohl Kiemen als auch Flossen besaß. In seinem Inneren hatte er aber ebenfalls unverkennbare Gefäße: in diesem Fall keinen einfachen Luftsack, sondern ein Organ mit den Bläschen, Blutgefäßen und Geweben, die für eine echte Lunge nach Art der Menschen charakteristisch sind. Dieses Tier überbrückte die Kluft zwischen zwei großen Gruppen von Lebewesen: den Fischen und den Amphibien. Als Symbol für die Verwirrung gaben die Entdecker ihm den Namen *Lepidosiren paradoxus* – was auf Lateinisch so viel wie »paradoxer Schuppensalamander« bedeutet.

Abb. 3: Lungenfische haben sowohl eine Lunge als auch Kiemen. Mit der Lunge atmen sie Luft wie wir, wenn der Sauerstoffgehalt des Wassers ihren Bedarf nicht deckt. Bei anderen Fischen tragen Schwimmblasen zum Auftrieb bei.

Man kann sie nennen, wie man will – Fische, Amphibien oder irgendetwas dazwischen: Diese Tiere hatten Flossen und Kiemen für das Leben im Wasser, aber auch eine Lunge, mit der sie Luft atmeten. Und sie waren kein Einzelfall. Im Jahr 1860 entdeckte man im australischen Queensland einen weiteren Fisch mit einer Lunge. Diese Spezies hatte außerdem ein sehr charakteristisches Gebiss. Solche Zähne, die wie flache Ausstechförmchen geformt waren, kannte man von den Fossilien einer längst ausgestorbenen Art – das Tier namens *Ceratodus* hatte man in mehr als 200 Millionen Jahre altem Gestein gefunden. Die Folgerung war klar: Lungenfische, die Luft atmen, sind weltweit verbreitet und leben seit Hunderten von Jahrmillionen auf der Erde.

Manchmal verändert eine scheinbar seltsame oder kleine Beobachtung unseren Blick auf die ganze Welt. Lungen und Schwimmblasen von Fischen führten dazu, dass eine ganze Wissenschaftlergeneration sich für die vergleichende Anatomie interessierte und zu ihrer Erforschung sowohl Fossilien als auch lebende Tiere untersuchte. Die Fossilien zeigen, wie das Leben in der entfernten Vergangenheit aussah, und die heute lebenden Tiere machen deutlich, wie anatomische Strukturen funktionieren und wie die Organe sich von der Eizelle bis zum ausgewachsenen Organismus entwickeln. Wie wir noch genauer erfahren werden, ist dies ein sehr leistungsfähiger Ansatz.

Die Kombination von Untersuchungen an Fossilien und Embryonen war für die Naturforscher, die auf Darwin folgten, ein sehr fruchtbares Arbeitsgebiet. Bashford Dean (1867–1928) hatte sich in Akademikerkreisen einen ungewöhnlichen Namen gemacht: Er war der Einzige, der jemals sowohl am Metropolitan Museum of Art als auch unmittelbar gegenüber auf der anderen Seite des Central Park am American Museum of Natural History den Rang eines Kurators bekleidete. Er hatte in seinem Leben zwei Leidenschaften: Fischfossilien und Schlachtrüstungen. Am Met begründete er die Sammlung von Rüstungen und ihre Ausstellungen, am American Museum jenseits des Parks baute er die Fischsammlung auf. Wie es zu einem Menschen mit solchen Interessen passt, war er ein skurriler Charakter. Er entwarf seine eigene Rüstung und ging sogar so weit, sie auf den Straßen von Manhattan anzulegen.

Wenn er nicht gerade mittelalterliche Kampfkleidung trug, erforschte Bashford Dean vorzeitliche Fische. Irgendwo in der

Verwandlung des Embryos von der Eizelle zum ausgewachsenen Tier, so glaubte er, müssten Lösungen für die Rätsel der Vergangenheit und Abstammung der Fische von Vorläuferarten liegen. Als er Fischembryonen mit Fossilien verglich und sich einen Überblick über die Arbeiten in den anatomischen Instituten seiner Zeit verschaffte, erkannte Dean, dass Lunge und Schwimmblase in der Embryonalentwicklung mehr oder weniger gleich aussehen. Beide Organe schnüren sich vom Darmrohr ab und bilden Luftsäcke. Der wichtigste Unterschied besteht darin, dass die Schwimmblase auf der Oberseite des Rohres in der Nähe der Wirbelsäule entsteht, während die Lunge sich unten auf der Bauchseite abschnürt. Vor dem Hintergrund solcher Erkenntnisse vertrat Dean die Ansicht, Schwimmblase und Lunge seien unterschiedliche Versionen des gleichen Organs, das durch den gleichen Entwicklungsprozess entsteht. Tatsächlich sind Luftsäcke in irgendeiner Form bei praktisch allen Fischen mit Ausnahme der Haie vorhanden. Wie viele wissenschaftliche Ideen, so hat auch Deans Vergleich eine lange Geschichte. Vorläufer findet man schon im 19. Jahrhundert in den Arbeiten deutscher Anatomen.

Aber was haben die Luftsäcke mit Mivarts Kritik und Darwins Antwort zu tun?

Erstaunlich viele Fische können über längere Zeit Luft atmen. Der 15 Zentimeter lange Schlammspringer ist in der Lage, mehr als 24 Stunden im Schlamm zu laufen und zu überleben. Der zutreffend benannte Kletterfisch schlängelt sich nach Bedarf von einem Teich zum anderen und klettert dabei manchmal sogar über Zweige und kleine Äste. Aber dieser Fisch ist nur eine einzige Spezies. Hunderte andere können Luft schlucken, wenn die Sauerstoffkonzentration in dem

Abb. 4: Bashford Dean, Kurator am Metropolitan Museum of Art und am American Museum of Natural History, liebte sowohl Rüstungen als auch Fische.

Wasser, das sie bewohnen, abnimmt. Wie machen diese Fische das?

Manche, darunter der Schlammspringer, nehmen Sauerstoff über die Haut auf. Andere besitzen oberhalb der Kiemen ein besonderes Organ für den Gasaustausch. Manche Welse und andere Arten absorbieren Sauerstoff mit dem Darm: Sie schlucken die Luft wie ihre Nahrung und nutzen sie zum Atmen. Und eine Reihe von Fischen haben auch eine Lunge mit zwei Flügeln, die aussieht wie unsere. Lungenfische leben im Wasser und atmen meist mit den Kiemen, aber wenn der

Sauerstoffgehalt in ihrer Umgebung nicht ausreicht, um den Stoffwechsel aufrechtzuerhalten, drängen sie an die Oberfläche und saugen Luft in die Lunge. Die Fähigkeit, Luft zu atmen, ist keine eigenwillige Ausnahme bei einem ganz besonderen Fisch, sondern weit verbreitet.

Kürzlich nahmen Wissenschaftler der Cornell University sich den Vergleich von Schwimmblase und Lunge noch einmal vor, dieses Mal mit neuen Methoden der Genetik. Ihre Frage lautete: Welche Gene tragen dazu bei, dass die Fische während der Embryonalentwicklung eine Schwimmblase bilden? Sie durchforsteten den Katalog der Gene, die in einem Fischembryo aktiv sind, und fanden etwas, worüber sich Dean und Darwin gefreut hätten. Für die Ausbildung der Schwimmblase sorgen bei Fischen die gleichen Gene, die bei Menschen – wie auch bei Fischen – die Lunge entstehen lassen. Den Luftsack gibt es bei praktisch allen Fischen; manche nutzen ihn als Lunge, andere als Hilfsmittel für den Auftrieb.

Hier zeigt sich, wie vorausschauend Darwins Antwort auf Mivart war. Die DNA zeigt eindeutig, dass Lungenfische, Saint-Hilaires Flösselhechte und andere Arten, die eine Lunge haben, unter den Fischen die engsten heute noch lebenden Verwandten landlebender Tiere sind. Die Lunge ist keine Erfindung, die plötzlich entstand, als die Tiere sich so entwickelten, dass sie gehen konnten. Fische besaßen bereits eine Lunge und atmeten damit Luft, bevor die ersten Tiere das feste Land betraten. Die Invasion des Landes durch die Nachkommen der Fische brachte kein neues Organ hervor, sondern veränderte nur die Funktion eines Organs, das bereits vorhanden war.

Wie ein Flattern entsteht

Mivarts Kritik an Darwin entzündete sich nicht in erster Linie an Fischen oder Amphibien, sondern an Vögeln. Die Entstehung des Vogelfluges war zu jener Zeit ein gewaltiges Rätsel. In der ersten, 1859 erschienenen Auflage seines *Ursprungs der Arten* machte Darwin sehr gezielte Vorhersagen. Wenn seine Theorie von der gemeinsamen Abstammung aller Lebewesen stimmte, musste es unter den Fossilfunden auch Zwischenstufen geben, die den Übergang zwischen verschiedenen Lebensformen repräsentierten. Zu Darwins Zeit kannte man keine Zwischenstufen, ganz zu schweigen von solchen, die eine Verbindung zwischen fliegenden Vögeln und am Boden lebenden Tieren hergestellt hätten.

Aber Darwin musste nicht lange warten. Schon zwei Jahre später, 1861, entdeckten Arbeiter in einem Kalksteinbruch in Deutschland ein bemerkenswertes Fossil. Der feinkörnige Kalkstein des Steinbruchs eignete sich großartig zur Herstellung der Platten, die in der Lithographie, dem üblichen Druckverfahren jener Zeit, verwendet wurden. Kalkstein bildet sich im Boden ruhiger Seen, das heißt, was darin eingeschlossen wird, bleibt relativ ungestört. Solches Gestein ist das ideale Material für die Bildung von Fossilien.

Die Steinplatte zeigte einen seltsamen Abdruck: ein lang gestrecktes, gefiedertes Gebilde. Es sah aus wie eine vollkommen geformte Feder. Aber warum in diesem Gestein eine Feder vorkam, war ein Rätsel.

Der Kalkstein, der den eigenartigen Abdruck enthielt, stammte aus der Jurazeit. Schon Jahrzehnte vor der Entdeckung waren dem deutschen Adligen und Naturforscher

Alexander von Humboldt (1769–1859) im Juragebirge an der Grenze zwischen Frankreich und der Schweiz charakteristische Kalksteinformationen aufgefallen. Der Kalkstein bildete dort eine Schicht, die sich über viele Kilometer erstreckte. Humboldt bezeichnete sie wegen ihrer charakteristischen Merkmale und ihrer Ausdehnung als Jura und äußerte die Vermutung, das Gestein könne aus einem besonderen Abschnitt der Erdgeschichte stammen. Wenig später stellten andere Wissenschaftler fest, dass die Schichtungen des Juragesteins häufig voller Fossilien sind, darunter die großen Tiere mit schneckenförmigem Gehäuse, die als Ammoniten bekannt sind. Da man ähnliche Fossilien auf der ganzen Welt fand, gelangten Wissenschaftler zu der Erkenntnis, dass das Jura als eigenes Zeitalter weltweit verbreitet ist und keine Besonderheit Frankreichs und der Schweiz darstellt.

Anfang des 19. Jahrhunderts entdeckte man dann in Juragestein in England große Zähne und Kieferknochen. Nach und nach tauchten an vielen Stellen ähnliche Funde auf. Schon bald war klar, dass die Jurazeit nicht nur das Zeitalter der Tiere mit schneckenförmigem Gehäuse war, sondern auch die Ära der Dinosaurier. Der Abdruck der Feder zeigte noch mehr. Flogen in der Jurazeit bereits Vögel über den Dinosauriern?

Ein einzelnes Fossil einer Feder war faszinierend. Gehörte sie zu einem jurazeitlichen Vogel? Oder hatten unbekannte Tierarten ebenfalls Federn? Diese Hypothese konnte man nicht ausschließen.

Einige Jahre nach der Entdeckung der Feder bezahlte ein Bauer, dessen Name in Vergessenheit geraten ist, medizinische Dienstleistungen mit einem Fossil. Dieses stammte aus dem gleichen Kalkstein wie die einzelne Feder. Der Arzt, der es kaufte, war ausgebildeter Anatom und hatte eine Leidenschaft für Fossilien. Deshalb wusste er auf den ersten Blick, dass es sich hier nicht um eine gewöhnliche Kalksteinplatte handelte. Das Fossil in ihrem Inneren zeigte Abdrücke von Federn, die den Körper und den Schwanz bedeckten, und sie hingen an einem nahezu vollständigen Skelett mit hohlen Knochen und Flügeln. Da der Arzt den Wert des Fundes kannte, eröffnete er einen Bieterkrieg zwischen Museen, und schließlich erhielt er vom Britischen Museum 750 Pfund.

Im Laufe der folgenden fünfzehn Jahre tauchten weitere Funde auf. Mitte der 1870er Jahre verkaufte der Landwirt Jakob Niemeyer ein Fossil für den Preis einer Kuh an einen Steinbruchbesitzer. Dieser wiederum kannte den angesehenen Arzt, der mit dem vorherigen Fund in London viel Geld verdient hatte, und verkaufte ihm 1881 das Fossil. Dieses Skelett brachte 1000 Pfund vom Museum für Naturgeschichte in Berlin. Bis heute wurden insgesamt sieben derartige Exemplare entdeckt.

Das gefiederte Tier, das man auf den Namen *Archaeopteryx* getauft hatte, besaß eine eigenartige Mischung von Merkmalen. Wie ein Vogel hatte es Flügel voller Federn und hohle Knochen. Aber im Gegensatz zu allen Vögeln, die man kannte, hatte es auch Zähne wie ein Fleischfresser, ein flaches Brustbein, und an den Knochen der Flügelspitzen drei scharfe Klauen.

Für Darwins Theorie hätte die Entdeckung zu keinem besseren Zeitpunkt kommen können. Als Thomas Henry Huxley die Zähne, Gliedmaßen und Klauen des *Archaeopteryx* untersuchte, erkannte er eine weitreichende Ähnlichkeit mit den Reptilien. Er verglich den *Archaeopteryx* mit einem anderen

Tier aus dem jurazeitlichen Kalkstein, dem kleinen Dinosaurier *Compsognathus*. Beide Tiere hatten die gleiche Größe und, von den Federn abgesehen, ähnliche Skelette. Huxley erklärte den *Archaeopteryx* zu einem Beweis für Darwins Theorie: Er war eine Zwischenform zwischen Reptilien und Vögeln. Darwin erwähnte den *Archaeopteryx* in der vierten Auflage seiner Entstehung der Arten: »Kaum eine jüngere Entdeckung zeigt so deutlich, wie wenig wir über die Erdbewohner von einst wissen.«

Vergleiche wie der von Huxley gaben den Anlass zu tiefen Meinungsverschiedenheiten. Wenn der *Archaeopteryx* ein Beleg war, dass die Vögel mit den Reptilien verwandt sind, stellte sich die Frage: Welche Reptilien waren die Vorfahren? Es gab mehrere nahe liegende Kandidaten, und jeder hatte seine Fürsprecher. Nach Ansicht mancher Fachleute zeigten der lange Schwanz des *Archaeopteryx* und die Form seines Schädels, dass es sich bei den Vorfahren der Vögel um kleine, fleischfressende, echsenähnliche Tiere handeln musste. Andere verglichen die Vögel mit den Pterosauriern, einer weiteren Gruppe fliegender Reptilien aus der Jurazeit. Diese Theorie warf aber eine Schwierigkeit auf: Die Pterosaurier hatten zwar Flügel und konnten fliegen, die Knochen in ihren Flügeln waren aber ganz anders gebaut als die der Vögel. Pterosaurierflügel werden von einem verlängerten vierten Finger gestützt, die der Vögel dagegen sowohl von Federn als auch von einer Kombination aus mehreren Fingerknochen. Wieder andere Forscher ließen sich von Huxleys Vergleich zwischen dem *Archaeopteryx* und dem kleinen Dinosaurier beeindrucken.

Die Vorstellung, der Vorfahre der Vögel sei eine Art Dinosaurier gewesen, fand im Laufe der Jahre angesehene Kritiker, von denen jeder andere Argumente vorbrachte. Ein Wissenschaftler behauptete, er habe in der Theorie, die Vögel würden von den Dinosauriern abstammen, einen entscheidenden Fehler gefunden: Vögel haben Schlüsselbeine, die bei den Dinosauriern im Gegensatz zu allen anderen Reptilien fehlen. Andere Experten erklärten, Lebensweise und Stoffwechsel von Dinosauriern und Vögeln seien so unterschiedlich, dass man die Dinosaurier niemals für Vorfahren der Vögel halten könne. Die Dinosaurier waren mit wenigen Ausnahmen große Tiere, die sich langsam bewegten, und ähnelten damit kaum den höchst aktiven, kleinen Vögeln. Der *Archaeopteryx* war in den Augen vieler Wissenschaftler nur ein Vogel und sagte nicht viel über den Übergang aus. Die Diskussion setzte sich vor allem auch deshalb fort, weil Mivarts entscheidender Kritikpunkt nach wie vor Bestand hatte: Wie konnten die Federn und alle anderen spezialisierten Merkmale des *Archaeopteryx* und der anderen Vögel entstanden sein?

Die Vorstellung, Dinosaurier seien riesige, schwerfällige Tiere gewesen, hat eine lange Geschichte. Und es dauerte auch lange, bis das Bild wieder verschwand. Es begann mit den Arbeiten eines vielseitigen Wissenschaftlers, der wie Bashford Dean gern Militärkleidung trug.

Franz Nopcsa von Felső-Szilvás (1877–1933), auch bekannt als Baron Nopcsa of Săcel, war ein Mann mit heftigen Leidenschaften und einem großartigen Verstand. Mit 18 Jahren entdeckte er auf dem Anwesen seiner Familie in Transsilvanien einige Knochen. Nachdem er autodidaktisch Anatomie gelernt hatte, veröffentlichte er 1897 einen Artikel, in dem er die Funde offiziell als Knochen eines großen Dinosauriers beschrieb. Im weiteren Verlauf schrieb Nopcsa ein 700-seitiges

Werk über die Geologie Albaniens und Dutzende von wissenschaftlichen Aufsätzen in mehreren Sprachen. Er war als Spion für Österreich tätig und war im albanischen Widerstand aktiv, mit dem das Land seine Freiheit von den Türken gewinnen wollte. Der eigentliche Traum des Barons war es, den albanischen Thron zu besteigen. Leider endete sein Leben, nachdem er große Schulden angehäuft, seinen Geliebten erschossen und dann die Waffe gegen sich selbst gerichtet hatte.

Nachdem Nopcsa 1895 auf den Ländereien seiner Familie die ersten Knochen gefunden hatte, häufte er eine große Fossiliensammlung an und machte sich daran, die Dinosaurier Transsilvaniens zu erforschen. Er beschäftigte sich sowohl mit ihren Knochen als auch mit den Fußspuren, die sie überall in Osteuropa im Gestein hinterlassen hatten. Bei der Untersuchung solcher Spuren sah er die lebenden, atmenden Tiere vor sich, die durch den Schlamm wateten. Die Vertiefungen im Stein zeigten, dass die Tiere, die sie hinterlassen hatten, schnell laufen konnten. Diese Tiere traten fest auf dem Boden auf, und an den Abständen zwischen den Fußabdrücken war zu erkennen, dass die Tiere im Laufschritt vorankamen. Die Schlussfolgerung lag auf der Hand: Die Dinosaurier waren keineswegs Tiere, die sich langsam bewegten wie Elefanten, sondern schnelle Läufer und aktive Räuber. Nopcsa trieb den Gedanken sogar noch weiter: Da laufende Dinosaurier schnell und leicht sein müssen, gaben sie ideale Vorläufer der Vögel ab. Mit ihrem Bedürfnis nach Geschwindigkeit hatten sie sich nach seiner Vorstellung in die Luft erhoben, und gefiederte Flügel bildeten sich, als die Vogel-Vorläufer mit den Armen flatterten, um die Geschwindigkeit zu steigern und Beute zu fangen.

Abb. 5: Baron Nopcsa in albanischer Uniform. Wie Dean erforschte er die Geschichte evolutionärer Neuerungen und hatte außerdem Spaß daran, eine Rüstung und militärische Insignien zu tragen.

Als er seine Gedanken 1923 veröffentlichte, widerfuhr Nopcsa ein Schicksal, das der Albtraum der meisten Wissenschaftler ist: Man ignorierte ihn. Nach der seit langem vorherrschenden Theorie, die zu jener Zeit nachdrücklich von dem angesehenen Paläontologen O.C. Marsh von der Yale University vertreten wurde, waren die Dinosaurier groß und bewegten sich langsam, und die Vögel entstanden aus Vorfahren, die sich im Gleitflug bewegten. Der aktive Flug hatte seinen Ursprung demnach in Tieren, die auf den Bäumen wohnten und im Gleitflug von Ast zu Ast flogen. Aus solchen Vorfahren entwickelte sich demzufolge die aktive Flugfähigkeit. Intuitiv reizvoll wird die Theorie, weil man auch heute verschiedene Gleitflieger kennt, von Fröschen und Schlangen bis zu Eichhörnchen-ähnlichen Arten und Lemuren. Da ein Gleitflieger mit weniger komplexen Erfindungen auskommt als ein aktiver Flieger, schien der Gleitflug ein logischer erster Schritt in der Entstehung der aktiven Flugfähigkeit zu sein.

In den 1960er Jahren ging John Ostrom, damals ein junger Wissenschaftler an der Yale University, der Frage nach, wie die Entenschnabeldinosaurier gelebt hatten. Diese vertrauten Bewohner der Dinosauriersäle nahezu aller großen Museen trugen auf dem Schädel häufig große Leisten, die von dem namensgebenden Schnabel weg gerichtet waren. Jahrelang stellten Museumsausstellungen sie als schwerfällige Pflanzenfresser dar, die sich auf vier Beinen fortbewegten, fast als wären sie die Elefanten unter den Reptilien. Aber je genauer sich Ostrom die Knochen ansah, desto weniger plausibel erschien ihm eine solche Interpretation. Zunächst einmal waren die vorderen Gliedmaßen relativ kurz. Mit ihren schmächtigen Vorderextremitäten und den kräftigen Hinterbeinen wären sie als Vierbeiner seltsam gebückt gegangen. Außerdem ließen die Leisten und Vorsprünge auf den Knochen der Hintergliedmaßen darauf schließen, dass dort kräftige Muskeln zu ihrer Bewegung ansetzten. Zusammengenommen legten die Beobachtungen den Verdacht nahe, dass die Entenschnabeldinosaurier meist auf zwei Beinen gingen. Ostrom ging noch einen Schritt weiter: Er hielt die Entenschnabeldinosaurier nicht für schwerfällige Tiere wie die Elefanten, sondern für aktive, aufrechte Läufer. Er bezeichnete sie als zweibeinige Büffel.

Als Ostrom in den 1960er Jahren in die Badlands von Wyoming reiste, bekam die Diskussion zwischen Mivart und Darwin für ihn eine ganz neue Bedeutung. Wie die meisten Paläontologen, so führte auch Ostrom ein Doppelleben: Einerseits war er während der Vorlesungszeit der in Hemd und Kragen gekleidete Gelehrte und Lehrer, und andererseits führte er im Sommer, während seiner Expeditionen, ein staubiges Vagabundenleben. Im August 1964 stand er in der Nähe der Ortschaft Bridger in Montana am Ende einer wenig bemerkenswerten Expedition, auf der er Örtlichkeiten für die Arbeiten des nächsten Jahres erkundet hatte. Als er den Abhang eines Steilufers hinunterschlenderte, blieben er und sein Assistent plötzlich wie angewurzelt stehen, weil etwas aus dem Gestein ragte. Wie sich herausstellte, war es eine ungefähr 15 Zentimeter lange Hand. »Wir wären beide beinahe die Böschung hinuntergerollt, weil wir so schnell zu der Stelle kommen wollten«, berichtete Ostrom später. Der Grund für die Eile: Aus der Hand ragten scharfe, übergroße Klauen, wie die beiden sie noch nie gesehen hatten.

Da es der letzte Tag ihrer Aufklärungsexkursion war, hatten sie kein Werkzeug bei sich. Fachleute für Paläontologie, die diesen Abschnitt lesen, sollten über das hinweggehen, was die beiden als Nächstes taten. In ihrer Aufregung missachteten sie die wichtigste Regel paläontologischer Freilandarbeit und gruben schnell mit bloßen Händen und Taschenmessern im Boden, um weitere Teile des Tieres freizulegen. Als sie am nächsten Tag mit den richtigen Werkzeugen wiederkamen, konnten sie einen Fuß und einige Zähne bergen. Es waren die Zähne eines Raubtiers, mit scharfer Spitze und gezackten Kanten. Nach zweijährigen Grabungsarbeiten hatten sie schließlich den größten Teil des Skeletts in Sicherheit gebracht.

Ostroms Dinosaurier war so groß wie ein großer Hund, aber die Knochen waren seltsam leicht und hohl. Das Tier hatte einen muskulösen Schwanz und sehr kräftige Hintergliedmaßen mit Klauen. Die Klauen setzten an Gelenken an, was darauf schließen ließ, dass sie dazu dienen konnten, Beutetiere aus einem Gehäuse zu lösen. Ostrom taufte das Tier auf den Namen Deinonychus (griechisch für »schreckliche Klaue«). In seinem späteren wissenschaftlichen Werk beschrieb er den Fund in der üblichen, trockenen Prosa seines Faches als »höchst räuberisch, äußerst beweglich und sehr aktiv«.

Deinonychus war nur der Anfang. Ostrom und seine Nachfolger veränderten unsere Vorstellungen von den Dinosauriern und machten damit auch deutlich, wie gut begründet Darwins Antwort auf Mivart war. Sie betrachteten jeden Vorsprung, jedes Loch und jedes Merkmal der Reptilienknochen und verglichen sie mit den Knochen fossiler und heute lebender Vögel. Dabei gelangten sie sehr schnell zu dem Schluss, dass die Dinosaurier – insbesondere, wenn sie aufrecht gingen – viele Eigenschaften mit den Vögeln gemeinsam hatten. Diese Arten, die Theropoden, hat eine ganze Reihe von Vogelmerkmalen: hohle Knochen und ein relativ schnelles Wachstum. Höchstwahrscheinlich waren sie sehr aktive Tiere mit intensivem Stoffwechsel.

Diese Dinosaurier hatten zwar viele Ähnlichkeiten mit Vögeln, ein wichtiges Merkmal fehlte ihnen aber: die Federn. Federn galten als unabdingbare Voraussetzung für ein Dasein als Vogel, denn sie standen im Zusammenhang mit dem Erfolg der Tiergruppe und der Entstehung ihrer Flugfähigkeit.

Im Jahr 1997 hielt die Society of Vertebrate Paleontology

Abb. 6: Deinonychus, der Dinosaurier mit den »schrecklichen Klauen«

im American Museum of Natural History ihre Jahrestagung ab. Die meisten unter uns Anwesenden wussten, dass etwas Besonderes bevorstand. In der Regel ist dieses internationale Wissenschaftlertreffen eine recht biedere Angelegenheit mit Vorträgen und Postern, unterbrochen von Cocktailpartys und gesellschaftlichen Ereignissen. Zu jener Zeit neigten die Mitglieder der Gesellschaft dazu, verschiedene Gruppen zu bilden, die sich vorwiegend durch die Tiere definierten, an denen man arbeitete. Säugetierexperten nahmen an Vorträgen über Säugetiere teil, Fisch-Paläontologen gingen zu Fischvorträgen, und so weiter. Wir pflegten Geselligkeit, gingen aber in den wissenschaftlichen Sitzungen getrennte Wege.

Damals, 1997, war es anders. In allen Hörsälen und sämtlichen Gruppen lag ein Raunen in der Luft. »Haben Sie es schon gesehen?« »Stimmt es wirklich?«

Chinesische Kollegen hatten Bilder eines neuen Tieres gezeigt, das Bauern in der Provinz Liaoning nordöstlich von Peking entdeckt hatten. Mit seinen hohlen Knochen, den mit Klauen versehenen Händen und Füßen sowie einem langen Schwanz hatte es alle Eigenschaften eines Deinonychus-ähnlichen Dinosauriers. Aber das Fossil war hervorragend erhalten. Es war in das charakteristische, feinkörnige Gestein eingebettet, in dem auch Abdrücke von Bruchstücken oder fossilem weichem Gewebe erhalten bleiben. Darum ging es in den Gesprächen: Der Dinosaurier war unverkennbar von Federn umhüllt. Es waren keine vollständigen Federn, sondern sehr einfache, daunenartige Gebilde. Dieser Dinosaurier hatte ein primitives Federkleid.

Unter den Teilnehmern war auch Ostrom. Ich war damals ein junger Wissenschaftler und kann mich noch erinnern, wie ich ihn zwischen den Sitzungen bei einer Kaffeepause sah. Er unterhielt sich mit einem älteren Paläontologen. Und er weinte. Seine umstrittenen Arbeiten aus 30 Jahren waren durch ein Fossil bestätigt worden. Damals soll er gesagt haben: »Ich habe buchstäblich weiche Knie bekommen, als ich die Fotos zum ersten Mal gesehen habe. Die Körperbedeckung dieses Dinosauriers ist anders als alles, was wir auf der Welt bisher gesehen haben.« Später fügte er hinzu: »Ich hätte nie damit gerechnet, dass ich so etwas in meinem Leben noch zu sehen bekomme.«

Die gefiederten Dinosaurier, die uns 1997 in New York gezeigt wurden, waren die Vorboten einer ganzen Welle neuer Fossilien, die an diesen Fundorten in China entdeckt wurden. In den nachfolgenden Jahrzehnten kamen in dem Land ungefähr zwölf Arten gefiederter Dinosaurier ans Licht, und man konnte ein Bild von fleischfressenden Dinosauriern mit

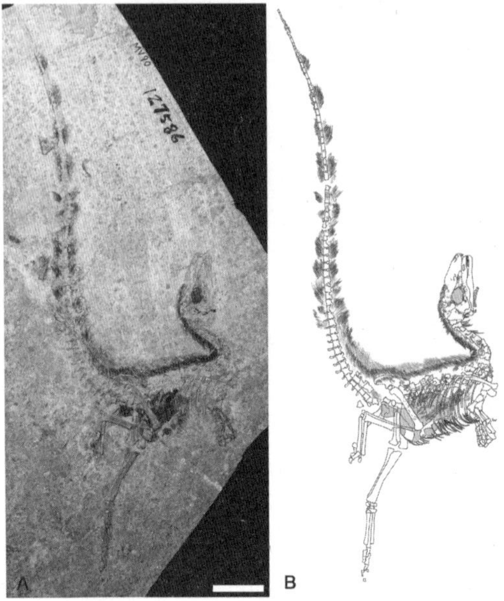

Abb. 7: Gefiederte Dinosaurier bestätigten Ostrom und andere, nach deren Ansicht Dinosaurier die engsten Verwandten der Vögel sind.

verschiedenen Körperbedeckungen zeichnen. Die primitiven unter ihnen tragen einfache, röhrenförmige Federn. Dagegen haben diejenigen, die am engsten mit dem *Archaeopteryx* und den Vögeln verwandt sind, echte Federn mit einem Schaft in der Mitte und davon ausgehenden Fasern. Federn sind kein stark spezialisiertes Merkmal von Vögeln; man findet sie bei praktisch allen fleischfressenden Dinosauriern.

Vögel zeichnen sich nicht nur durch ihre Federn aus. Sie besitzen auch ein Gabelbein, Flügel und spezialisierte Handgelenksknochen, die sie zum Fliegen nutzen. Der Vogelflügel zeigt den klassischen Aufbau mit einem Oberarmknochen, zwei Unterarmknochen, Handgelenksknochen und Fingerknochen. Die Extremitäten der Vögel haben nicht fünf, sondern nur drei Finger, deren mittlerer verlängert ist und als Anheftungsstelle für die Federn dient. Vögel haben weniger Handgelenksknochen, darunter einen, der wie ein großer Halbmond geformt ist und den zutreffenden Namen Halbmondbein (*Os semilunatum*) trägt.

Je genauer wir hinsehen, desto mehr wird klar, dass die Federn und andere anatomische Erfindungen, die zum Fliegen dienen, nicht nur bei Vögeln vorhanden sind. Fleischfressende Dinosaurier ähnelten im Laufe der Zeit den Vögeln immer stärker. Primitive Arten hatten Extremitäten mit fünf Fingern. Nach und nach verloren sie die Finger, bis nur noch die vogeltypischen drei vorhanden waren, darunter ein vergrößerter mittlerer Finger, der den Vögeln als Flügelwurzel dient. Wie die Vögel, so besaßen auch diese Dinosaurier weniger Handgelenksknochen, und bei ihnen entwickelte sich ein Mondbein ähnlich dem, das den Vögeln zum Flatterflug dient. Sogar ein Gabelbein entstand bei ihnen. Fliegen konnten alle diese Dinosaurier nicht, aber alle hatten eine Art Federn, von dem einfachen Daunenkleid der primitiven Formen bis zu höher organisierten Strukturen wie bei *Archaeopteryx* und späteren Dinosauriern. Welche Funktion erfüllten die Federn bei ihnen? Manche Paläontologen vermuteten, sie könnten eine Art Schmuck gewesen sein und der Partnersuche gedient haben. Andere glauben, primitive Daunenfedern könnten eine Art Isolierschicht gewesen sein, die das Körperinnere warm hielt. Vielleicht erfüllten die Federn auch beide Funktionen. Aber welche Aufgaben sie auch hatten, im Zusammenhang mit dem Fliegen stand der Ursprung der Federn sicher nicht.

Wie Lunge und Gliedmaßen beim Übergang vom Wasser zum Land, so gingen auch die Erfindungen für das Fliegen der Entstehung der Flugfähigkeit voraus. Hohlknochen, schnelles Wachstum, ein intensiver Stoffwechsel, flügelähnliche Arme, scharnierförmige Handgelenke und natürlich die Federn entstanden ursprünglich bei Dinosauriern, die auf dem Erdboden lebten und schnell laufen konnten, um ihre Beute zu fangen. Die wichtigste Veränderung ist nicht die Entwicklung neuer Organe als solche, sondern die Umwidmung alter, in der Evolution entstandener Merkmale für neue Verwendungszwecke und Funktionen.

Dass Federn den Vögeln beim Fliegen helfen und eine Lunge den Tieren das Leben an Land ermöglicht, ist allgemein bekannt. Solche Vorstellungen sind logisch, naheliegend und – falsch. Das wissen wir schon seit über einem Jahrhundert.

Das gar nicht so geheime Geheimnis lautet: Biologische Neuerungen entstehen nie im Laufe der großen Umwälzung, an die sie gekoppelt sind. Die Federn entstanden nicht während der Evolution der Flugfähigkeit, und ebenso wenig entwickelten sich Lunge und Gliedmaßen während des Überganges vom Wasser zum Land. Und nicht nur das: Diese und andere große Revolutionen in der Geschichte des Lebens hätten sich auch nicht auf andere Weise abspielen können. Große Veränderungen mussten nicht darauf warten, dass viele Erfindungen gleichzeitig stattfanden. Sie kamen vielmehr dadurch zustande, dass alte Strukturen neuen Verwendungszwecken zugeführt wurden. Innovationen haben Vorläufer, die weit in die Vergangenheit zurückreichen. Nichts beginnt zu der Zeit, zu der man es glaubt.

Dies ist die Geschichte der Revolution durch Evolution. In der Geschichte des Lebens folgt der Wandel einem gewundenen Weg voller Umwege, Sackgassen und Erfindungen, die nur deshalb scheiterten, weil sie zur falschen Zeit entstanden. Darwins fünf Wörter, wonach sich viele Neuerungen aus Funktionsveränderungen vorhandener Merkmale ergeben, schufen die Voraussetzungen, um den Ursprung der Organe und Proteine, ja sogar unserer DNA, verstehen zu können.

Aber die Körper von Fischen, Dinosauriern und Menschen sind bei der Befruchtung nicht vollständig ausgebildet. Sie werden in jeder Generation anhand eines Rezepts, das die Eltern an die Nachkommen weitergeben, neu aufgebaut. Neue Erfindungen liegen in diesen Rezepten, und wie schon Darwin prophezeite, können sie in einem Zusammenhang entstehen und in einem anderen einen neuen Zweck erfüllen.

2.
Ideen im Embryo

Carl von Linné (1707–1778), der Vater der modernen biologischen Systematik, studierte im 18. Jahrhundert Hunderte von Pflanzen und Tieren. Seine wissenschaftliche Klassifikation ließ kaum Platz für Gefühle – außer in einem Fall. Von den vielen tausend Tieren, die Linné erforschte, hob er insbesondere eines heraus, um es zu verhöhnen und lächerlich zu machen. Kinder kennen Salamander und Molche als sanfte, großäugige Wesen mit großem Kopf, vier Beinen und einem langen Schwanz. Linné dagegen nannte sie aus irgendeinem unbekannten Grund »widerliche, verabscheuungswürdige Tiere« und erklärte, es sei ein Glück, dass »der Schöpfer seine Macht nicht darauf verwendet hat, viele von ihnen zu machen«.

Während Linné also die Salamander für den Tiefpunkt der Schöpfung hielt, erklärten andere sie zu urtümlichen und nahezu magischen Geschöpfen. Philosophen von Plinius dem Älteren bis zu Augustinus hielten Molche und Salamander für Geschöpfe, die aus Lava, dem Inferno oder dem Feuer geboren wurden. Für Augustinus waren sie der greifbare Beleg dafür, dass die Verdammnis im Feuer tatsächlich existiert. Seine Idee leitet sich von der Behauptung ab, Salamander seien widerstandsfähig gegen Flammen oder könnten dem Feuer entspringen. In solchen angeblichen Kräften dürften sich ihre biologischen Eigenschaften widergespiegelt haben. Aquarianer und Liebhaber wissen, dass manche Salamanderarten eine Vorliebe für die verfaulende Unterseite von Holzstücken haben. Solche feuchten Lebensräume waren denen, die zu Augustinus' Zeit Brennholz sammelten, wahrscheinlich verborgen geblieben. Wenn sie dann die mit Salamandern besetzten Holzscheite anzündeten, erlebten sie unter Umständen zappelnde Überraschungen, die zweifellos den Anlass zu ehrfürchtigen Vermutungen über teuflische Mächte gaben.

Es gibt auf der Welt zwar nur wenige Salamanderarten – nach neueren Schätzungen sind es vielleicht 500 –, ihre Bedeutung für die Menschen geht aber weit über Bauchgefühle des Hasses, Gedanken an Verdammnis und aus dem Feuer entspringendes Leben hinaus. Sie waren der Katalysator für einen ganz neuen Ansatz, mit dem man die großen Veränderungen in der Geschichte des Lebens verstehen wollte.

Im 19. Jahrhundert durchstreiften zoologische Expeditionen die Welt und erkundeten Kontinente, Gebirge und Urwälder. Die Teilnehmer entdeckten und beschrieben Tausende von neuen Mineralien, biologischen Arten und Artefakten. Die Schiffe der Entdecker hatten häufig einen Naturforscher an Bord, der Tiere und Pflanzen, Gestein und Landschaften, die ihm auf der Reise begegneten, sammelte und studierte. Wer die Funde, die an den Kaimauern und Bahnhöfen von London, Paris und Berlin eintrafen, untersuchen und Veröffentlichungen darüber schreiben konnte, wurde oftmals berühmt.

Wenn jemals ein Zoologe ein Geburtsrecht hatte, dann war es Auguste Duméril (1812–1870), ein Professor am Museum für Naturgeschichte in Paris. Wie sein Vater André, der ebenfalls lange als Professor an dem Museum tätig gewesen war, hatte er während seines gesamten Lebens eine Leidenschaft für Reptilien und Insekten. Vater und Sohn forschten zusammen und bauten an dem Museum in gemeinsamer Arbeit einen Zoo auf, um nicht nur konservierte Tiere, sondern auch lebende Exemplare zu beobachten. Duméril senior veröffentlichte eine einflussreiche Klassifikation des Tierreiches, für die er die anatomischen Beschreibungen seines Sohnes verwendete. Und als André 1860 starb, machte Auguste sich mit aller Kraft daran, neue Arten zu beschreiben.

Im Januar 1864 erhielt Duméril eine Sendung mit sechs Salamandern. Sie stammten von einem Sammlerteam, das einen See nicht weit von Mexico City erkundete. Bei den Tieren handelte es sich um große, ausgewachsene Exemplare, und im Gegensatz zu allen anderen ausgewachsenen Salamandern, die man zu jener Zeit kannte, hatten sie voll ausgebildete, gefiederte Kiemen, die wie Federbüsche von der Schädelbasis ausgingen. Außerdem hatten sie auf dem Rücken einen Kiel, der sich bis zu dem flossenähnlichen Schwanz erstreckte. Daraus ergab sich eine eindeutige Schlussfolgerung: Mit den Kiemen und der Körperform von Wassertieren lebten diese ausgewachsenen Salamander ausschließlich im Wasser.

Was die Entdecker nicht wussten: Solche Salamander hatten lange zur Kultur der Azteken gehört. Für die Wissenschaft waren die Arten vielleicht neu, aber in Mexiko schätzte man sie als Delikatesse – häufig wurden sie bei Festessen und besonderen Ritualen gebraten.

Veranlasst durch Darwins kurz zuvor veröffentlichte Evolutionstheorie, glaubte Duméril, diese im Wasser lebenden Amphibien könnten Hinweise darauf liefern, wie Fische sich für das Leben an Land weiterentwickelt hatten. Er brachte die neuen Tiere in dem Zoo unter, den er zusammen mit seinem Vater gebaut hatte. Glücklicherweise besaß er sowohl Männchen als auch Weibchen, und nach einem Jahr konnte er sie dazu bringen, sich zu paaren und befruchtete Eier zu produzieren. Im Jahr 1865 schlüpften gesunde junge Salamander aus den Eiern. Salamander sind leicht zu pflegen und brauchen unter geeigneten Bedingungen für längere Zeit nicht viel Futter. Da mit seinen Schützlingen alles seine Ordnung hatte, überließ Duméril sie sich selbst.

Später im Jahr warf er wieder einmal einen Blick in das Gehege. Im ersten Augenblick muss ihm der Gedanke gekommen sein, dass jemand an dem Käfig herumgespielt hatte: Er beherbergte jetzt zweierlei Salamander. Zunächst waren da die Eltern, große, im Wasser lebende, ausgewachsene Exemplare mit Kiemen. Daneben fand er aber noch eine andere Form. Diese Salamander waren ebenfalls groß, sahen aber ganz und gar nach Landbewohnern aus: Sie hatten keine Kiemen, keinen Schwanz für das Leben im Wasser, nichts, was vermuten ließ, sie könnten Wasserbewohner sein. Als Duméril sie anatomisch untersuchte und mit den in der wissenschaftlichen Literatur bereits beschriebenen Arten verglich, wurde ihm klar, dass man auch diesen Tieren bereits Jahre zuvor einen wissenschaftlichen Namen gegeben hatte. Sie zeigten genau die Merkmale der Gattung *Ambystoma,* einer gut bekannten Gruppe von Salamandern, die ausschließlich an Land lebt.

Die Tiere in dem Gehege waren so unterschiedlich, dass man sie in Linnés Schema nicht nur zwei verschiedenen Arten, sondern sogar unterschiedlichen Gattungen zuordnen konnte. Es war, als hätte Duméril im einen Jahr Schimpansen

Abb. 8: Dumérils zwei Salamandertypen

in ein Gehege gesetzt und im nächsten festgestellt, dass sie es sich dort mit Gorillas bequem gemacht hatten.

War aus heiterem Himmel eine neue Lebensform auf der Bildfläche erschienen? Hatte sich in Dumérils Gehege in Paris eine große Verwandlung abgespielt? Welche magischen Eigenschaften offenbarten sich diesmal an den Salamandern?

Entwicklungsgeschichten

Schon seit Jahrhunderten haben Menschen beim Blick auf Embryonen den Eindruck, irgendwo in der Entwicklung von der Eizelle zum ausgewachsenen Tier müssten sich Anhaltspunkte für die Gesetzmäßigkeiten finden, deretwegen sich Arten voneinander unterscheiden. Zu der Zeit, als Duméril über seinen Salamandern rätselte, galt die Entwicklung eines Embryos – ob Fisch, Frosch oder Huhn – als Vergrößerungsglas, durch das man die biologische Vielfalt sämtlicher Tiere auf Erden betrachten konnte.

Seit Aristoteles erstmals einen Blick in ihre Eier warf, waren die Embryonen von Hühnern ein Gegenstand der Faszination. Küken haben ihr eigenes Behältnis, und dieses kann man öffnen wie ein Fenster. Man kann ein Loch in die Eierschale schneiden, ein Licht seitlich am Ei vorüberziehen lassen und es unter ein Mikroskop legen, um so den Embryo im Inneren zu sehen. Dieser ist anfangs ein kleiner weißer Zellklumpen, der unmittelbar auf dem Eidotter liegt. Er wächst im Laufe der Zeit heran, und nun tauchen erkennbare Orientierungsmarken auf: Kopf, Schwanz, Rücken und Gliedmaßen. Der ganze Vorgang erweckt den Eindruck eines gut einstudierten Tanzes. Ganz zu Beginn macht das befruchtete Ei eine mehrfache Teilung durch – aus einer Zelle werden zwei, dann vier, dann acht, dann 16, und so weiter. Während die Zellen sich vermehren, nimmt der Embryo die Form einer Kugel aus Zellen an. Nach wenigen Tagen verwandelt er sich von einer Hohlkugel in eine einfache Scheibe aus Zellen, und diese ist von schützenden Strukturen umgeben, die Nährstoffe liefern und die richtige Umgebung für seine weitere Entwicklung schaffen. Aus der einfachen Zellscheibe wird schließlich ein ganzes Tier. Da ist es kein Wunder, dass die Embryonalentwicklung den Anlass zu vielen Spekulationen und wissenschaftlichen Untersuchungen gab.

Charles Bonnet (1720–1793) vertrat die Ansicht, der Embryo sei im Wesentlichen ein kleines, aber vollständig ausgebildetes Miniatur-Lebewesen. Die Zeit im Mutterleib diente nach seiner Vorstellung nur dazu, die bereits vorhandenen Organe heranwachsen zu lassen. Solche »Homunculi«, wie man sie nannte, bildeten die Grundlage für Bonnets Ansichten über die Evolution. Danach trug eine Frau alle zukünftigen Generationen in sich. Er glaubte, die in ihr vorhandenen Homunculi konnten Katastrophen überleben, und im Laufe der Zeit würden ganz von selbst neue Lebensformen aus früheren Frauengenerationen entspringen. Im letzten Stadium sollten dann irgendwann in der Zukunft aus den Homunculi im Mutterleib der Menschen die Engel hervorgehen.

Im nachfolgenden Jahrhundert holte man Embryonen verschiedener Arten ins Labor und untersuchte sie mit neuen Methoden der optischen Technik. Als Wissenschaftler echte Embryonen sahen, ging Bonnets Idee unter. Man war aber weiterhin bestrebt, den Körperbau von so unterschiedlichen Lebewesen wie Elefanten, Vögeln und Fischen zu erklären.

Als Erste gelangten zwei junge Medizinstudenten im Jahr 1816 mit Embryonen zu weitreichenden neuen Erkenntnissen über die biologische Vielfalt. Karl Ernst von Baer (1792–1876) und Christian Pander (1794–1865) stammten aus Adelsfamilien in den deutschsprachigen Regionen des Baltikums. Sie begannen in Würzburg mit dem Medizinstudium, griffen einen Hinweis von Aristoteles auf und sahen sich Hühnerembryonen genauer an. Pander bebrütete Tausende von Eiern, öffnete sie in verschiedenen Entwicklungsstadien, legte die Embryonen unter ein Vergrößerungsglas und sah sich an, wie sich die Organe ausbildeten. Gegenüber seinem Freund hatte er in dieser Frühzeit einen wichtigen Vorteil: Da er aus einer wohlhabenden Familie stammte, konnte er es sich leisten, Regale für Tausende von Eiern zu bauen, einen Assistenten zur Gewinnung der Embryonen einzustellen und hochwertige Stiche mit Abbildungen der Embryonen in Auftrag zu geben. Von Baer, der nicht über solchen Reichtum verfügte, wurde zum Zaungast.

Der technische Fortschritt kam Pander entgegen: Er konnte sich die besten Vergrößerungsgläser beschaffen und damit die Gewebe und Zellen untersuchen. Als ihm so viele unterschiedlich alte Zellen zur Verfügung standen, die er mit den neuen Linsen betrachten konnte, stieß er auf etwas, was noch kein Mensch zuvor gesehen hatte. In ihren ersten Stadien haben Embryonen keine erkennbaren Organe; und erst recht sind sie nicht die Homunculi, die Bonnet sich vorgestellt hatte. Frühe Embryonen sehen überhaupt nicht aus wie die erwachsenen Tiere, sondern sie sind einfache Scheiben aus Zellen, die oben auf dem Eidotter liegen.

Pander interessierte sich nicht nur für die äußere Form der Embryonen. Er wollte auch wissen, was in ihrem Inneren vorgeht. Bei genauerem Hinsehen stellte er fest, dass ein Embryo anfangs eine einfache Scheibe von der Größe einiger Sandkörner ist. Sie wird im Laufe der Zeit größer und besteht schließlich aus drei Gewebeschichten, die wie Papierblätter übereinanderliegen. In diesem Stadium sieht der Embryo ein wenig aus wie ein runder Kuchen mit drei Schichten.

Abb. 9: Karl Ernst von Baer

Da Pander Tausende von Eiern zur Verfügung hatte, konnte er verfolgen, was mit diesen drei Schichten während der Entwicklung des Hühnerembryos geschah. Während die dreischichtige Scheibe zum ausgewachsenen Huhn mit Kopf, Flügeln und Beinen heranwuchs, drehte und wendete sie sich. Nach und nach entstanden die Organe.

Während seiner Arbeit mit dem Vergrößerungsglas fertigte Pander detaillierte Zeichnungen von allen nur denkbaren Entwicklungsstadien an und erkannte dabei in dem ganzen komplizierten Prozess ein einfaches, einheitliches Prinzip. Die gesamte Organisation ließ sich auf diese drei Schichten zurückführen. Die innere Schicht brachte später die Verdauungsorgane und die mit ihnen verbundenen Drüsen hervor. Die mittlere verwandelte sich in Knochen und Muskeln. Und aus der äußeren Schicht wurden Haut und Nervensystem. Für

Pander und von Baer stellten diese drei Schichten das Organisationsprinzip für den entstehenden Hühnerkörper dar.

Von Baer ahnte, dass man aus den drei Schichten noch mehr Erkenntnisse gewinnen konnte. Leider konnte er wegen fehlender Finanzmittel erst zehn Jahre später, als er eine Professur an der Universität Königsberg innehatte, eigene Forschungsarbeiten anstellen. Mit dem Einkommen, das seine neue Stellung ihm verschaffte, ging er den vielen unbeantworteten Fragen nach den Embryonen anderer Arten nach. Hin und wieder führte ihn seine Leidenschaft in die Irre. Um nachzuweisen, welches Organ bei Säugetieren die Eizellen hervorbringt, opferte er den Lieblingshund seines Direktors. Seither wird von Baer zwar immer mit der Entdeckung in Verbindung gebracht, dass Eizellen bei Säugetieren aus den Follikeln im Eierstock stammen, aber welche Ansichten der Direktor über seine experimentellen Methoden hatte, ist nicht überliefert.

Die Frage, die von Baer stellte, lautete: Welche Mechanismen sorgen dafür, dass die Tierarten sich voneinander unterscheiden? Er sammelte Embryonen von möglichst vielen Arten, unter anderem von Fischen, Eidechsen und Schildkröten. Er entnahm sie den Eiern oder der Gebärmutter und bewahrte sie in Gefäßen mit Alkohol auf, um sie zu konservieren. Dann ging er, wie zuvor sein Freund Pander, der Frage nach, was die Entwicklungsvorgänge bei allen Tieren gemeinsam haben und woran es liegt, dass jede Art anders ist.

Als er die verschiedenen Arten unter dem Vergrößerungsglas betrachtete, gewann er grundlegende Erkenntnisse über die Vielfalt der Tiere. Die Entwicklung jeder Spezies beginnt mit drei Schichten, einer inneren, einer äußeren und einer mittleren. Er verfolgte, was weiter mit den Schichten geschah, und stellte fest, dass der Verlauf immer der gleiche war. Aus den Zellen der untersten Schicht an der Unterseite der Scheibe entstehen die Verdauungsorgane und die mit ihnen verbundenen Drüsen. Die mittlere Schicht entwickelt sich zu Nieren, Fortpflanzungsorganen, Muskeln und Knochen. Und aus der Außenschicht gehen Haut und Nervensystem hervor. Panders ursprüngliche Entdeckung galt nicht nur für Hühner, sondern für Tiere in einem viel weiteren Sinn.

In dieser einfachen Beobachtung offenbarte sich ein allgemeingültiger Zusammenhang zwischen allen Organen aller bekannten Tierarten. Ob es sich nun um einen Tiefsee-Anglerfisch oder einen durch die Lüfte streifenden Albatros handelte, sein Herz stammt immer aus den Zellen der mittleren Schicht, Gehirn und Nervensystem gehen aus der äußeren Schicht hervor, und Darm, Magen und Verdauungsorgane aus der inneren. Dies ist eine grundsätzliche Regel: Man kann jedes Organ aus dem Körper jedes Tieres auf der Erde entnehmen, und immer weiß man, welcher Zellschicht es entstammt.

Dann machte von Baer einen Fehler. Er vergaß, einige Gefäße mit verschiedenen Arten zu beschriften. Da er nun nicht mehr wusste, welche Spezies sich in welchem Gefäß befand, musste er versuchen, sie durch genaues Betrachten zu unterscheiden. In seiner Beschreibung der nicht etikettierten Embryonen schrieb von Baer: »Es könnte sich um Echsen handeln, aber auch um kleine Vögel oder sehr junge Säugetiere. Die Ausbildung von Kopf und Rumpf ist bei diesen Tieren sehr ähnlich. Die Extremitäten sind bei diesen Embryonen noch nicht vorhanden. Aber selbst wenn sie in den ersten Entwicklungsstadien wären, würde das nichts aussagen; denn die

Füße von Echsen und Säugetieren, die Flügel und Füße der Vögel sowie die Hände und Füße von Menschen entwickeln sich aus der gleichen Grundform.«

Durch sein Missgeschick mit der Beschriftung erkannte von Baer im Leben der Tiere eine verborgene Ordnung, die sich im weiteren Verlauf ihrer Entwicklung entfaltet. Der ausgewachsene Körper verschleiert oft tiefgreifende Ähnlichkeiten der frühen Entwicklungsstadien. Auch wenn Erwachsene oder sogar Neugeborene äußerst unterschiedlich aussehen können, sind sie sich zu Beginn ihrer Entwicklung sehr ähnlich.

Die Ähnlichkeiten zwischen den Embryonen reichen selbst in den Details weit. Der Kopf eines ausgewachsenen Fisches zeigt kaum offenkundige Ähnlichkeiten mit dem Kopf einer ausgewachsenen Schildkröte, eines Vogels oder eines Menschen. Kurz nach der Befruchtung jedoch tragen alle genannten Embryonen am Kopfansatz vier Verdickungen. Diese Kiemenbögen, zwischen denen außen eine Spalte liegt, entwickeln sich bei allen Tieren, die später einen knochigen Schädel haben. Damit sind sie sogar der Ausgangspunkt für die Entwicklung verschiedener Schädeltypen. Bei Fischen werden die Zellen im Inneren der Verdickungen zu den Muskeln, Nerven, Arterien und Knochen der hintereinanderliegenden Kiemen. Die Spalten, die sie trennen, entwickeln sich zu den Kiemenschlitzen weiter. Menschen haben zwar keine Kiemen, aber auch bei uns finden sich im Embryonalstadium die Verdickungen und Spalten. Die Zellen der Verdickungen werden beim Menschen zu den Knochen, Muskeln, Arterien und Nerven in Teilen des Unterkiefers, des Mittelohrs, des Rachens und des Kehlkopfes. Die Spalten entwickeln sich nie zu ausgeprägten Schlitzen, sondern schließen sich und verwandeln sich in Teile von Ohr und Rachen. Als Embryo besitzen wir sie, als ausgewachsene Menschen nicht.

Ein Beispiel nach dem anderen – von Nieren und Gehirn bis zu Nerven und Wirbelsäule – unterstrich von Baers Aussagen und sorgte dafür, dass sie sich durchsetzten. Bei Haien und anderen Fischen verläuft ein Stab aus Bindegewebe unterhalb der Wirbelsäule vom Kopf bis zum Schwanz. Er ist mit einer geleeähnlichen Substanz gefüllt und bildet eine flexible Stütze für den Körper. Die Wirbelsäule eines Menschen besteht aus den Wirbeln, Knochenblöcken, die durch die Zwischenwirbelscheiben voneinander getrennt sind. Einen Stab, der vom Kopf bis zu den Hüften verläuft, haben wir nicht. Und doch zeigen unsere Embryonen eine grundlegende Ähnlichkeit mit denen von Haien und Fischen: Bei ihnen ist der Stab vorhanden. In der Entwicklung zerfällt er zu kleinen Blöcken, aus denen schließlich der innere Teil unserer Zwischenwirbelscheiben wird. Wer schon einmal einen schmerzhaften Bandscheibenvorfall hatte, bei dem war dieses uralte Überbleibsel aus der Entwicklung, die wir mit Haien und anderen Fischen gemeinsam haben, verletzt.

Von Baers Beobachtungen über die Ähnlichkeit der frühen Embryonen unterschiedlicher Arten erregten auch Darwins Aufmerksamkeit. Von Baer veröffentlichte seine Arbeiten 1828, und Darwin kannte sie, als er drei Jahre später mit der *Beagle* zu der Reise aufbrach, die sein Leben verändern sollte. Als er drei Jahrzehnte später seinen *Ursprung der Arten* veröffentlichte, nannte er die Embryonen als Beleg für seine Evolutionstheorie. Die Tatsache, dass die Entwicklung von so unterschiedlichen Tieren wie Fischen, Fröschen und Menschen am gleichen Ausgangspunkt beginnt, bedeutete für Darwin, dass alle diese Tiere auch eine Vergangenheit teilen. Konnte es für die gemeinsame Abstammung verschiedener Arten einen besseren Beleg geben als die sich gleichenden Embryonalstadien, von denen ihre Entwicklung ausgeht?

Eine Generation nach von Baer verfolgte sein Landsmann Ernst Haeckel (1834–1919) die Entdeckungen weiter und beschäftigte sich mit der Verbindung zwischen den Embryonalstadien und der Evolutionsgeschichte. Haeckel hatte eigentlich Medizin studiert, aber er konnte den Anblick kranker Menschen nicht ertragen; also ging er nach Jena und studierte bei einem führenden vergleichenden Anatomen. Der Wendepunkt in seinem Leben trat ein, als er Charles Darwins Werke las und den Engländer kennenlernte.

Haeckel durchforstete das Tierreich nach Embryonen und schrieb mehr als 100 Artikel, in denen er die Embryonalstadien der verschiedensten Arten beschrieb und bildlich darstellte. In seinen Augen bestand ein bruchloser Zusammenhang zwischen Kunst und Leben: Die Vielfalt des Lebendigen war für ihn eine Kunstform. Er entwarf einige der schönsten Farblithographien, die jemals produziert wurden. In seinen üppigen Darstellungen von Korallen, Muschelschalen und Embryonen spiegelt sich eine Zeit wider, in der sorgfältige anatomische Zeichnungen eine Brücke zwischen Wissenschaft und Ästhetik schlugen. Insbesondere die Embryonen wurden nicht nur wegen ihrer Schönheit gepriesen, sondern auch weil sie den Zusammenhang zu Darwins neuer Theorie herstellten. Haeckel, der immer für Zitate gut war, prägte für die Verbindung zwischen beiden eine Formulierung, die im 20. Jahrhundert zum Werbespruch für viele Studierende der

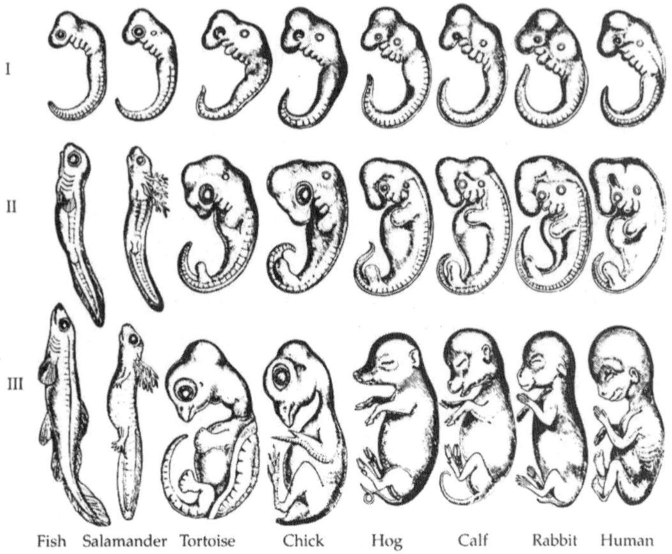

Abb. 10: Haeckels Vergleich der Embryonalentwicklung bei verschiedenen Arten. Er war eine einflussreiche, aber auch umstrittene Gestalt. Manche Kritiker behaupteten, er würde die Ähnlichkeiten zwischen den Embryonen zu stark betonen und habe sich bei seinen Diagrammen auch gewisse Freiheiten gestattet.

Biologie werden sollte: »Die Ontogenie [Entwicklung] ist eine Wiederholung der Phylogenie [Evolutionsgeschichte].«

Haeckels Behauptung lautete: Ein Tierembryo vollzieht während seiner Entwicklung die Evolutionsgeschichte des Lebewesens nach. Ein Mausembryo sieht nacheinander wie ein Wurm, ein Fisch, ein Amphibium und ein Reptil aus. Der Mechanismus, der diese Stadien erzeugt, entspricht dem Weg, auf dem neue Merkmale während der Evolution entstanden sind. Er ging davon aus, dass neue evolutionäre Merkmale an die Endstadien der Entwicklung angefügt werden; demnach entstanden beispielsweise die Amphibien, weil amphibienspezifische Merkmale zu den letzten Entwicklungsstadien eines Fischvorfahren hinzukamen, Reptilienmerkmale kamen zu denen der Amphibien hinzu, und so weiter. Im Laufe der Zeit, so Haeckel, führt dieser Prozess dazu, dass die Embryonalentwicklung die Evolutionsvergangenheit nachvollzieht.

Wer brauchte noch fossile Zwischenstufen, um die Geschichte des Lebens nachzuzeichnen, wenn man sie an den Embryonen ablesen konnte, wie Haeckel annahm? Haeckels Gedanken hatten so großen Einfluss, dass Expeditionsteilnehmer nun darangingen, sich die Embryonen verschiedener Arten zu beschaffen. Auf einer dieser Expeditionen wollte Robert Falcon Scott 1912 den Südpol erreichen, und drei Mitglieder seiner Antarktisexpedition waren darauf aus, Eier von Kaiserpinguinen zu sammeln. Die Entdecker glaubten, in den Embryonen von Kaiserpinguinen, die zu jener Zeit als primitive Tiere galten, werde man Hinweise darauf finden, wie die Vögel aus Reptilien entstanden sind. Irgendwo in ihrer Embryonalentwicklung sollte es demnach ein Stadium geben, das wie ihr Reptilienvorfahre aussah.

Mitten im südlichen Winter machten sich die drei Mitglieder der Mannschaft von ihrem Stützpunkt auf einen monatelangen Schlittenausflug zum Kap Crozier, wo die Kinderstube der Pinguine lag. In pechschwarzer Dunkelheit, bei Temperaturen von bis zu minus 50 Grad, wären alle drei mehrere Male fast ums Leben gekommen, weil ihre Zelte weggeweht wurden oder weil sie in Gletscherspalten rutschten. Einer von ihnen, Apsley Cherry-Garrard, schrieb in seinem klassischen Reisebericht *Die schlimmste Reise der Welt*, es sei dem Team gelungen, mit drei Pinguineiern zum Lager zurückzukehren.

Später starben Scott und vier Angehörige seiner Mannschaft bei ihrem tragischen, gescheiterten Versuch, den Pol zu erreichen; unter ihnen waren auch zwei, die Cherry-Garrard auf dem Ausflug zu den Pinguinen begleitet hatten. Cherry-Garrard kehrte später nach Großbritannien zurück und wollte die Eier beim Britischen Museum abliefern. Das Museumspersonal ließ ihn in der Eingangshalle mehrere Stunden warten, während man darüber beriet, ob man die Eier annehmen wollte. Widerwillig wurden sie schließlich akzeptiert, aber später schrieb Cherry-Garrard an den Museumsleiter: »Ich habe Ihnen die Embryonen vom Kap Crozier übergeben, die drei Männer fast das Leben und einen die Gesundheit gekostet hätten … Und Ihr Vertreter hat noch nicht einmal Danke gesagt.«

Dass das Museum die Eier nur widerstrebend annahm, hatte einen Grund: In der Zeit zwischen dem Aufbruch der

Abb. 11: Apsley Cherry-Garrard (rechts) nach der Rückkehr von seiner schlimmsten Reise zur Beschaffung von Pinguineiern

Expedition zum Pol und Cherry-Garrards Rückkehr war Haeckels Rekapitulationstheorie allgemein in Misskredit geraten, und außerdem hatten neue Entdeckungen die Einstufung der Pinguine als primitive Vögel in Frage gestellt. Haeckel hatte ein so großes Interesse an der Biologie geweckt, dass er damit auch den Grundstein für seinen eigenen Sturz gelegt hatte. In ihrem Eifer, in den Embryonen die Evolutionsvergangenheit zu finden, studierten Wissenschaftler die Embryonalentwicklung der verschiedensten Arten. Meist bestätigte sich von Baers Gedanke von der Ähnlichkeit zwischen den Embryonen verschiedener Arten, es gab aber auch Ausnahmen. Haeckels Rekapitulationstheorie wurde durch die neuen Befunde aber nicht gestützt; ganz im Gegenteil: In keinem Stadium der Embryonalentwicklung konnte man einen Vorfahren erkennen. Menschenembryonen mögen in mancherlei Hinsicht den Embryonen von Fischen ähneln, wie von Baer es postuliert hatte, aber in keinem Entwicklungsstadium sehen sie aus wie einer unserer Vorfahren, sei es nun ein Fisch mit Beinen oder ein *Australopithecus*; und ein Vogelembryo sieht auch während seiner Entwicklung nicht aus wie *Archaeopteryx*.

Haeckels Idee war falsch, aber sie wurde zum Leitfaden für die Forschungsarbeiten unzähliger Wissenschaftler. In manchen Kreisen ist sie noch heute im Umlauf, obwohl sie seit über 100 Jahren kein Gegenstand der wissenschaftlichen Untersuchung mehr war. Vielleicht hatte Haeckel seinen bleibenden Einfluss der Person zu verdanken, die seine Idee am nachdrücklichsten ablehnte.

Der Axolotl

Walter Garstang (1868–1949) verabscheute Haeckels Theorie so sehr, dass die von ihm entwickelte Kritik zu einer ganz neuen Denkweise über die Geschichte des Lebens führte. Garstang hatte zwei lebenslange exzentrische Vorlieben: Kaulquappen und Dichtung. Wenn er die Larven nicht gerade wissenschaftlich erforschte, schrieb er darüber Limericks und Scherzverse. Seine Leidenschaften flossen in einem Buch zusammen, das zwei Jahre nach seinem Tod erschien: In *Larval Forms and Other Zoological Verses* [»Larvenformen und andere zoologische Verse«] setzte er seine wissenschaftliche Forscherkarriere in Dichtung um.

»Der Axolotl und der Ammocoet« mag sich nicht nach einem vielversprechenden Titel für ein Gedicht anhören: Gemeint sind ein salamanderähnliches Tier (der Axolotl) und ein Tier, das einer Kaulquappe ähnelt (der Ammocoet). Aber der Gedanke, den Garstang in diesem Gedicht zum Ausdruck brachte, veränderte das gesamte Fachgebiet und definierte jahrzehntelang die Forschungsrichtungen. Seine Idee erklärt nicht nur, was in Dumérils magischem Gehege geschehen war, sondern nennt auch die Gründe für einige Umwälzungen, die unser Dasein auf diesem Planeten überhaupt erst möglich machten. Für Garstang waren Larven nicht einfach Umwege der Entwicklung, sondern reichhaltige Ausdrucksformen der Geschichte des Lebens und des Potenzials für seine Zukunft.

Die meisten Salamander leben während eines Großteils ihrer Entwicklung im Wasser, und zwar an der Unterseite von Steinen, auf Zweigen, die in Bäche hängen, oder am Boden

Abb. 12: Walter Garstangs Porträt am Anfang seines Buches *Larval Forms and Other Zoological Verses.*

von Teichen. Wenn ihre Larven schlüpfen, haben sie einen breiten Kopf, kleine, flossenförmige Extremitäten und einen breiten Schwanz. Aus dem Ansatz des Kopfes ragt ein Bündel von Kiemen wie die Federn am Schaft eines Staubwedels. Jede einzelne Kieme ist breit und flach, so dass sie mit einer möglichst großen Oberfläche den Sauerstoff aus dem Wasser aufnehmen kann. Mit den flossenähnlichen Gliedmaßen, dem breiten, wie eine Flosse geformten Schwanz und den Kiemen sind diese Tiere eindeutig für das Leben im Wasser gebaut. Wenn Axolotllarven geboren werden, enthält das Ei nur sehr wenig Dotter; wenn sie heranwachsen und sich entwickeln wollen, müssen sie also gierig fressen. Der Kopf dient als großer Saugtrichter: Wenn das Tier den Mund öffnet und die

Mundhöhle erweitert, werden Wasser und Nahrungsteilchen hineingezogen.

Dann folgt die Metamorphose, und nun ändert sich alles. Die Larven verlieren ihre Flossen, und sowohl der Schädel als auch Extremitäten und Schwanz werden umgestaltet. Damit verwandelt sich das Tier von einem Wasser- in einen Landbewohner. Neu entstehende Organsysteme helfen ihm, sich in einer neuen Umwelt anzusiedeln. An Land ist die Nahrungsaufnahme etwas völlig anderes als im Wasser. Die Strukturen im Kopf, die im Wasser zum Einsaugen der Beute in den Mund so nützlich waren, funktionieren an der Luft nicht. Also wird der Schädel so umgestaltet, dass nun eine Zunge herausschießen und die Beute heranholen kann. Eine einfache Umschaltung hat Auswirkungen auf den ganzen Körper – auf Kiemen, Schädel und Kreislauf. Beim Wechsel vom Wasser an Land, der sich im Laufe von Jahrmillionen auch in unserer eigenen Fischvergangenheit abgespielt hat, vollzieht sich die Metamorphose bei diesen Tieren in wenigen Tagen.

Nachdem Duméril bei den Salamandern in seinem Zoo auf diese verblüffenden Veränderungen gestoßen war, zeichnete er ihren gesamten Lebenszyklus nach. Seine Salamander – die Axolotl aus Garstangs Gedicht – verwandeln sich normalerweise von Larven, die im Wasser zu Hause sind, in ausgewachsene landlebende Tiere. Aber wie Duméril später feststellte, tun sie das nicht immer: Sie können zwei verschiedene Entwicklungswege einschlagen, je nachdem, mit was für einer Umwelt sie als Larven konfrontiert werden. Salamander, die in einer trockenen Umwelt heranwachsen, machen die Metamorphose durch, verlieren im weiteren Verlauf alle Eigenschaften von Wasserbewohnern und werden zu ausgewachsenen Landtieren. Zieht man sie dagegen in einer feuchten Umwelt groß, setzt die Metamorphose nie ein, sondern sie sehen im ausgewachsenen Zustand wie große, wasserbewohnende Larven aus, mit einer vollständigen Kiemenausstattung, dem flossenähnlichen Schwanz und dem breiten Schädel, der sich am besten für die Nahrungsaufnahme im Wasser eignet. Was Duméril damals noch nicht wusste: Bei den Exemplaren, die er aus Mexiko erhalten hatte, handelte es sich um große, ausgewachsene Tiere, die wegen ihres feuchten Lebensraumes keine Metamorphose durchgemacht hatten. Die Nachkommen dagegen, die sich in dem trockenen Zoo entwickelten, erlebten die Metamorphose und verloren dabei alle Merkmale der wasserbewohnenden Larven.

Die Magie, die sich in Dumérils Gehege abspielte, war ein einfacher Wechsel in der Entwicklung der Tiere. Heute wissen wir, dass der wichtigste Auslöser der Metamorphose ein Konzentrationsanstieg des Schilddrüsenhormons im Blut ist. Das Hormon sorgt dafür, dass manche Zellen absterben, während andere sich vermehren, und wieder andere verwandeln sich in verschiedene Gewebetypen. Wenn der Hormonspiegel niedrig bleibt oder die Zellen nicht mehr darauf ansprechen, kommt es nicht zur Metamorphose. Stattdessen behalten die Tiere ihre Larveneigenschaften auch im ausgewachsenen Zustand bei. Schon geringfügige Änderungen in der Entwicklung können also im gesamten Organismus koordinierte Abwandlungen erzeugen.

Garstang griff Dumérils Befunde auf und postulierte ein allgemeines Prinzip: Kleine Veränderungen im zeitlichen Ablauf der Entwicklung haben für die Evolution gewaltige Folgen. Angenommen, wir haben es mit einer urtümlichen Ab-

Abb. 13: Salamander können ihre Entwicklung verlangsamen oder ganz einstellen, und ihr Körperbau kann sich drastisch verändern.

folge von Entwicklungsstadien zu tun. Wenn die Entwicklung sich frühzeitig verlangsamt oder ganz zum Stillstand kommt, sehen die Nachkommen aus wie Jungtiere ihrer Vorfahren. Bei den Salamandern würde eine solche Veränderung dazu führen, dass die Tiere wie im Wasser lebende Larven aussehen: Sie behalten die äußeren Kiemen und haben Gliedmaßen mit weniger Fingern und Zehen. Wird die Entwicklung dagegen ausgeweitet oder beschleunigt, entstehen ganz neue, übertriebene Organe und Körpermerkmale. Das Gehäuse von Schnecken entwickelt sich, weil das Tier während seiner Entwicklung neue Windungen hinzufügt. In der Evolution mancher Schneckenarten hat sich entweder die Entwicklungszeit verlängert, oder die Entwicklung hat sich beschleunigt. Solche Schneckennachkommen besitzen eine größere Zahl von Windungen als ihre Vorfahren. Mit derartigen Prozessen lässt sich ein breites

Spektrum großer oder übertriebener Organe erklären, sei es nun das Geweih eines Elchs oder der lange Hals einer Giraffe.

Spielereien in der Embryonalentwicklung können zu dramatisch neuartigen Tieren führen. Seit Garstangs Zeit haben Wissenschaftler ein ganzes System für die Wege entwickelt, auf denen sich der zeitliche Ablauf der Entwicklung verändern und so evolutionäre Neuerungen hervorbringen kann. Die Verlangsamung der Entwicklung ist ein anderer Prozess als ihre frühzeitige Veränderung; beide Vorgänge können ähnliche Ergebnisse – jugendlich aussehende Nachkommen – nach sich ziehen, aber die Ursachen sind andere. Die gleiche Beziehung zwischen Ursachen und Folgen gilt auch für den Prozess, der zu übertriebenen oder größeren Merkmalen führt, wenn die Entwicklung sich beschleunigt oder länger dauert.

Auf ihrer Suche nach verschiedenen Ursachen haben Wissenschaftler Ausschau nach Genen gehalten, die solche Ereignisse steuern könnten, und auch nach Hormonen, die wie das Schilddrüsenhormon zu Auslösern werden könnten. Dieser Ansatz der Entwicklungs- und Evolutionsbiologie, Heterochronie genannt (von griechisch *hetero*, »anders« und *chronos*, »Zeit«), ist zu einem eigenen Teilgebiet der Forschung geworden. Zoologen und Botaniker verglichen über ein Jahrhundert lang Embryonen und ausgewachsene Organismen der verschiedensten Arten und konnten so zeigen, wie durch Veränderungen im zeitlichen Ablauf der Entwicklungsvorgänge sowohl bei Tieren als auch bei Pflanzen ein ganz neuer Körperbau entstehen kann.

Garstang selbst brachte ein verblüffendes Beispiel aus unserer eigenen Vergangenheit ans Licht; es stammt aus einer Zeit, in der unsere Vorfahren Würmer waren.

Der Ammocoet

In seinem Gedicht »Der Axolotl und der Ammocoet« beschäftigt sich Garstang mit zwei klassischen Umwälzungen, die sich in der Evolution abspielten, als die Merkmale von Larven beibehalten wurden. Der Axolotl machte deutlich, welchen Umfang die Veränderungen haben können, wenn die Entwicklung frühzeitig zum Stillstand kommt. Dann wird die Larve, eigentlich ein Übergangsstadium im Leben eines Salamanders, zum Endpunkt der Entwicklung. Der Ammocoet [Querder oder Neunaugenlarve] ist ein kleines, wurmähnliches Tier mit einem Rückgrat. Er lebt meist in aller Stille am Boden von Flüssen oder Bächen und saugt dort den Schlamm ein, aber seine Biologie erzählt eine weitaus größere Geschichte.

Vor mehr als 2000 Jahren identifizierte und beschrieb Aristoteles Hunderte von Schnecken-, Fisch-, Vogel- und Säugetierarten. Dabei unterschied er Tiere, die Blut im Körperinneren haben (*enhamia*), von solchen, bei denen das nicht der Fall ist (*anhamia*). Diese Unterscheidung entspricht in einem weiten Sinne der, die wir heute zwischen Wirbeltieren und Wirbellosen treffen. Es gibt auf der Erde zwei Typen von Tieren: solche mit und solche ohne Rückgrat. Menschen, Reptilien, Amphibien und Fische unterscheiden sich in ihrem Körperbau grundlegend von Fliegen und Muscheln. Das Kernstück des Körperbaus von Wirbeltieren erkannte von Baer an Fischen, Amphibien, Reptilien und Vögeln: Sie alle besitzen in irgendeinem Stadium ihrer Embryonalentwicklung Kiemenschlitze, einen Knorpelstab, der den Körper stützt, und einen darüber verlaufenden Nervenstrang. Wie wir seit von Baer wissen, sind manche dieser Merkmale im ausgewachsenen Organismus verschleiert oder verloren gegangen, aber in irgendeinem Embryonalstadium sind sie vorhanden. Daraus erwuchs die Spekulation, der Vorfahre der Wirbeltiere sei ein einfaches, wurmähnliches Geschöpf gewesen, das diese drei Merkmale in sich vereinigte.

Für Garstang und viele seiner Zeitgenossen lautete die entscheidende Frage: Wie entsteht ein solcher Körperbauplan? Gab es wirbellose Tiere, die in irgendeiner Form ebenfalls solche Merkmale besitzen? Und wenn ja: Wie hat sich unser Zweig des Lebensstammbaumes aus ihnen entwickelt? Regenwürmer haben weder als Embryonen noch in ausgewachsener Form die Kiemenschlitze oder den Knorpelstab. Ebenso wenig gibt es beides bei Insekten, Muscheln, Seesternen oder den meisten anderen Tieren, die kein Rückgrat haben. Die Antwort gab schließlich ein höchst unerwartetes Tier, das die Form eines Speiseeisbällchens hat und fast sein ganzes Leben lang an die Felsen im Meer angeheftet ist.

Man kennt aus den Weltmeeren ungefähr 3000 Arten von Seescheiden. Manche Arten, die, die wie eine Kugel Eiscreme aussehen, tragen oben eine große, schornsteinförmige Struktur und sitzen – manchmal jahrzehntelang – auf den Felsen unter der Wasseroberfläche, wo sie nichts anderes tun, als Wasser zu pumpen. Das Wasser wird durch das große Rohr am oberen Ende eingesaugt, strömt durch den Körper und wird durch ein weiteres Rohr, das von der Körpermitte ausgeht, wieder ausgestoßen. Aus diesem Wasser filtert der Organismus die Teilchen heraus, von denen er sich ernährt. Seescheiden können verschiedene Formen haben – das Spektrum reicht von Klumpen bis zu gewundenen Röhren –, aber Kopf,

Schwanz, Vorder- oder Hinterende sind nicht zu erkennen. Von kaum einem anderen Tier würde man weniger erwarten, dass es eine Geschichte über eines der grundlegendsten Ereignisse in unserer Vergangenheit erzählen kann.

Garstang interessierte sich für Seescheidenlarven. Er erforschte ein bemerkenswertes Phänomen, das russische Biologen gegen Ende des 19. Jahrhunderts zum ersten Mal beobachtet hatten: Wenn Seescheiden aus dem Ei schlüpfen, sind sie freischwimmende Larven. Erst nach einer Metamorphose sinken sie zum Boden der Wassersäule und heften sich an Felsen fest. Wenn jemals eine Larve die Phantasie fesseln konnte, dann diese. Sie schwimmt herum und ähnelt in nichts dem ausgewachsenen Tier. Unter anderem hat sie einen großen Kopf, und zum Manövrieren biegt sie ihren langen Schwanz vorwärts und rückwärts. Im Körperinneren verläuft ein Nervenstrang im Rücken des Tieres, und auch ein Stab aus Bindegewebe erstreckt sich vom Kopf bis zum Schwanz. Am Kopfansatz findet man sogar Kiemenschlitze. Damit sind die drei Hauptmerkmale des mutmaßlichen Vorfahren aller Tiere, die ein Rückgrat besitzen, in den Seescheidenlarven vorhanden.

Aber dann verlieren sie alles – oder zumindest die Eigenschaften, die wir aus unserer anthropozentrischen Sicht für wichtig halten. Nach einigen Wochen schwimmt die Kaulquappe zum Boden der Wassersäule. Während des Abstiegs verliert sie den Schwanz, den Nervenstrang und praktisch den gesamten Bindegewebsstab; die Kiemenschlitze werden abgewandelt und entwickeln sich zu Teilen des Pumpapparats. Das Tier heftet sich an einem Felsen fest und verbringt den Rest seiner Tage damit, an diesem Ort Wasser zu pumpen. Eine

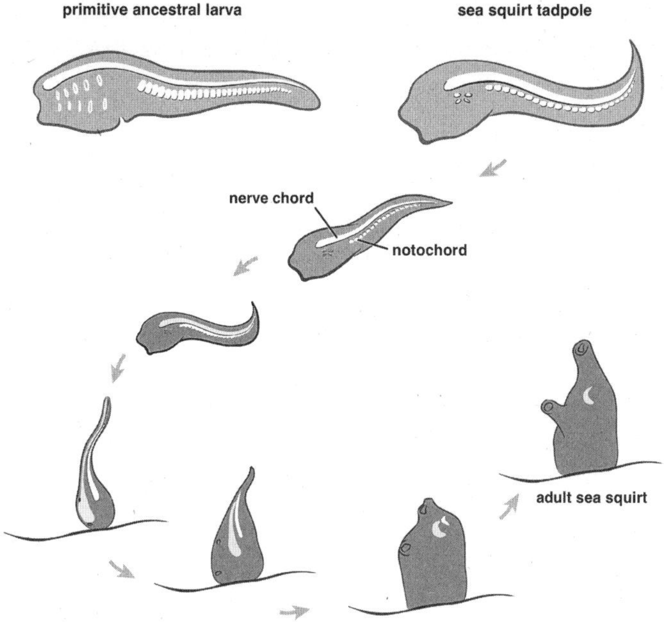

Abb. 14: Eine Seescheide sieht aus wie ein Lehmklumpen, aber zu Beginn ihrer Entwicklung teilt sie viele Merkmale mit uns.

Kaulquappe, ein Tier mit dem Körperbauplan eines Wirbeltiers, verwandelt sich in ein Lebewesen, das man fälschlich für eine Pflanze gehalten hatte.

Garstang postulierte, eine Veränderung im zeitlichen Ablauf der Entwicklung sei der erste wichtige Schritt im Übergang von den Wirbellosen zu Wirbeltieren gewesen. Ein ausgewachsener Mensch oder Fisch hat keinerlei Ähnlichkeit mit einer Seescheide; manch einer würde den Vergleich sogar beleidigend finden. Aber das Wesentliche steckt in den Larven. Der Vorfahre aller Wirbeltiere entstand, weil die Entwicklung einer Seescheide frühzeitig zum Stillstand kam; damit wurden die Merkmale des Larvenstadiums eingefroren, und das Tier konnte mit ihnen den ausgewachsenen Zustand erreichen. Das Ergebnis war ein ausgewachsenes Tier, das wie eine Kaulquappe seiner Seescheidenvorfahren aussieht. Dieses freischwimmende Tier mit Nervenstrang, Bindegewebsstab und Kiemenschlitzen wurde dann zur Mutter aller Fische, Amphibien, Reptilien, Vögel und Säugetiere.

Ein Bild des Wandels

Beispiele dafür, wie Evolution durch Veränderungen im zeitlichen Ablauf der Embryonalentwicklung in Gang kam, gibt es in Hülle und Fülle; man kann heutzutage kaum eine Fachzeitschrift aufschlagen, ohne darauf zu stoßen. Ein Artikel, den man mit Fug und Recht als bahnbrechend bezeichnen kann, ist auch ein höchst persönlicher Bericht.

Die Jahre zwischen 1820 und 1930 waren in der Biologie ein Zeitalter der großen Ideen. Von Baer, Haeckel, Darwin, Garstang und unzählige andere wollten durch die Erforschung von Anatomie, Fossilien und Embryonen herausfinden, mit welchen Regeln sich erklären lässt, warum Aussehen und Verhalten der Tiere so und nicht anders sind. Gleichzeitig wurde auch klar, welche Mechanismen die Vielfalt des Lebendigen hervorgebracht haben.

In diesem geistigen Umfeld stieg der Schweizer Anatom Adolf Naef (1883 – 1949) in der akademischen Hierarchie auf. Er studierte in der Schweiz und in Italien bei einigen Geistesgrößen seiner Zeit. Sein Ziel beschrieb er 1911 in einem Brief an seinen Bruder so: Er wolle »eine allgemeine Wissenschaft der Formen von Organismen formulieren, ein Thema, zu dem ich eine Reihe neuer Ideen habe«.

Als gewissenhafter Anatom wusste Naef ganz genau, welche Wirkung sich mit einer guten Abbildung erzielen lässt, wenn man wissenschaftliche Meinungsverschiedenheiten hat. Aber sein Leben war in vielerlei Weise von Meinungsverschiedenheiten geprägt. An seinen Bruder schrieb er: »Mein Benehmen stößt die meisten Menschen ab; manche wissen mich dennoch zu schätzen, andere müssen sich aus reinen Vernunftgründen mit mir abfinden. Ich rechne eher mit Feinden als mit Freunden.« In einem früheren Brief hatte er erklärt: »Es gibt in der Schweiz nicht gerade viele erstklassige Köpfe, aber ich selbst halte mich für einen.« Mit solchen Einstellungen fand Naef in der Schweiz nie eine Anstellung, und deshalb spielte sich seine Berufslaufbahn zum größten Teil in Kairo ab.

In der ägyptischen Hauptstadt entwickelte Naef eine Theorie der biologischen Vielfalt, in der sich die 2000 Jahre alte Philosophie Platons widerspiegelte. Platon hatte in seinem *Staat* behauptet, alle physikalischen Objekte seien nur der körperliche Ausdruck idealer Wesensformen, zeitloser Universalien, die aller Vielfalt zugrunde liegen. Die Vielfalt aller Gegenstände, von Trinkbechern bis zu Häusern, ließ sich nach Platons Ansicht auf eine metaphysische Wesensform zurückführen, von der sich jede physische Ausprägung ableitete. Diese Idee wandte Naef auf die biologische Vielfalt an. In seiner idealistischen Morphologie, wie sie genannt wurde, haben alle Tiere eine Wesensform, die ihrer äußerlichen Vielfalt zugrunde liegt. Und diese Wesensform war nach Naefs Ansicht an den Ähnlichkeiten zwischen den Tieren während der Embryonalentwicklung zu erkennen.

Naefs theoretische Überlegungen sind heute weitgehend vergessen, denn sie wurden durch neue Befunde aus Genetik und Evolutionsforschung verdrängt. Sein bleibender Beitrag ist passenderweise eines der Bilder, mit denen er seine fehlerhafte Theorie vertrat. Das Foto zeigt einen neugeborenen und einen erwachsenen Schimpansen. Beeindruckt vom großen Schädel, dem aufrechten Kopf und dem kleinen Gesicht des jungen Schimpansen behauptete Naef: »Unter allen Tierbildern, die mir bekannt sind, ist dieses am menschenähnlichsten.« Damit wollte er zeigen, wie die Wesensform des Menschseins im Frühstadium der Entwicklung auftaucht. Seine Theorie mag falsch gewesen sein, aber das Bild hatte so großen Einfluss, dass es noch Jahrzehnte nach seiner Erstveröffentlichung 1926 den Anlass zu weiteren Forschungsarbeiten gab.

Abb. 15: Naefs einflussreiches Foto mit dem Vergleich zwischen einem jungen und einem ausgewachsenen Schimpansen. Das Jungtier, wahrscheinlich ein ausgestopftes Exemplar, zeigt die Proportionen und die Körperhaltung eines Menschen.

Erwachsene Menschen haben kleinere Brauenwülste als ausgewachsene Schimpansen, ein größeres Gehirn im Verhältnis zur Körpergröße, zartere Schädelknochen, einen kleineren Unterkiefer und andere Schädelproportionen. Aber in allen diesen Merkmalen ähneln Menschen jungen Schimpansen stärker als den ausgewachsenen Tieren. Außerdem sieht es so aus, als habe sich die Entwicklung verlangsamt: Schwangerschaft und Kindheit dauern bei Menschen länger als bei Schimpansen. Mit ihrer langsameren Entwicklung behalten Menschen in vielerlei Hinsicht die Proportionen und Formen der jugendlichen Vertreter unserer Vorfahren bei, und die sind, wie Naef zeigte, in vielen Aspekten sehr menschlich.

Durch die Brille solcher Vorstellungen betrachtete man nun große Teile der menschlichen Evolution. Später stellten der Paläontologe Stephen Jay Gould und der Anthropologe Ashley Montagu fest, dass wesentliche Bestandteile des Menschseins einfach durch Veränderungen der Wachstums- und Entwicklungsgeschwindigkeit entstehen können. Man braucht nur ein im Verhältnis zu unserer Körpergröße großes Gehirn mit einer Kindheit zu koppeln, die reichhaltige Gelegenheiten zum Lernen bietet, und schon steht vieles, was uns zu etwas Besonderem macht, im Zusammenhang mit einem abgewandelten Entwicklungszeitplan. Das ist zwar eine einfache, elegante Erklärung für die Evolution der Menschen, neuere Vergleiche zeigen aber, dass es nicht damit getan ist, die Entwicklung insgesamt zu verlangsamen. In manchen Eigenschaften ähneln die Menschen jungen Schimpansen, aber es gibt auch Unterschiede, beispielsweise die Form von Beinen und Beckenknochen, die den Menschen das aufrechte Gehen ermöglicht. Eine Hypothese besagt, die einzelnen Körperteile würden sich in unterschiedlichem Tempo entwickeln: Danach erfolgt die Evolution des Schädels durch eine Verlangsamung seiner Entwicklungsgeschwindigkeit, während es bei Beinen und aufrechtem Gang genau umgekehrt ist.

Mit Hilfe solcher und anderer Gedanken aus der Anatomie postulierte D'Arcy Wentworth Thompson (1860–1948) einen mathematischen Ansatz zur Aufklärung der biologischen Vielfalt. Er verfolgte damit das Ziel, die unterschiedlichen Formen der Lebewesen auf einfache Diagramme und Gleichungen zurückzuführen.

Sein während des Ersten Weltkrieges verfasstes Buch *On Growth and Form* gab den Anlass zu so mancher Anatomenlaufbahn. Die darin enthaltenen Diagramme waren so einfach wie einflussreich. Beispielsweise kann man über die Schädel eines Schimpansen- und eines Menschenbabys ein kartesianisches Gitternetz legen, so dass die Linien in beiden Fällen durch ähnliche Punkte verlaufen. Dann tut man das Gleiche mit den ausgewachsenen Schädeln, und zwar so, dass die Linien des Gitternetzes die gleichen Punkte schneiden wie bei den Babys.

So erkennt man, dass die säuberlichen Gitternetzlinien der Neugeborenen sich bei den Erwachsenen verschieben, und in der Verformung spiegelt sich die Formveränderung des Schädels wider. Eine solche Darstellung zeigt, dass Schimpanse und Mensch zu Beginn ihrer Entwicklung ähnliche Proportionen aufweisen, aber dann nimmt die relative Größe des Schimpansenschädels ab, während die untere Gesichtshälfte und die Brauenwülste heranwachsen. Beim Menschen dagegen erweitert sich der Gehirnschädel, während das Gesicht nur geringfügig größer wird. Nach Thompsons Ansicht entstehen

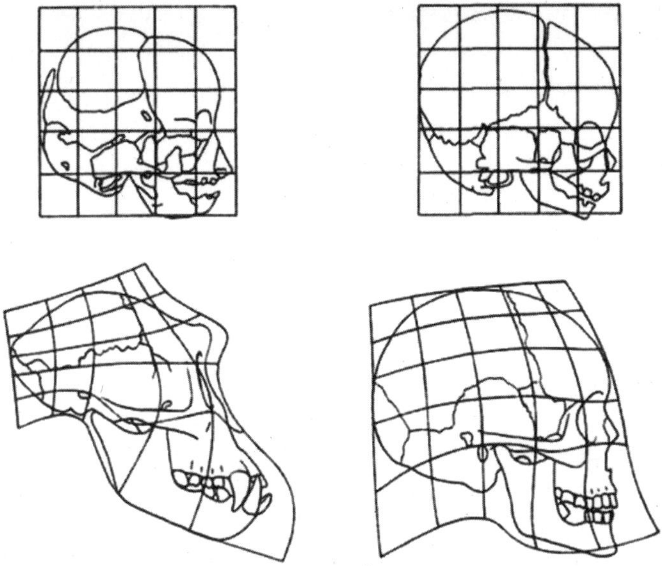

Abb. 16: D'Arcy Thompsons Gitternetze zeigen, dass sich viele Unterschiede der Skelettform, so wie hier im Fall von Menschen und Schimpansen, mit Proportionsveränderungen erklären lassen.

die Unterschiede zwischen Menschen und Schimpansen weniger durch neue Organe als vielmehr durch Proportionsveränderungen in verschiedenen Körperteilen, ähnlich jenen, die durch eine Verlangsamung oder Beschleunigung der Embryonalentwicklung solcher Teile hervorgerufen werden.

Eine Zelle, sie alle zu beherrschen

Veränderungen des zeitlichen Ablaufs sind nur eine von mehreren Wegen, auf denen es durch Abwandlungen der Embryonalentwicklung zum evolutionären Wandel kommen kann.

Seit Pander erstmals Embryonen unter dem Vergrößerungsglas studierte, wissen wir, dass die Entwicklung der verschiedenen Körperteile oftmals genau koordiniert ist. Eine einfache Verschiebung in der Funktionsweise einer einzelnen oder einer Handvoll Zellen kann Veränderungen in vielen Teilen des ausgewachsenen Körpers auslösen. Den Effekt erkennt man sogar an den Namen, mit denen wir Entwicklungsstörungen bezeichnen. Das Hand-Fuß-Genital-Syndrom beispielsweise hat seine Ursache in einer genetischen Mutation, die das Verhalten von Zellen im Frühstadium der Entwicklung beeinflusst. Diese einzelne Veränderung hat Auswirkungen auf Größe und Form der Finger, den Aufbau der Füße und die Gänge, die den Urin aus den Nieren abtransportieren. Wenn man bedenkt, dass kleine Veränderungen solche weitreichenden Wirkungen haben können, steht zu vermuten, dass Abwandlungen der Zellen, aus denen unser Körper besteht, auch Hinweise auf manche evolutionären Umwälzungen der Vergangenheit liefern können.

Um diese Form der Evolution zu verstehen, müssen wir noch einmal zu den Seescheiden zurückkehren. Was Garstang auffiel, wurde in jüngerer Zeit auch durch DNA-Analysen bestätigt: Der Übergang von den Wirbellosen zu den Wirbeltieren kam einen entscheidenden Schritt voran, als die Merkmale der Seescheidenlarven bei der Entstehung eines Wirbeltiervorläufers beibehalten wurden. Dieses kaulquappenähnliche ausgewachsene Tier besaß den grundlegenden Körperbau eines Wirbeltiers. Die Entstehung der Wirbeltiere setzte aber noch einen anderen Schritt voraus.

Menschen, Fische und andere Wirbeltiere sind nicht einfach Seescheidenlarven. Von dem Knochenskelett, das den

Körper stützt, über die fetthaltige Myelinscheide rund um die Nerven und die Pigmentzellen in der Haut bis hin zu den Nerven, die für die Muskelsteuerung im Kopf sorgen, haben Wirbeltiere Hunderte von Merkmalen, die es bei Wirbellosen nicht gibt. Eine Liste aller Unterschiede zwischen Wirbellosen und Wirbeltieren würde Organe und Gewebe vom Kopf bis zum Schwanz umfassen. Ganz offensichtlich kam dieser Wandel nicht nur durch einen veränderten Zeitablauf der Entwicklungsstadien zustande. Wie konnte ein derart vielfältiges Merkmalsrepertoire entstehen?

Julia Barlow Platt (1857–1935), deren Mutter kurz nach der Geburt der Tochter Witwe wurde, war ein biologisches Wunderkind. Nachdem sie innerhalb von nur drei Jahren ihr Studium an der University of Vermont abgeschlossen hatte, ging sie an die Harvard University und vertiefte sich dort in die Erforschung von Hühner-, Amphibien- und Haiembryonen. Mit ihrer Begabung und ihrem Ehrgeiz setzte sie sich ein hochgestecktes Ziel. Den Kopf kann man mit Fug und Recht als kompliziertestes Körperteil bezeichnen; die Zähne nicht mitgerechnet, besteht der Schädel eines Menschen aus fast 30 Knochen; bei Fischen und Haien sind es noch mehr. Dass der Kopf anatomisch so komplex ist, liegt daran, dass seine Strukturen durch ein Gewirr besonderer Nerven, Arterien und Venen versorgt werden, die auf relativ geringem Raum untergebracht sind. Platt wollte verstehen, wie sich der Kopf entwickelt, und nahm sich vor, die ausgewachsenen Strukturen wie Kiefer- und Wangenknochen bis zu ihrem frühesten Embryonalstadium zurückzuverfolgen. Vielleicht, so dachte sie, zeigen sich bei der Analyse der Schädelentwicklung wichtige Ähnlichkeiten, die im ausgewachsenen Körper verborgen bleiben. Ob sie es wusste oder nicht: Sie begab sich damit auf eines der umstrittensten Forschungsgebiete.

Das akademische Klima jener Zeit war für Frauen, die höhere Weihen anstrebten, alles andere als günstig. Nachdem Platt an der Harvard University große Mühe gehabt hatte, fand sie in Europa ein aufgeschlosseneres Umfeld vor und fing in Deutschland mit ihrer Doktorarbeit an. Damit begann ein Nomadendasein, das sie quer durch Europa und schließlich wieder in die Vereinigten Staaten führte, nämlich an das Marine Biological Laboratory in Woods Hole (Massachusetts). Dort lernte sie O. C. Whitman kennen, den Leiter des meeresbiologischen Labors; mit ihm ging sie später nach Chicago, wo er zum Direktor des zoologischen Instituts ernannt wurde.

In Whitmans aufgeschlossenem Institut wurden ehrgeizige Nachwuchswissenschaftler wie junge Kollegen behandelt und konnten ihre eigenen Forschungsinteressen verfolgen. In diesem Umfeld blühte Platt auf. Mit in Woods Hole gesammelten Fischen und den Methoden, die Whitman ihr in Chicago beigebracht hatte, untersuchte sie die Entstehung des Kopfes bei Salamandern, Haien und Hühnern. Dass sie diese Organismen wählte, hatte nicht zuletzt technische Gründe: Alle drei Tierarten haben besonders große Embryonen, die sich in einem Ei entwickeln, so dass sie leicht zu beobachten und zu handhaben sind.

Bei Whitman entwickelte sie eine aufwendige, aber präzise Methode, um Zellen während der Entwicklung zu verfolgen. Sie ging von den drei embryonalen Schichten aus, die Pander und von Baer in den 1820er Jahren entdeckt hatten. Diese drei Schichten galten zu Platts Zeit fast als biologisches Grundgesetz: Zellen der inneren Schicht bilden den Darm und die mit ihm verbundenen Verdauungsorgane, aus der mittleren gehen Skelett und Muskeln hervor, und die äußere wird zu Haut und Nervensystem. Platt fiel auf, dass die Zellen der äußeren und mittleren Schicht sich in Größe und Zahl der eingelagerten Fettkörnchen unterschieden. Sie orientierte sich an diesen Merkmalen, verfolgte kleine Zellgruppen aus den einzelnen Schichten und beobachtete, wo sie schließlich im Schädel ihren Platz fanden. Mit diesem Ansatz konnte sie feststellen, welche Strukturen im Kopf aus welcher Schicht hervorgehen.

Nach der Lehrbuchweisheit jener Zeit sollten alle Knochen des Salamanderschädels aus der mittleren Schicht entstehen. Platts Fettkörnchen zeigten ihr jedoch etwas ganz anderes. Manche Knochen im Kopf und sogar das Zahnbein in den Zähnen stammten aus der äußeren Schicht, die angeblich nur Haut und Nervengewebe hervorbringen konnte. In den Augen mancher Wissenschaftler war das ein ketzerischer Befund; führende Autoritäten widersprachen ihr. Ein angesehener Experte schrieb: »Bei der Überprüfung einer ganzen Reihe von Serien und Stadien konnte ich nicht den geringsten Anhaltspunkt finden, der für Miss Platts Schlussfolgerungen sprechen würde.« Das war nur eine Stimme im Chor der Kritiker, und deren Widerspruch konnte für eine junge Wissenschaftlerin im 19. Jahrhundert das Ende ihrer Karriere bedeuten, bevor sie überhaupt richtig begonnen hatte.

Aber Platt hatte Glück: Anton Dohrn (1840–1909), der einflussreiche Leiter der zoologischen Station in Neapel, griff ihre Gedanken auf. Ursprünglich stand er ihrer Entdeckung ebenfalls skeptisch gegenüber, aber Platts sorgfältige Analysen veranlassten ihn, mit Hilfe ihrer Marker die Entwicklung bei Haien zu studieren. Er schrieb: »Ich stimme mit den Ansichten, die wir Miss Platt zu verdanken haben, vollständig überein ... Es braucht nicht besonders betont zu werden, dass auch ich diese Bekehrung vollzogen habe und nun allen kritischen Aufsätzen und Bemerkungen widerspreche, die sich gegen Miss Platts Befunde richten.«

Zu Platts Zeiten gab es für Frauen in den naturwissenschaftlichen Fakultäten wenig Platz; das galt insbesondere dann, wenn sie sich mit ihren Äußerungen gegen tief verwurzelte Lehrbuchmeinungen richteten. Da sie in der Wissenschaft keine Anstellung fand, zog sie nach Pacific Grove in Kalifornien und gründete dort eine eigene kleine Forschungsgruppe. Als sie weitere Entdeckungen machte, schrieb sie an David Starr Jordan, den Präsidenten der kurz zuvor gegründeten Stanford University. Da sie verzweifelt eine Tätigkeit in der Wissenschaft suchte und wusste, dass sie grundlegende Durchbrüche erzielt hatte, schloss sie das Schreiben mit den Worten: »Ohne Arbeit ist das Leben nicht lebenswert. Wenn ich die Tätigkeit, die ich mir wünsche, nicht ausüben kann, muss ich die zweitbeste annehmen.«

Da Platt arbeitslos war und den Eindruck hatte, sie könne keine Stelle bekommen, verließ sie das Fachgebiet und widmete ihren starken Willen und ihre energische Unabhängigkeit neuen Herausforderungen. Wenig später wurde sie zur ersten weiblichen Bürgermeisterin von Pacific Grove gewählt, und in dieser Position trieb sie Bemühungen zur Einrichtung eines Schutzgebietes voran, das die Monterey Bay vor übermäßiger Erschließung bewahren sollte. Den Effekt ihrer Tätigkeit spüren Bewohner und Besucher von Monterey noch heute.

Platt starb 1935. Dass sie fast 43 Jahre nach Veröffentlichung ihres ersten Artikels zu dem Thema bestätigt wurde,

Abb. 17: Julia Platt nach ihrer Amtszeit als Bürgermeisterin von Pacific Grove in Kalifornien

erlebte sie nicht mehr. Andere Wissenschaftler traten in ihre Fußstapfen und entwickelten verfeinerte Methoden, mit denen sich Zellen während der Entwicklung markieren lassen. Sie injizierten Farbstoffe in die Zellen von Embryonen und verfolgten, wo sie in späteren Stadien ihren Platz fanden. Ein anderes Verfahren bestand darin, Zellklumpen aus einer Wachtel zu entnehmen und sie in verschiedenen Entwicklungsstadien in einen Hühnerembryo zu transplantieren. Da sich Wachtel- und Hühnerzellen leicht unterscheiden lassen, konnten die Wissenschaftler auf diese Weise beobachten, welche Organe daraus entstanden. Mit beiden Methoden konnte man bestätigen, dass die Strukturen im Kopf, die Platt studiert hatte, nicht aus von Baers mittlerer Schicht stammen. Vielmehr befinden sich ihre Zellen ursprünglich in dem entstehenden Rückenmark, wandern dann zu den Kiemen und bilden die Kiemenknochen.

Die Entdeckung, dass Zellen zwischen den Schichten hin und her wandern, ist nicht nur ein interessanter Aspekt der Organisation von Zellen in dem dreischichtigen Embryo – daraus ergeben sich auch weitreichende Folgerungen für unsere Kenntnisse über die Entstehung neuer Strukturen. Diese Zellen lösen sich von dem entstehenden Rückenmark und wandern durch den gesamten Embryo. An ihrer neuen Position angekommen, bilden sie Gewebe. Sie werden zu Pigmentzellen, zu den Myelinscheiden der Nerven, zu Knochen im Kopf und vielem anderen – alles Merkmale, die es nur bei Wirbeltieren gibt. Garstangs großen Übergang von einem Vorläufer zum Wirbeltier, das überall in seinem Körper neue Gewebe besitzt, kann man auf die Entstehung eines einzigen Zelltyps zurückführen, auf einen neuen Abkömmling von Panders und von Baers Außenschicht. Platt hatte auf eine Weise recht, die sie sich nie hätte träumen lassen. Die von ihr identifizierten Zellen sind die Vorläufer aller Gewebe, die Wirbeltiere zu etwas Besonderem machen.

Wie Garstang nachgewiesen hatte, war eine Veränderung im zeitlichen Ablauf der Embryonalentwicklung ein erster Schritt in der Entstehung von Lebewesen mit einem Rückgrat: Die Merkmale von Seescheidenlarven blieben bei den ausgewachsenen Nachkommen erhalten. Platt brachte mit ihrer Entdeckung den nächsten Übergang ans Licht: die Entstehung neuartiger Zellen. In beiden Fällen lassen sich die komplexen Umgestaltungen verschiedener Organe und Gewebe auf einfachere Veränderungen in der Entwicklung zurückführen. In zwei Schritten – dem neuen zeitlichen Ablauf und der Entstehung neuer Zelltypen – kann so ein ganz neuer Körperbauplan entstehen.

Solche Beobachtungen werfen Fragen auf: Wie kommt es zu den Veränderungen in der Embryonalentwicklung? Was für biologische Verschiebungen können die Ursache sein, wenn die Embryonalentwicklung als solche eine Evolution durchmacht?

Lebewesen erben von ihren Vorfahren keinen Schädel, keine Wirbelsäule und keine Zellschichten, sondern die Anweisungen zu deren Aufbau. Ähnlich wie ein Familienrezept, das von Generation zu Generation weitergegeben und abgewandelt wird, so hat sich auch die Information, die über den Körperbau bestimmt, im Laufe der Jahrmillionen, in denen Vorfahren sie an die Nachkommen weitergegeben haben, kontinuierlich gewandelt. Aber im Gegensatz zu einem Kochrezept sind die Anweisungen, nach denen ein Körper in jeder Generation neu aufgebaut wird, nicht in Worten geschrieben, sondern in DNA. Um biologische Rezepte zu verstehen, müssen wir also lernen, eine ganz neue Sprache zu lesen, und wir müssen neue Vorstufen aus der Geschichte des Lebens kennenlernen.

3.

Der Maestro im Genom

»Wir haben das Geheimnis des Lebens gelüftet!« Mit dieser nicht belegten Prahlerei lotste Francis Crick (1916–2004) seinen Kollegen James Watson in den Eagle Pub in Cambridge und uns alle in das Zeitalter der DNA. Ein Jahr später, 1953, hörte sich die wissenschaftliche Ankündigung der Entdeckung ganz anders an. In der altehrwürdigen Fachzeitschrift *Nature* beginnen Watson und Crick ihren Artikel mit trockenem britischem Understatement, das in späteren Jahren von anderen nachgeahmt wurde. Ihre Entdeckung, so stellten sie fest, »hat neuartige Aspekte, die von beträchtlichem biologischem Interesse sind«.

Beide Verlautbarungen kündigten etwas an, was in späteren Generationen als selbstverständlich galt. Die beiden schufen ein Strukturmodell der DNA und zeigten, dass sie in Form eines Doppelstranges vorliegt. Wenn die Stränge sich trennen, können sie entweder Proteine oder Kopien ihrer selbst produzieren. Mit diesem Kunstgriff gelingen dem Molekül zwei bemerkenswerte Leistungen: Erstens enthält es die Information zur Herstellung von Proteinen, die einen Körper aufbauen, und zweitens gibt es diese Information an die nächste Generation weiter.

Watson und Crick bauten auf Arbeiten von Rosalind Franklin und Maurice Wilkins auf. Sie stellten fest, dass ein einzelner DNA-Strang aus einer Kette anderer Moleküle besteht, die wie Perlen auf einer Halskette aufgereiht sind. Von diesen Molekülen, den Basen, gibt es vier Typen, die in der Regel mit den Buchstaben A, T, G und C bezeichnet werden. Ein DNA-Strang kann aus Milliarden Basen bestehen und Folgen wie AATGCCCTC oder jede andere Kombination der vier Buchstaben enthalten.

Der Gedanke macht demütig: Vieles von dem, was wir sind, ist der Reihenfolge von Molekülen in einer chemischen Kette geschuldet. Wenn man sich die DNA als informationstragendes Molekül vorstellt, ist das so, als hätten wir in jeder Zelle Millionen Supercomputer. Die DNA eines Menschen besteht aus ungefähr 3,2 Milliarden Basen. Dieser Strang gliedert sich in Chromosomen, verpackte und zusammengerollte Gebilde, die im Kern jeder Zelle liegen. Unsere DNA ist sehr dicht gepackt: Würde man sie auseinanderwinden, verbinden und ausstrecken, wäre jeder Strang ungefähr zwei Meter lang. Jede unserer Billionen Zellen enthält ein zwei Meter langes Molekül, das so eng gewunden ist, dass es in einem Raum von dem Zehntel der Größe eines kleinen Sandkorns Platz hat. Würde man die DNA aller 37 Billionen Zellen in unserem Körper auseinanderwinden und hintereinander aufreihen, unser persönlicher DNA-Strang würde fast bis zum Pluto reichen.

Wenn Ei- und Samenzelle sich bei der Befruchtung vereinigen, enthält die befruchtete Eizelle am Ende die DNA beider Eltern. Auf diese Weise fließt die genetische Information von einer Generation in die nächste. Unsere eigene DNA enthält die Beiträge unserer biologischen Eltern, die unserer Eltern die Beiträge von deren biologischen Eltern, und so weiter bis in die entfernte Vergangenheit. Die DNA bildet eine ununterbrochene Verbindung zwischen den Lebewesen verschiedener Zeiten. Eine von Darwins großen Erkenntnissen kann man nutzen, um diese einfache Vorstellung von einer familiären Abstammungslinie in eine größere Geschichte einzubetten. Die Folgerung, die sich auf molekularer Ebene aus seiner Idee ergibt, lautet: Wenn wir mit anderen Arten einen gemeinsamen Vorfahren haben, muss die DNA ununterbrochen von ihnen zu uns geflossen sein. Genau wie unsere DNA, die von den Eltern zu den Nachkommen durch die Generationen fließt, so fließt sie auch im Laufe der vier Milliarden Jahre langen Geschichte des Lebens von früheren zu späteren Arten. Wenn das stimmt, ist die DNA eine Bibliothek, die in jeder Zelle jedes Lebewesens auf Erden angesiedelt ist. In der Reihenfolge der As, Ts, Gs und Cs sind die Aufzeichnungen über Milliarden Jahre des Wandels in der Welt des Lebendigen festgeschrieben. Das Kunststück bestand darin, dass wir lernen mussten, wie man sie liest.

Émile Zuckerkandl (1922–2013), zu dessen einflussreichen Verwandten berühmte Anatomen, Philosophen, Künstler und ein Chirurg gehörten, wurde in Wien in einem Umfeld voller Ideen, Wissenschaft und Kunst geboren. Als die Nazis in Deutschland an die Macht kamen, suchte seine Familie Zuflucht in Paris und Algier. Freunde der Familie machten Zuckerkandl mit Albert Einstein bekannt, und der nutzte seinen Einfluss, um dem jungen Émile ein Studium in den Vereinigten Staaten zu ermöglichen. Der Umzug führte Zuckerkandl an die University of Illinois und in Labors, in denen man sich mit den biologischen Eigenschaften von Proteinen beschäftigte. Mit seinem Interesse an den Ozeanen fühlte er sich in den Sommermonaten zu meeresbiologischen Labors in den

Vereinigten Staaten und Frankreich hingezogen. Dort faszinierten ihn Krebse und die Moleküle, die wirksam sind, wenn die Tiere heranwachsen: durch Häutungen finden die winzigen Embryonen zur ausgewachsenen Form.

Zuckerkandl begab sich in einer verheißungsvollen Zeit in das Fachgebiet der Biochemie. Ende der 1950er Jahre machten sich Wissenschaftler des US-amerikanischen National Institutes of Health und auch Francis Crick selbst daran, die Bedeutung der Ketten aus As, Ts, Cs und Gs zu entschlüsseln. Jede DNA-Sequenz trägt die Anweisungen zur Herstellung einer anderen Molekülkette. Je nach den Umständen kann sie als Matrize zur Produktion eines Proteins oder zur Herstellung von Kopien ihrer selbst dienen. Zum Aufbau eines Proteins wird die Kette aus As, Ts, Cs und Gs in eine Sequenz von Molekülen eines anderen Typs übersetzt: Aminosäuren. Und verschiedene Aminosäureketten bilden ihrerseits verschiedene Proteine. Es gibt 20 verschiedene Typen von Aminosäuren, und jede davon kann an jeder beliebigen Stelle der Sequenz liegen. Mit diesem Code lässt sich eine ungeheure Zahl verschiedener Proteine erzeugen. Das zeigt schon eine einfache Berechnung: Wenn es 20 verschiedene Aminosäuren gibt, die sich in jeder beliebigen Kombination zusammenfinden können, und wenn eine Proteinkette ungefähr 100 Aminosäuren lang ist, ist die Zahl der verschiedenen Proteine, die auf diese Weise entstehen können, eine 1 mit 130 Nullen. In Wirklichkeit liegt die Zahl noch viel höher, denn wir haben unserer Schätzung die relativ kleine Zahl von 100 Aminosäuren zugrunde gelegt. Das größte Protein des menschlichen Organismus, Titin genannt, ist eine Kette aus 34 350 Aminosäuren.

Man muss sich also immer daran erinnern, dass die DNA

aus einer Abfolge von Basen besteht; diese werden als Buchstaben dargestellt und können eine Aminosäurekette codieren, die ihrerseits ein Protein bildet. Da jedes Protein aus einer anderen Aminosäuresequenz besteht, codiert die DNA-Sequenz die vielfältigen Proteine, die dazu beitragen, dass in jeder Generation neues Leben entsteht.

Ende der 1950er Jahre konnte man die Aminosäuresequenzen verschiedener Proteine analysieren und zum ersten Mal verstehen, wie sie im Körper wirken. Diese Entdeckungen kündigten ein Zeitalter an, in dem Wissenschaftler die Proteinstruktur studieren und damit die Ursachen von Krankheiten aufklären konnten. Bei der Sichelzellanämie zum Beispiel leben die erkrankten roten Blutzellen nur zehn bis 20 Tage, gesunde Zellen dagegen halten fast zehnmal so lange durch. Wie ihr Name schon sagt, haben die Sichelzellen zudem eine charakteristische Form. Wegen dieses Unterschiedes werden sie in der Milz viel schneller zerstört als die normalen, scheibenförmigen roten Blutzellen. Deshalb kann die Sichelzellanämie im Extremfall bei ungefähr 70 Prozent der Betroffenen schon im Alter von drei Jahren tödlich enden. Und worin liegt der Unterschied zwischen gesunden roten Blutzellen und Sichelzellen? Die Antwort: in einer einzigen Aminosäure eines Proteins. Anstelle der Aminosäure Glutamat steht an der sechsten Position seiner Kette ein Valin. Ein derart winziger Unterschied in der Aminosäuresequenz hat also massive Auswirkungen auf das Protein, auf die Zellen, in denen das Protein vorkommt, und auf die Menschen, die solche Zellen besitzen.

Angeregt durch derart weitreichende biologische Erkenntnisse, wandte Zuckerkandl seine Aufmerksamkeit den Arten in seinem meeresbiologischen Labor zu. Wenn Krebse sich häuten und so von kleinen Embryonen zu ausgewachsenen Tieren werden, sollten nach seiner Vermutung ebenfalls bestimmte Proteine am Werk sein. Also ging er der Frage nach, welche Struktur die Proteine haben und wie sie das Wachstum der Krebse sowie den Wechsel des Gehäuses steuern.

Dann veränderte eine Art wissenschaftlicher Schicksalsschlag sein Leben. Linus Pauling (1901–1994), der damals bereits den Nobelpreis für Chemie erhalten hatte, kam nach Frankreich und in das meeresbiologische Labor, um Freunde zu besuchen. Zuckerkandl mit seiner Vorliebe für Proteine und Krebse wandte sich an Pauling und benahm sich dabei mehr wie ein Fan, der sich einem Filmstar nähert, denn wie ein Wissenschaftler, der nach einem neuen Forschungsprojekt sucht. Der Kontakt sollte Zuckerkandl und letztlich auch die gesamte Wissenschaft verändern.

Mitte der 1950er Jahre hatte Linus Pauling die Struktur von Kristallen und die grundlegenden Eigenschaften von Atomen und Molekülbindungen aufgeklärt, und er hatte sogar eine molekulare Theorie der Vollnarkose formuliert. Am Ende verlor er den Wettlauf um die Aufklärung der DNA-Struktur gegen Watson und Crick. Später vertrat er mit beträchtlichen Anstrengungen die Theorie, Vitamin C könne die gewöhnliche Erkältung und andere Infektionen abwehren.

Pauling war in Oregon aufgewachsen und hatte am Oregon State Agricultural College studiert. Mit seiner furchtlosen wissenschaftlichen Herangehensweise war er immer eines meiner Vorbilder. Ich bin Mitglied der Auswahlkommission einer Stiftung in New York, die Künstler und Wissenschaftler in entscheidenden Augenblicken ihrer Karriere fördert. Die

Stiftung vergibt seit den 1920er Jahren ihre Stipendien und hat alle Anträge, die ihr jemals eingereicht wurden, aufbewahrt. Ihre Büros an der Park Avenue sind eine Schatzkammer der Briefe, Akten und Anträge von Nobelpreisträgern, Romanschriftstellern, Tänzern und Akademikern jeder Couleur. Ein Kollege dort wusste von meinem Interesse, und als ich eines Morgens zur Arbeit kam, lag eine alte, zerknitterte Akte auf meinem Schreibtisch. Es war Paulings Antrag aus den 1920er Jahren. Zu jener Zeit musste ein Antrag auch Zeugniskopien und Arztberichte enthalten, Unterlagen, die wir heute niemals verlangen würden. Besonders interessierten mich seine Zeugnisse des Oregon State College. Die Noten waren durch ein deutliches Auf und Ab gekennzeichnet. Wie nicht anders zu erwarten, hatte er durch die Bank die Bestnote A in Geometrie, Chemie und Mathematik. Seine Arbeiten in »Campingküche« waren mit einem wenig spektakulären C bewertet worden. In Sport hatte er jahrelang durchgehend ein F. Im zweiten Studienjahr erhielt Pauling eine der besten Noten seines Jahrgangs in einem Pflichtkurs über Sprengstoffe. Am Ende war er mit zwei Nobelpreisen ausgezeichnet worden: Nach dem Preis in Chemie 1954 für die Aufklärung von Proteinstrukturen erhielt er 1962 auch den Friedensnobelpreis für sein Eintreten gegen Atombombenversuche. Paulings Bestnoten aus dem College in Chemie und Sprengstoffkunde waren ein gutes Vorzeichen für sein späteres Leben.

Nach einem kurzen Gespräch war Pauling von Zuckerkandl überzeugt und lud ihn ein, seine Arbeiten über Proteine am California Institute of Technology fortzusetzen. Aber das Angebot war an Bedingungen geknüpft. Pauling hatte zu jener Zeit kein eigenes Labor, weil er vorwiegend mit seiner

Tätigkeit als Kernwaffengegner beschäftigt war. Er ordnete Zuckerkandl einem Kollegen zu, dessen Labor über die Ausstattung für biochemische Experimente verfügte. Zuckerkandl brachte seine Ideen über die Häutungsproteine von Krebsen ins Gespräch, aber Pauling winkte ab. Er interessierte sich seit über zehn Jahren für die Frage, wie sich radioaktive Strahlung auf Zellen auswirkt. Eines seiner Untersuchungsobjekte war das Hämoglobin, das Blutprotein, das den Sauerstoff von der Lunge zu allen Körperzellen transportiert. Pauling machte dem jungen Zuckerkandl, um es vorsichtig auszudrücken, den Vorschlag, er solle sich nicht weiter darum bemühen, die Krebse zu verstehen, sondern lieber über das Hämoglobin nachdenken. Der Ratschlag warf zwar Zuckerkandls Pläne über den Haufen, erwies sich aber als weitsichtig.

Mit den sehr eingeschränkten Methoden jener Zeit machte Zuckerkandl sich daran, die Hämoglobinproteine verschiedener Arten zu vergleichen. Er konnte die Aminosäuren nicht sequenzieren, sondern die Proteine nur reinigen und ihre Größe und elektrische Ladung messen. Ausgehend von der plausiblen Annahme, dass Proteine mit allgemein ähnlicher Aminosäuresequenz sich auch in Gewicht und Ladung ähneln, verglich er ihre generelle Ähnlichkeit anhand dieser leicht durchzuführenden Messungen. Wie er dabei feststellte, sind sich die Hämoglobine von Menschen und Menschenaffen ähnlicher als eines von beiden dem Hämoglobin von Kühen oder Fröschen. Die einfachen Messungen schienen auf etwas Wichtiges hinzudeuten. Zuckerkandl vermutete, seine Befunde könnten ein Ergebnis der Evolution sein: Die Blutproteine von Menschen und Primaten sind sich so ähnlich, weil zwischen ihnen eine enge Verwandtschaft besteht.

Aber als Zuckerkandl seine Ergebnisse dem Laborleiter vortrug, zeigte der ihm die kalte Schulter. Der Professor war ein überzeugter Kreationist und duldete in seinem Labor keine Gespräche über Evolution. Zuckerkandl durfte zwar bei ihm arbeiten, aber der Laborleiter wollte nichts mit irgendeiner Veröffentlichung zu tun haben, in der eine enge Verwandtschaft zwischen Menschen und Affen unterstellt wurde. Gerade als Zuckerkandl den ersten Schimmer des Erfolges sah, schien sich die Tür für ihn zu schließen.

Dann kam ihm das Glück zu Hilfe. Pauling erhielt die Aufforderung, einen Beitrag zu einer Festschrift für einen anderen Nobelpreisträger zu schreiben, seinen engen Freund Albert Szent-Györgyi. Als Festschrift bezeichnet man eine Veröffentlichung – ein Buch oder eine Sonderausgabe einer Fachzeitschrift –, die zu Ehren der Pensionierung eines geschätzten Kollegen herausgegeben wird. Die darin enthaltenen Artikel feiern eine Wissenschaftlerlaufbahn; verfasst werden sie von Freunden und langjährigen Kollegen. Entscheidend ist dabei, dass in solchen Bänden praktisch nie irgendetwas Wichtiges steht; die Artikel sind Erinnerungen, in die sparsam neue Daten eingestreut sind. Oft werden solche Aufsätze auch nicht von Kollegen begutachtet; deshalb können sie seitenlange Lobreden auf den Geehrten enthalten, oder auch Daten, die ein Autor anderswo nicht veröffentlichen konnte. Pauling, der das alles wusste und seinen Freund, der selbst ein kühner Wissenschaftler war, ehren wollte, hatte eine Idee. Er wandte sich an Zuckerkandl mit der Aufforderung, »etwas Empörendes« zu schreiben.

Das unkonventionelle Ansinnen wurde zum Anlass für einen Klassiker in der Fachliteratur des 20. Jahrhunderts.

Die Zeit war reif für ein kühnes biochemisches Vorhaben. In den 1950er Jahren, als Zuckerkandl in Paulings Dunstkreis geriet, wurden nach und nach immer mehr Aminosäuresequenzen verschiedener Proteine aufgeklärt, und Paulings Labor hatte Zugang zu den Daten. Die DNA-Sequenzierung unserer Tage lag noch in ferner Zukunft, aber die Sequenzanalyse der Aminosäureketten verschiedener Proteine war möglich, wenn auch umständlich und langsam. In Paulings Labor ermittelte man die Sequenzen der Proteine von Gorillas, Schimpansen, Menschen und anderen Arten. Ausgestattet mit diesen neuen Informationen, konnten Zuckerkandl und Pauling sich einer grundsätzlichen Frage widmen: Was sagen die Proteine verschiedener Tiere über ihre Verwandtschaftsbeziehungen aus? Zuckerkandls erste Befunde, grobe Analysen von Form und Ladung, legten die Vermutung nahe, dass Proteine viel über die Vergangenheit zu erzählen haben.

Schon ein Jahrhundert bevor man etwas über DNA und Proteinsequenzen wusste, hatten Darwins Ideen ganz gezielte Vermutungen möglich gemacht. Eine davon lautete: Wenn Lebewesen einen gemeinsamen Stammbaum haben, sollte sich in den Aminosäuresequenzen der Proteine von Menschen, anderen Primaten, Säugetieren und Fröschen deren Evolutionsvergangenheit widerspiegeln. Zuckerkandls erste Experimente mit der groben Fingerabdruckmethode legten die Vermutung nahe, dass es so ist. Aber um die Beobachtung zu bestätigen, brauchten die beiden Wissenschaftler die genauen Sequenzen.

Das Hämoglobin erwies sich für derartige Forschungsarbeiten als ideales Objekt. Alle Tiere nutzen Sauerstoff in ihrem Stoffwechsel, und Hämoglobin ist das Blutprotein, das den Sauerstoff von den Atmungsorganen – Lungen oder Kiemen – zu den anderen Körperteilen trägt. Zuckerkandl und Pauling verglichen die Aminosäuresequenzen der Hämoglobinmoleküle verschiedener biologischer Arten und konnten so abschätzen, wie ähnlich sich die Proteine sind.

Mit jeder Spezies, die Zuckerkandl und Pauling in ihren Analysen neu hinzunahmen, rückte Darwins Vorhersage deutlicher in den Brennpunkt. Die Sequenzen von Menschen und Schimpansen ähnelten einander stärker als beide denen von Kühen. Und alle diese Säugetier-Hämoglobine waren einander ähnlicher als dem Hämoglobin der Frösche. Zuckerkandl und Pauling stellten fest, dass sie die Verwandtschaftsbeziehungen zwischen verschiedenen Arten und ganz allgemein die Entwicklung des Lebens aufgrund der Proteine entschlüsseln konnten.

Die beiden trieben ihre Idee noch einen Schritt weiter und stellten ein kühnes Gedankenexperiment an. Was wären die Folgen, so spekulierten sie, wenn Proteine sich über lange Zeiträume hinweg mit konstanter Geschwindigkeit entwickeln? Wenn es so wäre, läge die Schlussfolgerung auf der Hand: Je stärker sich die Proteine zweier Arten voneinander unterscheiden, desto mehr Zeit ist vergangen, seit die beiden Arten sich unabhängig aus einem gemeinsamen Vorfahren entwickelt haben. Nach dieser Logik ähneln die Proteine von Menschen und Affen sich untereinander stärker als denen von Fröschen, weil der gemeinsame Urahn von Menschen und Affen später gelebt hat als der gemeinsame Vorfahre der beiden Arten und der Frösche. Das ist auch vor dem Hintergrund unserer Kenntnisse aus der Paläontologie plausibel: Der gemeinsame Vorfahre von Menschen und Affen, ein Primat, lebte in jüngerer Zeit als die Amphibienart, die sie mit den Fröschen als Vorfahren teilen.

Wenn Pauling und Zuckerkandl mit ihrer Spekulation recht hatten und Proteine sich mit konstanter Geschwindigkeit weiterentwickeln, kann man anhand der Sequenzunterschiede von Proteinen berechnen, wie viel Zeit vergangen ist, seit die betreffenden Arten einen gemeinsamen Vorfahren hatten. (Genauer wird die Methode auf den Seiten 316 f. beschrieben.) Die Proteine in verschiedenen Organismen bilden dann eine Art Uhr, mit der man die Evolution verstehen kann: Jetzt brauchte man keine Steine oder Fossilien mehr, um in der Geschichte des Lebens zeitliche Angaben machen zu können. Diese Idee, die zu jener Zeit ganz und gar empörend war, ist heute unter dem Namen »molekulare Uhr« bekannt und bildet in vielen Fällen die Grundlage, wenn wir das Alter verschiedener Arten berechnen wollen.

Was Zuckerkandl und Pauling taten, war revolutionär: Sie entwickelten einen ganz neuen Weg, um die Geschichte des Lebens zu erkunden. Seit über einem Jahrhundert kam sie durch den Vergleich von Fossilien ans Licht. Jetzt jedoch, wo man die Struktur der Proteine verschiedener Tiere kannte, konnten Pauling und Zuckerkandl evolutionäre Verwandtschaftsbeziehungen berechnen. Ihre Erkenntnis eröffnete eine Goldgrube: Jeder Organismus enthält Zehntausende von Proteinen. Die Proteine verschiedener Arten können ebenso aufschlussreich sein wie Fossilien. Aber diese »Fossilien« liegen nicht im Gestein, sondern in jedem Organ, jedem Gewebe und jeder Zelle jedes Körpers jedes Lebewesens auf der Erde. Wenn man weiß, wo man nachsehen muss, kann man die Geschichte des Lebens also in einem gut ausgestatteten Zoo oder

Aquarium ans Licht bringen. Man konnte jetzt die Vergangenheit aller Lebewesen kennenlernen, auch wenn man noch keine Fossilien von ihnen ausgegraben hatte.

Die DNA, die von Generation zu Generation weitergegeben wird, enthält die Information zur Herstellung von Proteinen – und damit auch von ganzen Organismen. Die Individuen und ihre Körper kommen und gehen, aber die Moleküle bilden eine ununterbrochene Kette durch die Zeitalter. Je genauer wir diese Verbindung studieren, desto mehr erfahren wir über die Verwandtschaftsbeziehungen zwischen allen Lebewesen.

Mit der Veröffentlichung der Festschrift Anfang der 1960er Jahre hoben Zuckerkandl und Pauling ein ganz neues Forschungsgebiet aus der Taufe: die Aufklärung historischer Zusammenhänge mit Hilfe von Molekülen. Hätte man allerdings nach den Reaktionen der Wissenschaftlergemeinde jener Zeit geurteilt, man hätte nicht vermutet, dass ihr Artikel für die Zukunft so große Auswirkungen haben sollte. »Die biologischen Systematiker lehnten es ab. Die Biochemiker hielten es für nutzlos«, berichtete Zuckerkandl am 50. Jahrestag des Ereignisses. Systematiker, Paläontologen – alle, die sich auf die Anatomie konzentrierten, verabscheuten den Gedanken. Jetzt hatten ihre Fachgebiete nicht mehr das Monopol auf die Rekonstruktion des Evolutionsverlaufes. Zuckerkandl und Pauling hatten gezeigt, dass praktisch jedes Molekül in jedem lebenden Organismus etwas über die Ereignisse der Vergangenheit erzählen kann. Und während die Paläontologen glaubten, der Artikel werde ihr wissenschaftliches Überleben bedrohen, hätten die Biochemiker ihm nicht gleichgültiger gegenüberstehen können. Evolutionsforschung war für sie eine Art vornehmes Abstellgleis. Ernsthafte Wissenschaftler arbeiteten nach ihrer Vorstellung an Proteinstrukturen, Krankheiten und Funktionen, aber nicht an den Verwandtschaftsbeziehungen zwischen Menschen und Fröschen.

Eine molekulare Revolution

Chemische Reaktionen und wissenschaftliche Ideen haben eine grundlegende Ähnlichkeit: Beide spielen sich meist nur ab, wenn ein Katalysator vorhanden ist. Eine Person nahm die Ideen von Zuckerkandl und Pauling auf und wurde zum Begründer einer ganzen Gruppe von Wissenschaftlern, die sich der Geschichte des Lebens unter ganz neuen Gesichtspunkten widmete.

Anfang der 1960er Jahre wechselte Allan Wilson (1934–1991), ein Mathematik-Wunderkind aus Neuseeland, in die Biologie und schloss sich der biochemischen Fakultät an der University of California in Berkeley an. Es war an den Hochschulen allgemein eine unruhige Zeit, und für Berkeley galt das ganz besonders. Wilson wurde dort zu einem der politisch aktivsten Professoren. Bei allem, was er tat, genoss er Störungen, und das so sehr, dass seine Studierenden den politischen Protest als eine Art Arbeitsgruppenbesprechung bezeichneten.

Wilsons Karriere wurde bis zu seinem frühen Tod mit 56 Jahren von einem einzigen Motiv angetrieben. Seine Überzeugung lautete: Wenn man ein komplexes Phänomen nicht in seine einzelnen Bestandteile zerlegen kann, versteht man es nicht. Der Mathematiker in ihm suchte hinter biologischen Phänomenen nach einfachen Regeln, um dann Hilfsmittel zu ihrer strengen Überprüfung zu entwickeln. Wilson war leidenschaftlich bestrebt, kühne, empörend einfache Hypothesen zu entwickeln und damit komplexe Gesetzmäßigkeiten in der Geschichte des Lebens zu erklären. Dann bemühte er sich darum, seine eigenen Ideen mit möglichst vielen Forschungsarbeiten zu widerlegen. Erst wenn der Gedanke sein eigenes Daten-Sperrfeuer überstanden hatte, war er bereit, ihn der Außenwelt zu präsentieren. Durch diesen Ansatz wurde Wilsons Labor für einige der besten und klügsten Köpfe, die es in den 1970er und 1980er Jahren in Berkeley gab, zum lärmenden Epizentrum. Sein Institut wurde zu einem geistigen Treibhaus mit aufgeschlossener, konzentrierter Einstellung und zog begabte junge Studierende aus der ganzen Welt an, von denen viele später selbst wissenschaftliche Koryphäen wurden.

Ich kam 1987 als frischgebackener Doktor der Paläontologie nach Berkeley. Zu jener Zeit standen Wilson und sein Team auf dem Höhepunkt ihrer Entdeckungen. Im Mittelpunkt meiner Welt standen nicht Proteine und DNA, sondern Steine und Fossilien. Wilsons Vorträge lockten damals bereits ein großes Publikum aus der ganzen Universität an; der Frontverlauf zwischen Anatomen und Molekularbiologen war festgelegt und tief verwurzelt. In einem Seminar saß ich mit mehreren Paläontologen zusammen, und die fühlten sich mit jedem neuen Dia, das Wilson in seinem Vortrag zeigte, zunehmend unwohl. Der Höhepunkt war erreicht, als Wilson eine einfache Gleichung mit drei Variablen präsentierte und behauptete, sie würde zeigen, wie schnell die Evolution sich bei verschiedenen Arten abspielt. Beim Anblick dieses Dias stieß mich ein Kollege mit dem Ellenbogen an und fragte sarkastisch: »Dann passt also der größte Teil der Paläontologie in diese Gleichung?«

In Wilsons Augen war das Fachgebiet der Evolutionsbiologie reif für eine solche Umwälzung. Die Idee von Zuckerkandl und Pauling, derzufolge Proteine historische Landmarken sind, passte ausgezeichnet zu seinem Forschungsansatz – sie war einfach, und man konnte sie mit neuen Daten auf den Prüfstand stellen. Tiere besitzen viele Proteine, die Struktur von Proteinen wurde mit immer größerer Regelmäßigkeit aufgeklärt, und wenn es in den Daten ein auffälliges historisches Signal gab, würde Wilson es nicht nur finden, sondern aus ihm auch alle nur möglichen Schlussfolgerungen ziehen.

Wilson setzte sich ein hohes Ziel. Seine Frage lautete: Wie eng sind die Menschen mit anderen Primaten verwandt? Wenn eine wissenschaftliche Fragestellung viel Staub aufwirbeln sollte, dann diese. Und da es für den fraglichen Teil des Evolutionsstammbaumes nur spärliche fossile Belege gab, war der molekularbiologische Ansatz besonders sinnvoll.

Wilson hatte eine geradezu gespenstische Fähigkeit, Studierende in seinen Dunstkreis zu ziehen, ihre Begabungen zu fördern und sie so anzuleiten, dass sie eigene, umwälzende Entdeckungen machten. Mary-Claire King (geb. 1946) war im Mittleren Westen aufs College gegangen und hatte dann weiter im Westen Statistik studiert. Als sie Mitte der 1960er Jahre nach Kalifornien kam, verlor sie die Begeisterung für Mathematik und suchte nach neuen intellektuellen Herausforderungen. Ein Seminar über Genetik, das einer der leitenden Wissenschaftler in Berkeley hielt, weckte ihre Leidenschaft für das Fachgebiet. Sie steckte die Nase in die Welt der Genetik, arbeitete ein Jahr lang in einem Labor und gewann dabei den Eindruck, dass sie für die Laborarbeit keine Begabung besaß. Da eine wissenschaftliche Karriere ihr nicht sonderlich vielversprechend erschien, legte sie ein Jahr Pause ein und war bei Ralph Nader im Verbraucherschutz tätig. Nader lud sie ein, bei ihm in Washington zu arbeiten, aber dieser Umzug hätte den Abschied vom Doktorandenstudium bedeutet. Sie dachte noch über das Angebot nach, während sie sich in Berkeley an Protesten beteiligte. Diese beanspruchten schließlich ihre gesamte Zeit und öffneten ihr die Augen für neue Menschen und Charaktere. Und einer dieser Charaktere war Allan Wilson.

Wilson konnte King nach einer Protestaktion überreden, wieder ins Doktorandenstudium zurückzukehren, und sei es auch nur, um den Doktortitel als nützliches Aushängeschild für ihre politische Arbeit zu nutzen. Fast sofort wurde sie in Wilsons um Daten kreisende wissenschaftliche Aktivitäten hineingezogen, aber das Labor stellte sie auch vor ganz neue Herausforderungen. Sie befand sich jetzt nicht mehr im Reich der Gleichungen und Zahlen, und musste stattdessen lernen, mit Blut, Proteinen und Zellen umzugehen.

Noch nervenaufreibender wurde das Ganze, weil Wilson von ihr recht komplizierte Laborarbeiten verlangte. Seit Zuckerkandls und Paulings ersten Arbeiten mit den Proteinen interessierten sich mehrere Institute für die Frage, welche heutigen Menschenaffen unsere engsten Verwandten sind und wie viel Zeit vergangen ist, seit sich unsere Spezies von ihnen getrennt hat. Für Wilson und seine Gruppe war klar, dass man eine Antwort nur mit möglichst vielen neuen Daten finden konnte. In klassisch Wilson'scher Manier entschloss sich King, nicht nur das Hämoglobin zu analysieren, sondern alle Proteine, die sie in die Hände bekommen konnte. Wenn man bei vielen verschiedenen Proteinen auf die gleichen Gesetzmäßigkeiten stieß, hätte man ein belastbares Indiz für die

Evolution in der Hand. King und Wilson beschafften sich Schimpansenblut von verschiedenen Zoos und menschliches Blut aus Krankenhäusern. Wenn King bis dahin keinen Hang zur Laborarbeit gehabt hatte, so musste sie ihn jetzt entwickeln, denn Schimpansenblut gerinnt sehr rasch. Sie musste schnell arbeiten oder neue Methoden entwickeln. Am Ende tat sie beides.

King entschloss sich, die Unterschiede zwischen Proteinen mit einem Schnellverfahren zu ermitteln. Dahinter steht eine vereinfachte Variante der Idee, deren sich Zuckerkandl schon zehn Jahre zuvor bedient hatte. Wenn zwei Proteine sich in ihrer Aminosäuresequenz unterscheiden, ist auch ihr Gewicht unterschiedlich. Außerdem hat die Zusammensetzung aus unterschiedlichen Aminosäuren zur Folge, dass ihre elektrische Ladung ebenfalls nicht gleich ist. Dies nutzt man mit der Methode der Gelelektrophorese aus: Man bringt die Proteine in eine Gelsuspension, die sie festhält, und wenn man dann einen elektrischen Strom durch das Gel laufen lässt, wandern die Proteine. Ähnliche Proteine bewegen sich dabei mit der gleichen Geschwindigkeit, unterschiedliche Proteine aber nicht. Man kann sich das Gel wie eine Art Rennstrecke vorstellen, wobei die Ladung das Rennen in Gang setzt. Ähnliche Proteine legen in ähnlicher Zeit eine ähnliche Entfernung zurück. Je unterschiedlicher die Proteine sind, desto weiter voneinander entfernt liegen sie am Ende in dem Gel.

Als King mit der Arbeit begann, war sie sich ihrer Fähigkeiten noch nicht sicher. Noch schlimmer wurde alles, weil Wilson nach Afrika reiste und sie während seines Sabbatjahres mehr oder weniger sich selbst überließ. Sie bemühte sich, ihn jede Woche anzurufen und mit ihm über ihre Daten zu sprechen, aber dazwischen war sie immer mehrere Tage ohne Anleitung.

Die Sache lief von Anfang an nicht gut. Es gelang King zwar, die Proteine von Schimpansen und Menschen zu gewinnen und in die Gele zu bringen. Sie ließ den Strom durch die Gele laufen, aber die Proteine von Schimpansen und Menschen wanderten fast in allen Fällen über genau die gleiche Entfernung. Nennenswerte Unterschiede konnte sie nicht beobachten. Hatte sie die Proteine richtig isoliert? Machte sie mit den Gelen einen Fehler? Ihre Hoffnung auf einen Durchbruch schien sich zu zerschlagen.

Während ihrer regelmäßigen Besprechungen übermittelte King ihre Daten an Wilson, und der löcherte sie in seiner typischen Art mit Fragen nach der Methodik, als wäre er noch in Berkeley. Aber ganz gleich, wie energisch er mit jeder nur vorstellbaren Kritik auf ihrer Arbeit herumhackte, das Ergebnis blieb bestehen. Die Proteinsequenzen von Menschen und Schimpansen waren nahezu identisch. Und nicht nur ein Protein erzählte diese Geschichte, sondern mehr als 40. Aber in Wirklichkeit hatte King sich nicht umsonst abgemüht; vielmehr gewann sie eine wahrhaft grundlegende Erkenntnis über Gene, Proteine und die Evolution des Menschen.

Als Nächstes verglich King die Menschen und Schimpansen mit anderen Säugetieren. Hier war die Bedeutung ihrer Entdeckung eindeutig zu erkennen. Menschen und Schimpansen ähneln sich genetisch stärker als zwei verschiedene Mausarten. Fast identische Taufliegenarten weisen genetisch größere Unterschiede auf als Menschen und Schimpansen. Menschen und Schimpansen sind sich auf der Ebene der Proteine und Gene ungeheuer ähnlich.

In Kings Gelen offenbarte sich ein tiefgreifender Widerspruch. Die anatomischen Unterschiede zwischen Menschen und Schimpansen, darunter der Kernbereich unserer Einzigartigkeit als Menschen – größeres Gehirn, aufrechter Gang, Proportionen von Gesicht, Schädel und Gliedmaßen – leiteten sich nicht von Unterschieden in den Proteinen oder Genen ab, die sie codieren. Aber wenn die Proteine und die DNA, die sie hervorbringt, im Wesentlichen gleich sind, stellt sich die Frage: Was ist dann die Ursache der Unterschiede?

Was King und Wilson schon ahnten, wurde in jüngster Zeit bestätigt: Vergleicht man das ganze Genom, sind sich Schimpansen und Menschen zu 95 bis 98 Prozent ähnlich.

Die nächsten Fortschritte stammten nicht aus der einsamen Arbeit einer Studentin und ihres Doktorvaters. Sie erforderten Großforschung – die Form von Wissenschaft, deren Ergebnisse von Präsidenten und Premierministern verkündet werden.

Genome ohne Gene

Als der US-Präsident Bill Clinton und der britische Premierminister Tony Blair eine gemeinsame Pressekonferenz mit den Leitern der Teams, die bei der Sequenzierung des menschlichen Genoms konkurriert hatten – des staatlich finanzierten Projekts unter Leitung von Francis Collins und des privaten von Craig Venter –, abhielten, konnten sie nur einen sehr groben Entwurf des Genoms vorstellen. Dem Medienrummel zum Trotz fehlten damals, im Jahr 2000, noch große Abschnitte des Genoms, und man wusste kaum etwas darüber, welche Teile für Gesundheit und Entwicklung der Menschen wichtig sind.

Das anfängliche Ergebnis des Human Genome Project hatte weniger mit Genomen als vielmehr mit Technologie zu tun. Das Wettrennen um die Sequenzierung des menschlichen Genoms setzte technisch eine Hektik in Gang, die sich bis heute fortsetzt. Gordon Moore formulierte 1965 seine berühmte Prophezeiung, die Geschwindigkeit der Mikroprozessoren werde sich alle zwei Jahre verdoppeln. Die Folgen dieser Zunahme spüren wir jedes Mal, wenn wir neue digitale Gerätschaften kaufen: Computer und Smartphones sind mit jedem Jahr leistungsfähiger und billiger geworden. Aber der Fortschritt der Genomtechnik hat sogar dieses Tempo hinter sich gelassen. Das Human Genome Project dauerte mehr als zehn Jahre, kostete über 3,8 Milliarden Dollar und erforderte ganze Räume voller Maschinen. Heute gibt es für das Sequenzieren eine App; und Sequenzierungsautomaten, die man in einer Hand halten kann, sind bereits auf dem Markt.

Nachdem das Genom des Menschen kartiert war, folgten Jahr für Jahr die Genome anderer Arten. Heute werden sie so schnell hintereinander veröffentlicht, dass das Tempo seine Grenzen nur in der Erscheinungshäufigkeit wissenschaftlicher Fachzeitschriften findet. Wir hatten das Maus-Genomprojekt, das Lilien-Genomprojekt, das Frosch-Genomprojekt, Projekte für alles Mögliche von Viren bis zu Primaten. Anfangs war es eine große Sensation, wenn die Ergebnisse eines Genomprojekts veröffentlicht wurden; die Artikel erschienen in hochrangigen Fachzeitschriften und wurden von der Presse lautstark begleitet. Heutzutage ist ihre Veröffentlichung kaum noch einer Erwähnung wert, es sei denn, es ginge um einen wichtigen biologischen Vorgang oder ein Gesundheitsthema.

Der Glanz der Genomveröffentlichungen ist also verblasst, aber sie sind weiterhin eine Goldgrube, über die Emil Zuckerkandl, Linus Pauling und Allan Wilson begeistert gewesen wären. Ausgestattet mit Kenntnissen über die Genome von Fliegen, Mäusen und Menschen, können wir heute zentrale Fragen nach dem Leben stellen: Wie sind die Arten verwandt, und warum sind sie alle verschieden?

Jeder von uns besteht aus Billionen Zellen – Muskelzellen, Nervenzellen, Knochenzellen und Hunderten anderer. Sie alle arbeiten zusammen, alle sind genau auf die richtige Weise gelagert und verbunden. Der Fadenwurm *Caenorhabditis elegans* kommt mit nur 956 Zellen aus. Und als wäre das nicht schon erstaunlich genug, gilt es noch etwas anderes zu bedenken: Trotz der gewaltigen Unterschiede in der Zahl der Zellen und der Komplexität von Organen und Körperteilen haben Menschen und Würmer die gleiche Anzahl von Genen, nämlich rund 20 000. Und Würmer sind nur der Anfang. Auch Fliegen haben ungefähr ebenso viele Gene wie wir. Eigentlich sind Tiere sogar wahre Habenichtse im Vergleich zu Pflanzen wie Reis, Sojabohnen, Mais und Maniok, die fast doppelt so viele Gene ihr Eigen nennen. Dass die Evolution in der Tierwelt komplexe neue Organe, Gewebe und Verhaltensweisen hervorgebracht hat, liegt also nicht an einer größeren Zahl von Genen.

Noch seltsamer ist die Organisation des Genoms selbst. Denken wir noch einmal an unser Mantra: Gene sind Ketten aus Basen, die in eine Sequenz von Aminosäuren umgesetzt werden, und diese Aminosäureketten sind die Proteine.

Letztlich enthalten Gene die molekulare Bauanweisung für Proteine. Wenn eine Gensequenz veröffentlicht wird, müssen die Autoren ihre Daten öffentlich verfügbar machen und die Information in einer internationalen Computerdatenbank ablegen. Nachdem man mittlerweile seit Jahrzehnten an Genen arbeitet, sind diese Datenbanken mit Sequenzen vieler tausend Gene aus Tausenden von Arten gefüllt. Heute kann ich mich an den Computer setzen, eine Sequenz eintippen und nachsehen, zu welchem Gen aus welcher Spezies sie passt. Vergleicht man ein ganzes Genom mit den Genen in solchen Datenbanken, so kann man die Übereinstimmungen vergleichen und sich ein Bild davon machen, welche Gene in dem Genom vorhanden sind. Nachdem in den letzten beiden Jahrzehnten ein Genom nach dem anderen veröffentlicht wurde, kann man vor einer Beobachtung nicht die Augen verschließen: Gene sind in Genomen selten. Wenn Gene die Teile des Genoms sind, die Proteine codieren, ist offenbar der größte Teil des Genoms an der Proteinproduktion nicht beteiligt. Gensequenzen, die Proteine codieren, machen weniger als zwei Prozent des menschlichen Genoms aus. Demnach bleiben 98 Prozent ohne Gene.

Gene sind nur Inseln im Meer der DNA. Diese Gesetzmäßigkeit gilt nicht nur für Menschen, sondern – von seltenen Ausnahmen abgesehen – für viele Arten von den Würmern bis zu den Mäusen. Aber wenn der größte Teil des Genoms keine Gene enthält, die Proteine codieren, stellt sich die Frage: Wozu ist er dann da?

Bakterien als Rettung

Die beiden französischen Biologen François Jacob (1920–2013) und Jacques Monod (1910–1976), die während des Zweiten Weltkrieges in der französischen Résistance aktiv gewesen waren, begannen anschließend mit Forschungsarbeiten an Bakterien. Sie wollten klären, wie diese Kleinstlebewesen Zucker verarbeiten. Es schien, als könne kaum eine Frage abwegiger sein und weniger mit der Evolution der Menschen zu tun haben.

Jacob und Monod wiesen nach, dass das weitverbreitete Bakterium *Escherichia coli* zwei Zuckersorten aus seiner Umgebung verdauen kann: Glucose (Traubenzucker) und Lactose (Milchzucker). Das Bakteriengenom ist relativ einfach aufgebaut: Lange DNA-Abschnitte enthalten Gene mit der Information zur Herstellung der Proteine, die solche Zuckermoleküle abbauen. Ist Glucose in großer Menge vorhanden, während Lactose selten ist, stellt das Genom das Protein für die Verdauung von Glucose her. Sind die Verhältnisse umgekehrt, produziert es das Protein zur Lactoseverwertung. Das mag sich recht einfach und naheliegend anhören, es war aber der Ausgangspunkt für eine Umwälzung in der Biologie.

Jacob und Monod entdeckten im Bakteriengenom zwei Bestandteile. Die Gene des ersten enthalten die Informationen für die Struktur aller Proteine, die für den Abbau der beiden Zucker erforderlich sind. Diese As, Ts, Cs und Gs werden in Aminosäuresequenzen umgeschrieben, die ein Protein ausmachen. Beiderseits der Gene liegen kürzere Abschnitte aus As, Ts, Cs und Gs, die keinerlei Proteine codieren. Heftet sich ein anderes Molekül an einen solchen Abschnitt, wird das Gen ein- oder ausgeschaltet. Das ist der zweite Bestandteil. Man kann sich die kürzeren Abschnitte als molekulare Schalter vorstellen, die darüber bestimmen, wann ein Gen aktiv wird und ein Protein produziert. Bei Bakterien sind die beiden Bestandteile nicht getrennt: Die Gene und die Schalter, die ihre Aktivität steuern, liegen im Genom nebeneinander. Je nachdem, welcher Zucker vorhanden ist, bestimmt eine molekulare Reaktion darüber, welches Gen aktiv wird und welches Protein demnach entsteht.

Wie Jacob und Monod entdeckten, ist das Bakteriengenom eine biologische Fabrik, die Proteine am richtigen Ort und zur richtigen Zeit produziert. Sie hat zwei Bestandteile: Gene, die Proteine codieren, und Schalter, die den Genen sagen, wann und wo sie aktiv werden sollen. Für diese Erkenntnisse wurde den beiden 1965 der Nobelpreis für Physiologie oder Medizin verliehen.

Nachdem Jacob und Monod den Nobelpreis erhalten hatten, stellte sich in den nachfolgenden Jahrzehnten heraus, dass die doppelte Organisation der Proteinproduktion ein allgemeines Merkmal aller Genome ist. Ob Tiere, Pflanzen oder Pilze: Alle besitzen Gene, die Proteine codieren und molekulare Schalter, die diese Gene ein- und ausschalten.

Die Entdeckung von Jacob und Monod liefert auch erste Hinweise, wenn man verstehen will, warum Zellen, Gewebe und Organe sich unterscheiden. Der menschliche Körper ist ein hochstrukturiertes Paket aus rund 30 Billionen Zellen, die zu 200 verschiedenen Zelltypen gehören und in Geweben organisiert sind, von Knochen und Gehirn bis zu Leber und Haut. Knorpelgewebe besteht aus Zellen, die Kollagen, Proteoglykane und andere Bestandteile produzieren; diese Substanzen verbinden sich mit Wasser und Mineralstoffen aus dem Körper und verleihen dem Knorpel so seine Biegsamkeit und seine stützenden Funktionen. In einer Nervenzelle sind die Proteine anders kombiniert als in Knorpel, Muskeln oder Knochen.

Der Haken dabei: Jede einzelne Körperzelle enthält die gleiche DNA-Sequenz, und die leitet sich von der befruchteten Eizelle ab, mit der alles begonnen hat. Die DNA in einer Nervenzelle ist identisch mit der in Knorpel-, Muskel- oder Knochenzellen. Wenn aber jede Zelle in ihrem Inneren die gleichen Gene besitzt, müssen die Unterschiede zwischen den verschiedenen Zelltypen davon abhängen, welche Gene aktiv sind und Proteine produzieren. Damit werden die von Jacob und Monod entdeckten Schalter unentbehrlich, um zu verstehen, wie das Genom für den Aufbau verschiedener Zellen, Gewebe und Organismen sorgt.

Wenn man das Genom mit einem Kochrezept vergleicht, sind die Zutaten in den Genen codiert, und die Schalter enthalten die Anweisungen dafür, wann und wo die einzelnen Zutaten zugesetzt werden. Wenn zwei Prozent des Genoms aus Genen bestehen, die Proteine produzieren, enthält ein Teil der restlichen 98 Prozent die Information, die den Genen sagt, wann und wie sie die Proteine herstellen sollen, die den Körper im Laufe der Entwicklung aufbauen.

Aber wie baut das Genom einen Organismus auf? Wie erzeugt es die Veränderungen von Arten? Das wusste zur Zeit des Human Genome Project niemand, aber die Erkenntnis, dass es nur eine geringe Zahl von Genen gibt und dass sie im Genom sehr selten sind, war nur die Spitze eines Eisbergs von Überraschungen, die der Wissenschaft noch bevorstanden.

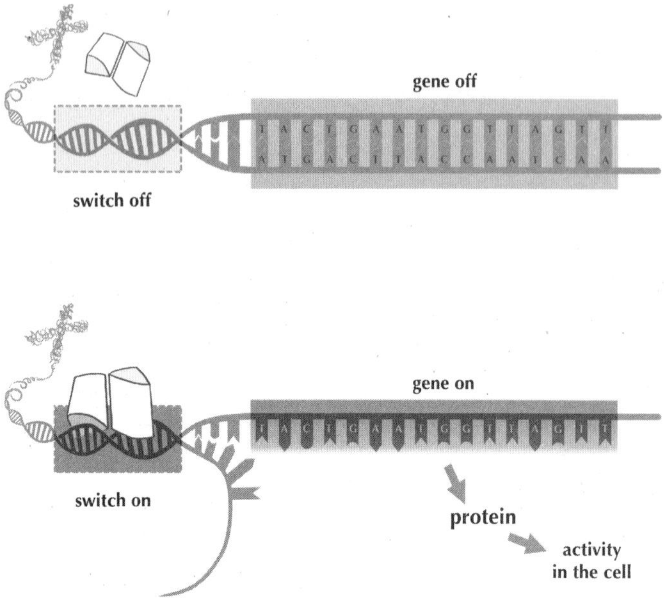

Abb. 18: Wenn ein genetischer Schalter – in der Regel durch die Anheftung von Proteinen – umgelegt wird, tritt ein Gen in Aktion und produziert ein Protein.

Finger weisen den Weg

Früher glaubten Seeleute, Katzen mit sechs Zehen würden einem Schiff Glück bringen. Diese sogenannten Schiffskatzen fingen Mäuse angeblich besonders gut, weil sie auf See mit ihren breiten Pranken besser das Gleichgewicht halten konnten. Der Kapitän Stanley Dexter hatte einen Wurf solcher Katzen und gab eine davon seinem Freund Ernest Hemingway, der zu jener Zeit in Key West wohnte. Die junge Katze hieß Snow White und brachte eine ganze Abstammungslinie von Katzen mit sechs Zehen hervor, die bis heute auf Hemingways Anwesen gedeiht. Dort sind die Katzen nicht nur eine Touristenattraktion, sondern sie trugen auch dazu bei, dass man neue Vorstellungen von der Funktionsweise des Genoms entwickelte.

Gelegentlich werden auch Menschen mit überzähligen Fingern und Zehen geboren. Ungefähr einer unter 1000 Menschen hat an den Händen einen zusätzlichen Finger oder an den Füßen eine zusätzliche Zehe. Ein Extremfall war ein Junge in Indien: Er wurde 2010 mit 34 Fingern und Zehen an den Extremitäten geboren. Überzählige Finger können an der Daumenseite der Hand oder an der Seite des kleinen Fingers auftauchen, aber auch gespaltene und gabelförmige Finger kommen vor. Biologisch von besonderer Bedeutung sind zu-

Abb. 19: Hemingway-Katzen, auch Schiffskatzen genannt, haben breite Pranken mit sechs Fingern.

sätzliche Finger auf der Daumenseite, auch präaxiale Polydaktylie genannt.

In den 1960er Jahren erforschten Wissenschaftler an Hühnereiern, wie Flügel und Beine während der Embryonalentwicklung entstehen. Die Gliedmaßen gehen aus dem Körper des Embryos in Form winziger Knospen hervor, die wie kleine Röhren aussehen. Im Laufe einiger Tage – die Zahl ist je nach Spezies unterschiedlich – wächst die Knospe heran, die ersten Knochen bilden sich, und die wachsende Extremität nimmt die Form eines breiten Paddels an. Im Inneren dieser breiten Fläche bilden sich die Knochen von Fingern, Zehen, Hand- und Fußgelenk.

Wenig später entdeckte man, dass man die Zahl der entstehenden Finger oder Zehen beeinflussen kann, wenn man Zellen im Bereich des Paddels entfernt oder an einen anderen Ort bringt. Entfernt man einen schmalen Gewebestreifen vom äußeren Ende, kommt die Entwicklung der Extremität völlig zum Stillstand. Tut man dies im Frühstadium der Entwicklung, bildet sich eine Extremität mit wenigen oder überhaupt keinen Fingern beziehungsweise Zehen. Entnimmt man den Streifen ein wenig später, fehlt dem Embryo unter Umständen ein einzelner Finger. Es ist also von großer Bedeutung, in welchem Entwicklungsstadium man den Eingriff vornimmt: Im Frühstadium hat er größere Auswirkungen auf den Embryo als später.

Aus Gründen, die sich heute nicht mehr nachvollziehen lassen, entfernten John Saunders und Mary Gassling von der University of Wisconsin eine winzige Gewebescheibe von der Ansatzstelle des wachsenden Paddels einer Extremitätenknospe. Der Gewebeabschnitt war vollkommen unauffällig – nichts daran sah ungewöhnlich aus. Er lag seitlich an der Stelle des Paddels, an der sich später der kleine Finger bildet. Die Wissenschaftler nahmen das kleine, noch nicht einmal einen Millimeter lange Gewebestück und verpflanzte es auf die andere Seite der Extremitätenknospe, wo sich am Paddel der erste Finger bildet. Dann schlossen sie den Embryo wieder im Ei ein und warteten, bis seine Entwicklung abgeschlossen war.

Der Embryo, der schließlich zum Vorschein kam, war eine faustdicke Überraschung. Er sah wie ein normales Huhn aus – mit Schnabel, Federn und Flügeln. Aber im Gegensatz zu normalen Hühnern mit ihren drei verlängerten Fingern besaßen seine Flügel bis zu sechs Finger. Irgendetwas im Inneren des kleinen Zellhaufens enthielt die Anweisung zur Herstellung von Fingern.

Wenig später sprangen andere Institute auf den Zug auf. In England brachte eine Arbeitsgruppe in den 1970er Jahren winzige Streifen aus Metallfolie zwischen dem fraglichen Gewebeabschnitt und der übrigen Extremitätenknospe an. Daraufhin entstanden Flügel mit anormal wenigen Fingern. Die Folie hatte als Barriere zwischen dem Gewebeabschnitt und anderen Zellen gewirkt. Demnach, so die Schlussfolgerung, geht irgendeine Substanz von dem Zellklumpen aus, diffundiert durch die entstehende Extremität und regt die Bildung der Finger an. Blockiert man die Diffusion mit einer Barriere aus Folie, entwickeln sich weniger Finger, und wenn sich der Gewebeabschnitt an einer anderen Stelle der Extremität befindet, steigt die Zahl der Finger an. Aber was für eine Substanz wird da freigesetzt?

Anfang der 1990er Jahre isolierten drei Arbeitsgruppen mit

neuen Methoden unabhängig voneinander das Protein und das Gen, das es entstehen lässt. Das von dem Gen während der Extremitätenentwicklung hergestellte Protein diffundiert durch das Paddel der Extremitätenknospe. Dabei, so der Befund der Wissenschaftler, sagt es verschiedenen Zellgruppen, welche Finger sie bilden sollen. Eine hohe Konzentration des Proteins lässt einen kleinen Finger entstehen; niedrigere Konzentrationen sorgen für die Bildung des ersten Fingers oder des Daumens, mittlere Konzentrationen für die Entstehung der dazwischenliegenden Finger. Eine der Wissenschaftlergruppen taufte das Gen auf den Namen *Sonic hedgehog* in Anspielung auf ein Gen namens *hedgehog*, das in anderen Tierarten wirksam ist, und ein zu jener Zeit beliebtes Videospiel.

Aber wie erfährt das Gen, dass es mehr oder weniger Finger ausbilden soll? Hat *Sonic hedgehog* besondere Schalter, die sich auf die Evolution der Finger auswirken? Eine Antwort auf diese Frage wäre der Schlüssel, wenn man verstehen will, wie Gene einen Organismus aufbauen und wie ihre Evolution abläuft.

Wie viele wichtige Dinge im Leben und in der Wissenschaft, so beginnt auch diese Geschichte mit einem Unfall.

Ende der 1990er Jahre baute ein Genetikerteam in London kurze DNA-Abschnitte in die Genome von Mäusen ein, um damit die Entstehung des Gehirns zu studieren. Die Fragmente sind Teile einer kleinen, von den Wissenschaftlern hergestellten Molekülmaschine, die sich an die DNA anheftet und als Aktivitätssignal dient. Hin und wieder geht bei solchen Experimenten etwas schief. Landet das Fragment in einem biologisch wichtigen Teil des Genoms, kann es eine Mutation hervorrufen. Genau das geschah in den Experimenten der Londoner Arbeitsgruppe: Bei einigen behandelten Mäusen entwickelte sich ein normales Gehirn, aber Finger und Zehen waren missgebildet. Eine Maus hatte sogar zusätzliche Finger und sehr breite Pfoten, nicht unähnlich denen von Hemingways Schiffskatzen. Das Team konnte eine ganze Abstammungslinie solcher Mutanten erzeugen, und wie es der wissenschaftlichen Konvention entspricht, gab man ihnen einen Namen. Man nannte sie *Sasquatch* nach dem Großfußgeschöpf aus der paranormalen Welt.

Da die Mutanten für die Erforschung des Gehirns nutzlos waren, fragte sich das Team, ob Biologen, die sich mit den Gliedmaßen beschäftigten, sich für sie interessieren könnten. Bei einer wissenschaftlichen Tagung hängte die Gruppe ein Poster auf und gab darauf ihre Forschungsergebnisse bekannt. Solche Poster gelten bei Tagungen häufig als die B-Liga der wissenschaftlichen Befunde, denn die besten Ergebnisse werden in Vorträgen präsentiert. Poster haben aber auch einen sozialen Aspekt: Die Tagungsteilnehmer laufen herum, und man diskutiert über wissenschaftliche Fragen. Ich selbst habe die Erfahrung gemacht, dass wissenschaftliche Zusammenarbeit häufiger vor Postern als nach Vorträgen beginnt.

Dieses Poster zeigte eine Form der Polydaktylie, die bekanntermaßen durch eine Mutation von *Sonic hedgehog* entstanden war: Der zusätzliche Finger befand sich auf der Seite des kleinen Fingers. Solche Mutationen ereignen sich, weil *Sonic hedgehog* auf der falschen Seite der Extremität eingeschaltet wird. Also war es der nächste, naheliegende Schritt, sich bei den Mutationen die Aktivität des Gens anzusehen, und über solche Experimente berichtete die Arbeitsgruppe in ihrem Poster. Nachdem die Wissenschaftler zufällig die

Mutante erzeugt hatten, sahen sie sich die winzigen entstehenden Gliedmaßen unter dem Mikroskop an. Bei den Mutanten war die Aktivität von *Sonic hedgehog* auf einen anormal großen Bereich ausgeweitet, genau wie man es bei dieser Form der Polydaktylie erwartet. Die Beobachtungen führten zu der Hypothese, dass die *Sasquatch*-Mutante entstanden war, weil man den DNA-Abschnitt in das Gen *Sonic hedgehog* oder ganz in seiner Nähe eingebaut hatte.

Die Arbeitsgruppe lockte keinen Extremitätenspezialisten zu ihrem Poster, aber Robert Hill, ein angesehener Genetiker aus Edinburgh, kam zufällig vorbei und sah die Fotos der *Sasquatch*-Mutante. Damit begann ein neues Forschungsprojekt.

Hills Institut hatte sich einen Namen gemacht, weil es die Funktionsweise des Genoms bei der Entwicklung der Augen aufgeklärt hatte. Im Laufe dieser Arbeiten hatte seine Arbeitsgruppe, zu der auch die junge Wissenschaftlerin Laura Lettice gehörte, ein Arsenal von Hilfsmitteln entwickelt, mit dem man DNA-Fragmente im Genom finden konnte. Da man die Sequenz des fraglichen DNA-Abschnitts kannte, konnte man das ganze Genom durchforsten und nachsehen, wo es eingebaut worden war. Lettice stand ganz am Anfang ihrer Karriere und war noch recht unerfahren, aber sie hatte die notwendige Geduld und Geschicklichkeit, um das Projekt in Angriff zu nehmen.

Die ungefähre Lage der Mutation auf dem DNA-Strang ermittelte die Arbeitsgruppe mit einem einfachen Trick. Die Wissenschaftler koppelten einen Farbstoff an ein kleines Molekül, das zu dem DNA-Abschnitt, der die Mutante erzeugt hatte, komplementär war. Dahinter stand der Gedanke, dass diese Sequenz die Mutation finden und sich an sie anhaften würde – dann, voilà, würde der Farbstoff an der fraglichen Stelle aufleuchten. Da die Mutation sich auf die Aktivität von *Sonic hedgehog* auswirkte, konnte sie sich nur an zwei Orten befinden: entweder im Gen selbst oder in der Steuerungsregion, die unmittelbar daneben lag wie die Regulationsregionen, die Jacob und Monod bei Bakterien entdeckt hatten.

Das Gen *Sonic hedgehog* selbst wurde in dem Experiment nicht aktiv: Dieser Bereich wurde von dem Farbstoff nicht markiert. Was auch für die veränderte Funktion von *Sonic hedgehog* in der Extremität sorgte und die Polydaktylie verursachte, eine Mutation und die zugehörige Veränderung in seinem Protein war es nicht. Daraus zogen Wissenschaftler wie einst Jacob und Monod den Schluss, dass eine der benachbarten Steuerungsregionen betroffen war. Aber als sie dort nachsahen, stellten sie fest, dass auch dieser Bereich völlig normal aussah. Wenn also weder das Gen noch der benachbarte Schalter betroffen war, stellte sich die Frage: Was war die Ursache der Mutation?

Wie jeder weiß, der schon einmal an einem windigen Tag eine Modellrakete wiederfinden wollte, kann man viel Zeit mit der Suche in unmittelbarer Nähe vergeuden, obwohl man eigentlich in größerer Entfernung nachsehen sollte. Hill, Lettice und ihre Arbeitsgruppe durchforsteten nun das gesamte Genom, bis sie das Signal fanden. Der eingebaute Abschnitt war fast eine Million Basen von *Sonic hedgehog* entfernt. Damit lag ein riesengroßes genetisches Gelände zwischen dem Ort der Mutation und dem Gen. In dem Glauben, sie müssten sich geirrt haben, wiederholten die Wissenschaftler das Experiment und analysierten die Ergebnisse noch einmal. Aber sie konnten ausprobieren, was sie wollten, das Ergebnis blieb bestehen. Eine kleine, rund eine Million Basen von dem Gen entfernte Region steuerte die Aktivität von *Sonic hedgehog*. Es war, als hätte man den Lichtschalter für ein Wohnzimmer in Philadelphia in einer Garage in einem Vorort von Boston gefunden.

War diese weit entfernte Stelle vielleicht die Ursache für die zusätzlichen Finger? Die Arbeitsgruppe machte so viele Menschen und Katzen mit sechs Fingern ausfindig wie möglich – Patienten mit Polydaktylie in den Niederlanden, ein Kind in Japan, sogar Hemingways Katzen – und untersuchte ihre DNA. In allen Fällen fanden die Wissenschaftler eine kleine Mutation in jenem Bereich, der rund eine Million Basen von *Sonic hedgehog* entfernt ist. Irgendwie hatte eine kleine Mutation ganz am anderen Ende des Genoms für eine Aktivitäts-

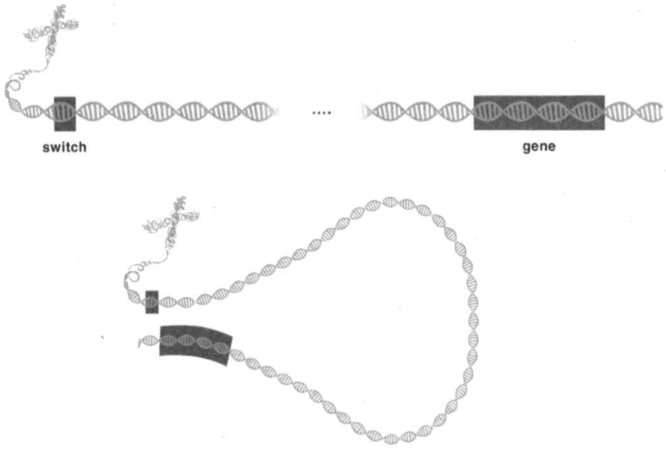

Abb. 20: Manche genetischen Schalter sind weit von dem Gen entfernt, das sie steuern. Da die DNA ständig Schleifen bildet, sich faltet und sich durch Verformungen öffnet und schließt, gelangen die Schalter in die Nachbarschaft ihres Gens, schalten es ein und sorgen für die Produktion eines Proteins.

veränderung von *Sonic hedgehog* gesorgt: Dieses war nun in der ganzen Extremität eingeschaltet und erzeugte die überzähligen Finger und Zehen.

Als die Wissenschaftler in der fraglichen Region die Verteilung der As, Ts, Cs und Gs analysierten, stellten sie fest, dass dieser DNA-Abschnitt etwas Besonderes ist. Er besteht aus ungefähr 1500 Basen und hat bei vielen verschiedenen Lebewesen eine vergleichbare Sequenz. Menschen tragen den Abschnitt genau an der gleichen Stelle wie Mäuse, nämlich ungefähr eine Million Basen vom Gen entfernt. Das Gleiche gilt für Frösche, Echsen und Vögel. Er ist bei allen Arten vorhanden, die Extremitäten besitzen, und sogar bei Fischen. Lachse haben ihn, Haie ebenso. Bei allen Arten, bei denen das Gen *Sonic hedgehog* während der Entwicklung der Extremitäten – ob Gliedmaßen oder Flossen – aktiv ist, findet man auch diese rund eine Million Basen entfernte Steuerungsregion. Mit ihrer eigenartigen Anordnung im Genom verriet die Natur den Wissenschaftlern etwas Wichtiges.

Veränderte Rezepte

Auf den ersten Blick scheint es ein Wunder zu sein, dass Katzen und Menschen mit Polydaktylie überhaupt bis zur Geburt überleben können. Der Grund: *Sonic hedgehog* steuert während der Embryonalentwicklung nicht nur die Entstehung der Gliedmaßen, sondern es wirkt als »Obergen« auch an der Entwicklung von Herz, Rückenmark, Gehirn und Geschlechtsorganen mit. Damit ist es gewissermaßen ein allgemeines Werkzeug, das die Entwicklung aus ihrem Kasten holt, um ganz unterschiedliche Organe und Gewebe herzustellen. Entsprechend sollte eine Mutation in *Sonic hedgehog* sich also auf alle Strukturen auswirken, in denen das Gen aktiv ist; bei den Mutanten wären dann Rückenmark, Herz, Gliedmaßen, Gesicht, Genitalien und andere Organe missgebildet. Aber was für ein Tier würde durch eine Mutation von *Sonic hedgehog* entstehen? Da so viele fehlgebildete Gewebe gebildet würden, lautet die Antwort mit ziemlicher Sicherheit: ein totes.

Dass es nicht so kommt, liegt an der Steuerung von *Sonic hedgehog* während der Entwicklung. Warum? Mutationen in dem Abschnitt für die Kontrolle der Gliedmaßen wirken sich nur auf die Gliedmaßen aus. Deshalb sind Herz, Rückenmark und andere Organe von Menschen mit Polydaktylie und der zugehörigen Mutation von *Sonic hedgehog* normal ausgebildet: Der Schalter, der die Aktivität des Gens steuert, wird nur in einem bestimmten Gewebe umgelegt; alles andere bleibt unbeeinflusst.

Stellen wir uns einmal ein Haus mit vielen Zimmern vor, von denen jedes seinen eigenen Thermostat hat. Eine Umstellung in der Zentralheizung wirkt sich auf die Temperatur in allen Zimmern aus, stellt man aber einen einzelnen Thermostaten neu ein, verändert sie sich nur in dem betreffenden Raum. Die gleiche Beziehung gilt auch für Gene und ihre Steuerungsregionen. Wie eine Veränderung an der Zentralheizung, die sich im ganzen Haus bemerkbar macht, so hat auch eine Veränderung eines Gens und des zugehörigen Proteins Auswirkungen auf das Gewebe, in dem es aktiv ist. Eine globale Veränderung hätte katastrophale Folgen und würde in der Evolution in eine Sackgasse führen. Aber da die genetischen Steuerungsregionen für einzelne Gewebe spezifisch sind, wirkt eine Veränderung in einem Organ sich nicht auf die anderen aus. Mutanten können lebensfähig sein, und die Evolution kann auf sie einwirken.

Für den evolutionären Wandel können zweierlei Genomveränderungen eine Rolle spielen. Erstens können Veränderungen von Genen dazu führen, dass sich neue Proteine bilden. Oder anders gesagt: Eine Mutation in der Sequenz der As, Ts, Cs und Gs in der DNA kann zur Folge haben, dass sich die Aminosäuren in dem zugehörigen Protein verändern. Sorgt die DNA-Mutation dafür, dass in dieser Kette nun eine andere Aminosäure steht, ist ein neues Protein entstanden. Dies geschieht in vielen wichtigen Proteinen unseres Organismus, so beispielsweise in den von Zuckerkandl und Pauling untersuchten Hämoglobinen. Was dabei entscheidend ist: Eine solche Proteinveränderung kann sich im Körper an allen Stellen bemerkbar machen, an denen das Protein vorkommt.

Genomveränderungen des zweiten Typs betreffen die Schalter, die über die Aktivität von Genen bestimmen. Wissenschaftler eines Instituts in Berkeley hatten von Bob Hills Arbeiten gelesen und wollten herausfinden, ob der Schalter von *Sonic hedgehog* an der Evolution von Gliedmaßen beteiligt ist. Anfangs untersuchten sie Schlangen, weil diesen die Gliedmaßen völlig fehlen. Wenn man den Genomabschnitt, der den Schalter enthält, aus einer Schlange entnimmt und in eine Maus bringt, bilden sich an den Extremitäten der Maus keine Finger. Offensichtlich haben sich bei den Schlangen im Laufe der Evolution in dem Schalter, der die Ausbildung von Gliedmaßen steuert, Mutationen angesammelt. Das *Sonic-hedgehog*-Protein selbst sieht bei Schlangen vollkommen normal aus, und normal sind auch Herz, Rückenmark und Gehirn.

Durch die Veränderung des Schalters veränderte sich nur die Aktivität von *Sonic hedgehog* in den Gliedmaßen.

Dieser genetische Trick gibt einen Hinweis auf allgemeine Mechanismen der evolutionären Umwälzung. Glaubt man der Forschung der letzten eineinhalb Jahrzehnte, stehen Veränderungen in den Schaltern für die Genaktivität hinter wichtigen evolutionären Wandlungen im Körper von Wirbeltieren und Wirbellosen; betroffen sind dabei ganz unterschiedliche Organe, zum Beispiel Schädel, Extremitäten, Flossen, Flügel, die Körperform von Würmern und vieles andere. In einem Fall nach dem anderen stellte sich heraus, dass der evolutionäre Wandel weniger auf Veränderungen in den Genen selbst zurückzuführen war als vielmehr auf Ort und Zeit ihrer Aktivität während der Entwicklung.

Der Genetiker David Kingsley von der Stanford University beschäftigte sich fast 20 Jahre lang mit dem winzigen Dreistachligen Stichling, einem Fisch, der in Meeren und Bächen auf der ganzen Welt zu Hause ist. Stichlinge gibt es in verschiedenen Formen: Manche haben vier Flossen, andere zwei, und wieder andere zeigen unterschiedliche Körperformen und Farbmuster. Die Vielgestaltigkeit macht die Stichlinge zu einem leistungsfähigen System, mit dem man erforschen kann, wie genetische Veränderungen die Unterschiede zwischen den Fischen entstehen lassen. Mit gentechnischen Methoden konnte Kingsley genau nachweisen, welche DNA-Abschnitte im Einzelnen den meisten derartigen Veränderungen zugrunde liegen. In praktisch allen Fällen handelt es sich um einen Schalter, der die Genaktivität steuert. Bei dem Fisch mit nur zwei Flossen ist die Aktivität eines ganz bestimmten Gens dramatisch verändert, und dieses Gen hemmt die Aktivität eines weiteren Gens, das für die Entwicklung der hinteren Flossen notwendig ist. Wie er zeigen konnte, liegt die Veränderung nicht in dem Gen selbst, sondern in dem Schalter, der seine Aktivität steuert. Nun kann man schon fast raten, was geschah, als er den Schalter aus einem Fisch mit vier Flossen nahm und ihn in die Form brachte, die normalerweise nur zwei Flossen besitzt: Er hauchte den hinteren Flossen wieder Leben ein und sorgte dafür, dass Eltern mit zwei Flossen mutierte Nachkommen mit vier Flossen hervorbrachten.

Heute verfügen wir über Methoden, um das ganze Genom zu durchforsten und herauszufinden, wo Gene und ihre Steuerungsabschnitte liegen. Solche Regulationsregionen findet man überall im Genom; manche befinden sich in der Nähe des zugehörigen Gens, andere, so auch die für *Sonic hedgehog*, sind weit vom Gen entfernt. Die Aktivität mancher Gene wird durch viele Steuerungsregionen beeinflusst, andere nur durch eine. Insgesamt gibt es aber viele Regulationsabschnitte, und ganz gleich, wo im Genom sie liegen, dieser molekulare Apparat hat eine elegante und sogar ein wenig geheimnisvolle Funktionsweise.

Mit neuen Mikroskopen können wir nicht nur die DNA-Moleküle als solche sehen, sondern auch erkennen, was sich an ihnen abspielt, wenn Gene ein- und ausgeschaltet werden.

Damit ein Gen aktiv werden kann, muss eine Art molekulares Twister-Spiel ablaufen. Inaktive Genomabschnitte sind eng aufgerollt und mit anderen kleinen Molekülen verbunden, damit sie in den Zellkern passen. Solche Regionen sind verschlossen und deshalb relativ inaktiv. Bevor ein Genomabschnitt tätig wird, muss er sich auseinanderwinden und öffnen; erst dann kann er ein Protein erzeugen.

Aber das sind nur die ersten Schritte in einer fein ausbalancierten Choreographie, die Gene ein- und ausschaltet. Ein Gen wird nur dann aktiv, wenn sein Schalter mit anderen Molekülen in Kontakt tritt und an einen Nachbarabschnitt des eigentlichen Gens andockt. Die Anheftung veranlasst das Gen, ein Protein herzustellen. Im Fall von *Sonic hedgehog* muss der Schalter einen großen Abstand überbrücken, um die Aktivität des Gens in Gang zu setzen. Der Tanz, durch den ein Gen aktiv wird, besteht also aus folgenden Schritten: Das Genom öffnet sich, das Gen und seine Steuerungsregion werden freigelegt, die einzelnen Teile heften sich aneinander, und das Protein wird gebildet. Das Gleiche geschieht in jeder Zelle und mit jedem Protein.

Eine zwei Meter lange DNA-Kette ist so eng aufgerollt, dass sie kleiner ist als ein Stecknadelkopf. Stellen wir uns einmal vor, wie sie sich in Mikrosekunden öffnet und schließt, sich windet und wendet, um so in jeder Sekunde Tausende von Genen zu aktivieren. Vom Augenblick der Befruchtung an und während unseres gesamten Erwachsenenlebens werden unsere Gene ständig ein- und ausgeschaltet. Jeder von uns ist anfangs eine einzelne Zelle. Im Laufe der Zeit teilen sich die Zellen, ganze Gengruppen werden aktiviert und steuern das Verhalten der Zellen, aus denen die Gewebe und Organe unseres Körpers hervorgehen. Während ich dieses Buch schreibe und Sie es lesen, werden in allen 30 Billionen Zellen unseres Körpers Gene aktiviert. Die DNA enthält die Rechenleistung vieler Supercomputer. Mit ihren Anweisungen und den über das ganze Genom verteilten Steuerungsregionen kann ein relativ kleines Repertoire von 20 000 Genen die komplexen Körper von Würmern, Fliegen und Menschen aufbauen und instand halten. Veränderungen dieser unglaublich komplizierten, dynamischen Mechanismen haben für die Evolution aller Lebewesen auf Erden gesorgt. Unsere DNA, die sich ständig zusammenzieht, auseinanderwindet und faltet, ist ein akrobatischer Maestro, ein Dirigent der Entwicklung und Evolution.

Solche neuen wissenschaftlichen Erkenntnisse sind eine Bestätigung für die Bemühungen von Mary-Claire King, die vor 40 Jahren nach Unterschieden zwischen den Proteinen von Menschen und Schimpansen suchte. Dass genetische Schalter von großer Bedeutung sind, prophezeiten sie und Allan Wilson schon 1975 in ihrem Aufsatz »Evolution at Two Levels in Humans and Chimpanzees« [»Evolution auf zwei Ebenen bei Menschen und Schimpansen«]. Die eine Ebene war die der Gene, auf der anderen liegen die Mechanismen, die regulieren, wann und wo Gene aktiv sind. Wichtige Unterschiede zwischen Menschen und Schimpansen liegen nicht in der Struktur ihrer Gene und Proteine, sondern in den Schaltern, die darüber bestimmen, wie diese Gene während der Entwicklung ihre Aufgaben erfüllen. So betrachtet, wird die Kluft zwischen Lebewesen, die so unterschiedlich aussehen wie Menschen und Schimpansen oder Würmer und Fische, auf genetischer Ebene schmaler. Wenn ein Protein den zeitlichen Ablauf oder die räumliche Verteilung eines Entwicklungsprozesses steuert, können Veränderungen in Zeit und Ort der Aktivität dieses Proteins große Auswirkungen auf den Körperbau der ausgewachsenen Lebewesen haben.

Veränderungen in den Schaltern, die Gene steuern, können Embryonen und Evolution auf tausenderlei Weise beeinflussen. Werden beispielsweise Proteine, die im Gehirn die

Entwicklung steuern, für längere Zeit oder an anderen Orten eingeschaltet, ist das Ergebnis unter Umständen ein größeres oder komplexeres Gehirn. Veränderungen in der Aktivität von Genen können neue Zelltypen und, wie wir noch erfahren werden, einen ganz neuen Körperbau hervorbringen.

4.
Schöne Monster

Monster spielen in Spekulationen über die Funktionsweise der Natur eine große Rolle. In den Jahrhunderten vor Darwin war das Wort fast ein Fachbegriff. Naturphilosophen und Anatomen schufen ganze biologische Systeme zur Einordnung von Ziegen mit zwei Köpfen, vielbeinigen Fröschen und siamesischen Zwillingen. Im 16. Jahrhundert herrschte vielfach die Ansicht, solche Fehlbildungen seien die Folge von zu viel Samen bei der Befruchtung oder entstünden durch die abschweifenden Gedanken einer schwangeren Frau.

Eine neue wissenschaftliche Erklärung kündigte sich im 18. Jahrhundert an: Damals vermutete der deutsche Anatom Samuel Thomas von Soemmerring (1755–1830), Monster seien weniger auf mystische Ursachen als auf Abweichungen im normalen Entwicklungsverlauf zurückzuführen. Sie seien »Störungen der generativen Kraft«, wie er es formulierte. Auf der Titelseite seines 1791 dazu erschienenen Buches zeigte er menschliche Doppelköpfe: tot geborene Säuglinge, aus deren Hals zwei vollständige Köpfe entsprangen, und andere, bei denen nur das Gesicht doppelt vorhanden war. Er hielt beide Fälle für Abweichungen von der normalen Entwicklung in verschiedenen Stadien. Vollständige Doppelköpfe entstehen demnach durch Störungen in frühen Entwicklungsstadien, unvollständig verschmolzene Gesichter dagegen in späteren Phasen.

Einige Jahrzehnte später äußerte Geoffroy Saint-Hilaire die Vermutung, die *monstres* – den Begriff verwendete er häufig – seien vielleicht ein Spiegelbild des verborgenen Potenzials von Lebewesen, sich von einer Form in eine andere zu verwandeln. Nach seiner Expedition mit Napoleon nach Ägypten und seiner Begegnung mit den Lungenfischen (siehe Kapitel 1) bemühte sich Saint-Hilaire tagein, tagaus, Hühnereier zur Verwandlung anzuregen, indem er ihre Entwicklung durch Behandlung mit verschiedenen Chemikalien störte. Er glaubte, er müsse den Embryonen während ihrer Entwicklung nur das richtige Chemikaliengebräu zusetzen, dann werde sich ein Tier in ein anderes verwandeln. Ausgehend von einer frühen Überlegung, wonach Hühner im Laufe ihrer normalen Entwicklung ein Stadium als Fische durchlaufen, bemühte sich Saint-Hilaire jahrzehntelang darum, aus Hühnereiern Fische schlüpfen zu lassen. Seine Versuche scheiterten, aber sein Sohn Isidore griff den Gedanken auf und schrieb ein dreibändiges Werk über angeborene Fehlbildungen, das noch heute in Gebrauch ist. Isidore entwickelte eine Systematik der angeborenen Anomalien; darin unterteilte er sie nach Typus, betroffenen Organen und dem Ausmaß der anatomischen Defekte. Unter anderem studierte er siamesische Zwillinge und klassifizierte sie nach der Anzahl der beteiligten Organe sowie dem Grad der Verschmelzung ihrer anatomischen Systeme. Seine Arbeiten boten späteren Wissenschaftlern einen Ansatzpunkt für die Erforschung der biologischen Mechanismen, die – im Gegensatz zu übernatürlichen Ursachen – solche Anomalien entstehen lassen.

Als Darwin seinen *Ursprung der Arten* veröffentlichte, trat in der Erforschung der Entwicklungsanomalien ein Wandel ein. Wenn natürliche Selektion der Motor der Evolution ist, so Darwin, dann sind Abweichungen zwischen den Individuen ihr Treibstoff. Wenn die Individuen einer Spezies sich durch Merkmale unterscheiden, die unterschiedlich aussehen und funktionieren, und wenn manche derartigen Merkmale den Erfolg der betreffenden Individuen in einer bestimmten Umwelt begünstigen, werden solche Lebewesen und Merkmale im Laufe der Zeit häufiger. Ist ein Merkmal dagegen schädlich, nimmt seine Häufigkeit auf Dauer ab. Das Wesen der Evolution liegt in den Variationen zwischen Individuen. Wären alle Individuen in einer Population genau gleich, könnte es nie zur Evolution durch natürliche Selektion kommen. Die Abweichungen zwischen Individuen galten jetzt als Rohmaterial der natürlichen Selektion; je mehr Variationen es gibt, desto schneller kann die Evolution voranschreiten. Nur mit einem reichhaltigen Nachschub an Variationen – darunter auch Typen, die sich als Monster zeigen – kann die natürliche Selektion im Laufe der Zeit größere Veränderungen herbeiführen.

Zu den Vorreitern bei der Erforschung von Variationen in der Zeit nach Darwin gehörte William Bateson (1861–1926). Bateson war wie Darwin mit einer Leidenschaft für Naturgeschichte groß geworden. Als er in jungen Jahren gefragt wurde, was er später werden wolle, gab er eine berühmte Antwort: Eigentlich wolle er Naturforscher sein, aber wenn er dafür nicht gut genug sei, müsse er Arzt werden. Bateson ging 1878 als lustloser Student an die Universität Cambridge. Aber Darwins *Ursprung der Arten* hinterließ bei dem jungen Mann eine tiefgreifende Wirkung. Als er begriff, wie die natürliche Selektion funktioniert, wuchs seine Energie. Die Antworten lagen für ihn in der Klärung der Variationsbreite von Arten:

Welche Mechanismen sorgen dafür, dass Lebewesen sich voneinander unterscheiden? Als er die Arbeiten von Gregor Mendel las, der die Vererbungsmechanismen bei Erbsenpflanzen entdeckt hatte, erlebte Bateson eine Erleuchtung: Variationen, die von einer Generation zur nächsten weitergegeben wurden, waren das Kernstück der Evolution. Er übersetzte Mendels Arbeiten ins Englische und erfand dafür einen neuen Ausdruck: Genetik leitet sich von *genesis* ab, dem griechischen Wort für »Ursprung«.

Wie vor ihm bereits Geoffroy Saint-Hilaire, so machte sich auch Bateson daran, die Unterschiede zwischen Arten und Individuen zu klassifizieren. Dabei hatte Bateson aber einen Vorteil. Vor dem Hintergrund neuer Gedanken aus dem wachsenden Fachgebiet der Genetik ging er der Frage nach, wie Variationen zwischen Individuen sich auf die Funktionsweise der Evolution auswirken.

Nahezu ein Jahrzehnt widmete Bateson solchen Forschungsarbeiten, und 1894 veröffentlichte er sein monumentales Werk *Materials for the Study of Variation*. Das Buch enthält Ordnungsprinzipien für die Unterschiede zwischen den Lebewesen und sucht nach allgemeinen Regeln, die hinter der Entstehung von Abweichungen stehen und damit letztlich über den Verlauf der Evolution bestimmen. Er betrachtete so viele Arten, wie ihm möglich war, und beschrieb zwei verschiedene Formen der Variation. Die eine besteht aus Unterschieden in der Größe oder dem Ausprägungsgrad von Organen, die eine ununterbrochene Reihe vom Kleineren bis zum Größeren bilden. In einer Mäusepopulation bestehen beispielsweise Unterschiede in der Länge der Extremitäten, des Schwanzes oder anderer Organe. Solche Abweichungen lassen sich durch Längen-, Breiten- oder Volumenmessungen leicht quantitativ erfassen. Die zweite Form der Variationen ist dramatischer, denn hier geht es um das Vorhandensein oder Fehlen einer Struktur. Ein Beispiel ist die Polydaktylie von Hemingways Katzen. Normale Individuen haben fünf Zehen, bei solchen mit Polydaktylie sind es sechs oder mehr. Solche Katzen unterscheiden sich von normalen Artgenossen in der Anzahl der Zehen, aber beispielsweise nicht in der Länge der Knochen. Solche Variationen betreffen nicht Ausmaß oder Größe, sondern die Form.

Die Suche nach Lebewesen mit überzähligen Organen wurde für Bateson zur Leidenschaft. Ihn faszinierten Seltsamkeiten der Natur, zusätzliche Organe oder Organe am falschen Ort, beispielsweise Bienen mit Beinen anstelle der Antennen oder auch Menschen mit überzähligen Rippen oder Männer mit überzähligen Brustwarzen. Es war, als wären Organe ausgeschnitten und irgendwo im Körper eingefügt worden – ein gut ausgebildetes Organ war entweder in seiner Gesamtheit verdoppelt oder an eine anormale Stelle im Körper gewandert. Solche Monster waren bis dahin ein Rätsel gewesen; wenn man herausfinden konnte, wie sie entstehen, könnte man daraus nach Batesons Überzeugung auch allgemeine Regeln für den Körperbau und seine Evolution ableiten.

Die Naturphilosophen hatten seit dem 16. Jahrhundert recht mit ihrer Ansicht gehabt, dass sich in den Monstern tiefgreifende Gesetzmäßigkeiten des Lebendigen widerspiegeln. Man brauchte nur die richtige Art eines Monsters und die wissenschaftlichen Hilfsmittel, um es zu verstehen.

Die Fliege

Es war eine der größten Entscheidungen in der Geschichte der Biologie: Thomas Hunt Morgan (1866–1945) entschloss sich, mit Fliegen zu arbeiten. Zu Beginn seiner Laufbahn hatte sich Morgan mit Seepocken, Würmern und Fröschen beschäftigt, weil er überzeugt war, dass ihre Zellen und Embryonen auch Aufschlüsse über unsere eigene Biologie liefern können. Seine Forschungsobjekte wählte er nicht willkürlich oder zufällig; vielmehr konzentrierte er sich auf kleine Wasserbewohner, die ganze Körperteile neu aufbauen konnten, nachdem sie sie verloren hatten. Plattwürmer zum Beispiel sind Meister der Regeneration: Man kann sie in der Mitte durchschneiden, und wenn sie dann nachgewachsen sind, hat man am Ende zwei vollständige Individuen. Viele Lebewesen – Würmer, Fische und Amphibien – können nach einer Verletzung neue Körperteile aufbauen. In dieser Hinsicht können wir unsere Vettern aus dem Tierreich nur beneiden; irgendwo auf dem Weg unserer Evolution ging die Fähigkeit zu umfassender Regeneration bei Säugetieren verloren.

Morgan begann mit seiner wissenschaftlichen Arbeit zu einer Zeit, als vieles, was uns heute selbstverständlich vorkommt, noch völlig unbekannt war. Der tschechische Mönch Gregor Mendel hatte entdeckt, dass Merkmale von einer Generation zur nächsten weitergegeben werden können, aber die Ursachen der Vererbung waren ein Rätsel. Man hatte zwar Zellen beobachtet, aber dass die Chromosomen für die Vererbung eine Rolle spielen, wusste man nicht, von der Existenz der DNA ganz zu schweigen.

Hinter Morgans wissenschaftlicher Arbeit stand eine unausgesprochene, grundlegende Veränderung in der Sicht auf das Lebendige, eine Erkenntnis, die heute die Grundlage für praktisch die gesamte biologisch-medizinische Forschung bildet: Die unterschiedlichsten Lebewesen, von Würmern bis zu Seesternen, können Erkenntnisse über allgemeine biologische Mechanismen bei Menschen liefern. Der Leitfaden für seine Arbeit war die stillschweigende Anerkennung der Tatsache, dass alle Lebewesen auf der Erde tiefgreifende Gemeinsamkeiten haben.

Nachdem Morgan einige Jahre mit der Regeneration experimentiert und sie in seinem einflussreichen, 1901 erschienenen Buch *Regeneration* beschrieben hatte, wurde ihm klar, dass er schlicht nicht über die notwendigen Hilfsmittel verfügte, um nennenswert weiterzukommen. Also machte er sich daran, ein ganz neues Forschungsprogramm ins Leben zu rufen. Das Kernstück von allem, von der Regeneration bis zur Anatomie, ist die Vererbung – die Weitergabe der Information von einer Generation zur nächsten. Wenn er herausfinden konnte, was die Vererbung antreibt, hätte er den Schlüssel zu vielen Geheimnissen der Biologie gefunden. Und Erkenntnisse über die Genetik würden sich nach Morgans Überzeugung ergeben, wenn er ein Lebewesen finden konnte, das schnell wächst und sich fortpflanzt, klein ist und sich in großer Zahl im Labor züchten lässt. Im Idealfall wünschte er sich eine Spezies, deren Chromosomen man im Mikroskop sehen konnte – dass diese genetisches Material enthalten, vermutete man bereits, aber bewiesen war es nicht. Es war eine ziemlich lange Liste von Bedingungen, und sie schloss das Lebewesen, das er vor allem besser verstehen wollte, aus: den Menschen.

Was Morgan damals nicht wusste: Ein Insektensystematiker hatte sich bereits ein ähnliches Ziel gesetzt, ging es aber von der anderen Seite an. Charles W. Woodworth (1865–1940) hatte es sich an der University of California in Berkeley zur Lebensaufgabe gemacht, feinste anatomische Einzelheiten von Insekten aufzuschlüsseln und dabei den Blick insbesondere auf die Klassifikation von Fliegen und anderen Insekten zu richten. Seine Bestrebungen machten ihn zu einem Experten für die Biologie von Fliegen; insbesondere eine Spezies, die Taufliege *Drosophila melanogaster*, hielt er für ein potenziell experimenttaugliches Modell. Irgendwann zu Beginn des 20. Jahrhunderts (genau ist das Jahr nicht bekannt) wandte er sich an den Biologen William E. Castle (1867–1962) von der Harvard University und schlug ihm vor, mit den Fliegen einige Experimente anzustellen.

Wie Bateson, so interessierte sich auch Castle für die Mechanismen von Vererbung und Variation. Zu jener Zeit erforschte er an Meerschweinchen, wie Fellfarbe und -muster von Generation zu Generation weitergegeben werden. Aber Meerschweinchen gaben immer wieder den Anlass zu Frustrationen: Ihre Weibchen bringen höchstens acht Nachkommen auf einmal zur Welt und sind fast zwei Monate trächtig. Wenn Castle ihre Vererbung erforschen wollte, musste er jeweils mehrere Monate warten, bis sie mehrere Generationen zur Welt gebracht hatten. Woodworths Vorschlag, mit Fliegen zu arbeiten, hatte einen offenkundigen Reiz: Eine Taufliege lebt im Durchschnitt 40 bis 50 Tage, und während dieser Zeit produziert ein Weibchen Tausende von Embryonen. Castle erkannte, dass er mit den Fliegen in einem Monat mehr Vererbungsexperimente anstellen konnte als mit seinen Meerschweinchen in vielen Jahren.

Also machte sich Castle daran, mit den Fliegen zu arbeiten.

Er entwickelte Methoden, um sie zu züchten und großzuziehen. Im Jahr 1903 veröffentlichte er einen Aufsatz über seine Experimente mit Fliegen, der weniger wegen seiner wissenschaftlichen Ergebnisse denkwürdig ist als vielmehr wegen seiner Wirkung auf die Wissenschaftlergemeinde. Jetzt wurde auch anderen Wissenschaftlern – unter ihnen Morgan – klar, wie schön die Erforschung von Fliegen ist und welche Möglichkeiten sie eröffnet.

Auf den ersten Blick scheint *Drosophila* kaum der richtige Kandidat für bahnbrechende Entdeckungen zu sein. Die Fliegen sind ungefähr drei Millimeter lang und ernähren sich von faulenden Früchten. Im Alltag begegnen sie uns vor allem in der Nähe von Müll; dort schwirren die winzigen Insekten herum und sind uns lästig, obwohl sie nicht stechen. Aber gerade weil sie Ungeziefer sind, wurden sie zu einem vielversprechenden Objekt der Wissenschaft.

Morgan folgte mit seinen Arbeiten der Tradition der Monster, das heißt, er wollte Mutanten finden und untersuchen. Mutanten sind der Schlüssel, wenn man die Funktion normaler Gene verstehen will. Wenn einer Mutante die Augen fehlen, spiegelt sich darin ein Defekt in mindestens einem Gen wider, das für die Steuerung der Augenentwicklung verantwortlich ist. Auf diese Weise werden Mutanten zum Ausgangspunkt, wenn man die Gene identifizieren will, die an der Entwicklung verschiedener Organe beteiligt sind. Aber Mutanten sind selten: Um eine einzige von ihnen herausgreifen zu können, musste Morgan Tausende von Fliegen kreuzen. Zusammen mit seiner Arbeitsgruppe legte er Hunderte von Fliegen-Brutkolonien an und suchte bei jedem einzelnen Exemplar unter dem Mikroskop nach Anomalien.

Was die meisten Menschen nicht wissen: Der Körper einer Fliege, wie er sich unter dem Mikroskop zeigt, ist von wunderschöner Komplexität. Bei mittlerer Vergrößerung erkennt man eine Vielzahl von Borsten, Stacheln und Körperanhängen, die aus den Segmenten entspringen. Morgans Arbeitsgruppe war mit allen komplexen Eigenschaften vertraut, und so wurde jede Veränderung, ganz gleich, wie klein sie war,

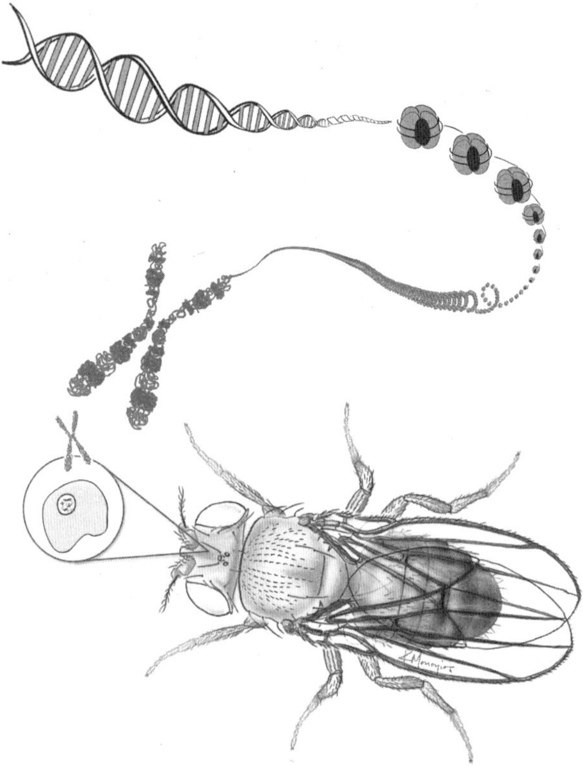

Abb. 21: Gene sind DNA-Abschnitte; sie liegen eng aufgerollt und verpackt in den Chromosomen im Zellkern. Man erkennt die Bandenfärbung des Chromosoms.

zum Gegenstand der Analyse neuer Mutanten. Viele Stunden beugten sich die Wissenschaftler über ihre Mikroskope und suchten nach Fliegen mit ungewöhnlichen Merkmalen, beispielsweise mit anormal geformten Flügeln, neuartigen Streifenmustern oder veränderten Extremitäten.

Gene sind, wie wir heute wissen, DNA-Sequenzen, die in den Chromosomen eng gebündelt sind. Chromosomen liegen im Zellkern, und unter den richtigen Bedingungen kann man sie im Mikroskop erkennen. Morgan wusste noch nichts über DNA, aber die Chromosomen konnte er sehen. Sie boten ihm einen Zugang zu den Genen.

Morgan entwickelte ausgetüftelte Methoden, um die anatomischen Verhältnisse der Mutanten mit ihrem genetischen Material in Verbindung zu bringen. Wie seine Arbeitsgruppe herausfand, liegen riesige Chromosomen in den Speicheldrüsen der Fliegen. Wenn man sie entnimmt und mit einem roten, aus einer wilden Flechte gewonnenen Farbstoff behandelt, erkennt man auf den Chromosomen einer Reihe weißer und schwarzer Streifen, manche davon dick, andere dünn. Nun kartierte Morgan das Muster dieser weißen und schwarzen Banden bei normalen und mutierten Fliegen. Im Vergleich erkannte er Unterschiede im Streifenmuster und damit die Stellen, an denen die Chromosomen voneinander abwichen. Letztlich wurde damit deutlich, wo sich in den Chromosomen die genetische Veränderung abgespielt hatte, die für die Mutation verantwortlich war.

Die Fliegen ernährten sich von verfaulten Bananen, und so zog sich ständig ein Müllgeruch durch Morgans Labor. Taufliegen zu erforschen bedeutete, dass man stundenlang unter derartigen Bedingungen durch ein Mikroskop blicken musste.

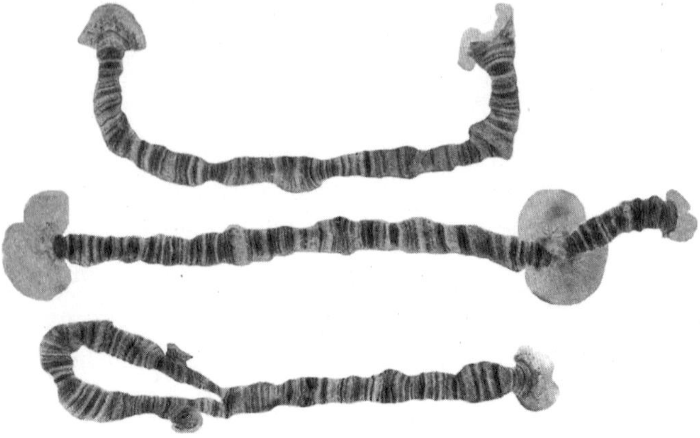

Abb. 22: Chromosomen der Zuckmücke *Chironomus prope pulcher* mit schwarzen und weißen Streifen.

Erfolg konnten in einem solchen Institut nur besondere Menschen haben, die sich trotz allem auf den Körperbau der Fliegen, Chromosomenbanden und Mutanten konzentrierten. Hier ging es um eine der umfassendsten Fragen nach dem Lebendigen: Wie wird Information von einer Generation zur nächsten weitervererbt?

Anfangs war Morgans Labor in beengten Räumlichkeiten an der Columbia University untergebracht. Hier wurden Fliegen in riesiger Zahl gehalten, gekreuzt und unter dem Mikroskop untersucht. In dem auch als »Fliegenzimmer« bekannten Labor arbeiteten zahlreiche prominente Biologen des 20. Jahrhunderts, denn Morgan lockte einige der besten und klügsten Köpfe an. Er blieb 14 Jahre an der Columbia University, aber 1928 zog er mit seinem ganzen Institut an das California Institute of Technology (= Caltech). 1933 erhielt er den Nobelpreis.

Einer seiner ersten Studenten besaß eine legendäre Begabung für die Arbeit mit Fliegen. Calvin Bridges (1889–1938) hatte nicht nur den besten Blick, um mutierte Fliegen zu erkennen, sondern auch die Geduld, stundenlang nach ihnen zu suchen. Bridges spürte unter den Fliegen winzige Unterschiede auf, die anderen verborgen blieben. Außerdem trieb er die technische Entwicklung voran: Mit dem Wechsel zum Binokularmikroskop erweiterte er sein Blickfeld, und das führte zu der Entdeckung, dass die Fliegen sich gut mit Agar füttern lassen. Das war für das Labor eine wichtige Veränderung: Jetzt roch es im Fliegenzimmer nicht mehr nach verfaulten Bananen.

Bridges mit seinem aufrechtstehenden Haarschopf, der den Gesetzen der Physik Hohn zu sprechen schien, war ein ruheloser Mensch. Wenn er nicht lange Stunden im Labor verbrachte, verschwand er oft für längere Zeit. Einmal kam er mit den Bildern eines neuen, von ihm entworfenen Autos zurück. Viele Gerüchte sprachen von amourösen Abenteuern, und Morgan missbilligte sein Privatleben. Wegen des Geraunes über seine Affären wurde er am Caltech nie auf eine Dauerstelle befördert. Als Bridges mit noch nicht einmal 50 Jahren starb, machte im Labor die Behauptung die Runde, er sei vom eifersüchtigen Ehemann einer Geliebten ermordet worden. Die Realität war ebenso tragisch. Kürzlich bat einer meiner Genetikerkollegen seinen Bruder, einen Bezirksstaatsanwalt aus Los Angeles, Bridges' Sterbeurkunde herauszusuchen. Er war an den Komplikationen einer Syphiliserkrankung gestorben.

Nach außen bewahrte die Institutsbelegschaft strenges Stillschweigen über Bridges' Privatleben. Er hatte ungeheuer viel zu Morgans Arbeit beigetragen, und als sein Vorgesetzter 1933

Abb. 23: Calvin Bridges und seine Frisur

den Nobelpreis für Physiologie oder Medizin erhielt, teilte er das Preisgeld nach Bridges' frühzeitigem Tod mit dessen Angehörigen.

Auch wenn Bridges vor allem dafür bekannt war, dass er mutierte Fliegen mit geringfügigen Unterschieden in Farbe, Flügelform oder Borstenverteilung ausfindig machen konnte, war eine seiner berühmtesten Entdeckungen relativ leicht nachzuvollziehen. Selbst ein unbedarfter Amateur hätte sie nicht übersehen. Schon ihr Name – *Bithorax* – sagt alles: Statt zwei *Thorax*-Segmenten und Flügeln hatten diese Fliegen vier. Ein ganzer Körperabschnitt mit Flügeln und allem Zubehör war verdoppelt.

Bridges zeichnete den Körperbau der Fliege ab und beschrieb ihre Anatomie. Dann tat er, was Genetiker tun, wenn sie eine Mutante finden: Er züchtete die Abstammungslinie

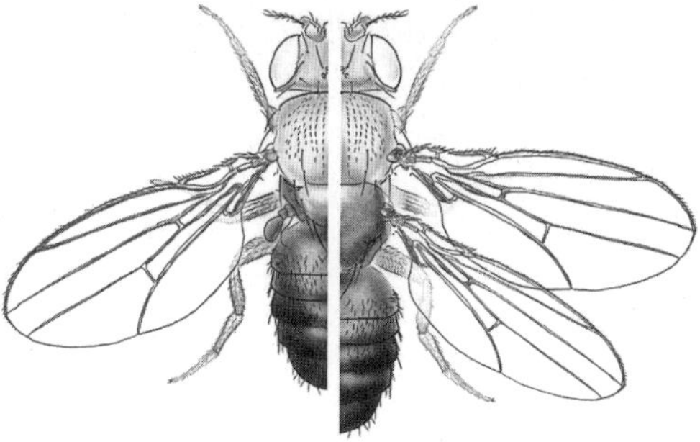

Abb. 24: Links eine normale Taufliege, rechts die *Bithorax*-Mutante

heran und sorgte dafür, dass sie im Fliegenlabor des Caltech weiterlebte. So machte er aus den Mutanten eine stabile Kolonie, die man unbegrenzt am Leben erhalten konnte.

Als Nächstes wollte Bridges herausfinden, an welcher Stelle auf dem Chromosom sich die Veränderung abgespielt hatte. Mit Morgans Färbemethode konnte er in den Speicheldrüsenchromosomen eine Region ausfindig machen, bei der sich das Streifenmuster der doppelflügeligen Mutante und der normalen Fliegen unterschied. Die *Bithorax*-Mutante war entstanden, weil sich das Fliegenchromosom in einer breiten Region verändert hatte.

Mit ihren Bestrebungen, ein einziges Merkmal der Fliegen zu verstehen, eröffneten Morgan und Bridges eine ganz neue Welt voller Herausforderungen und Gelegenheiten. Zusammen mit anderen wiesen sie nach, dass verschiedene Merkmale der Fliegen erblich sind. Irgendein biologisches Material wird von Generation zu Generation weitergegeben und befiehlt dem Fliegenembryo während seiner Entwicklung, Flügel zu bilden und an der richtigen Körperstelle anzubringen.

Bridges' Mutante zeigte, dass dieses Material in einem Stück der Fliegenchromosomen lag. Aber was war das für ein Material, das Organe und den ganzen Körper entstehen lässt, und wie übt es seine magische Wirkung aus? Was könnte es uns darüber sagen, wie ein Körper aufgebaut ist und wie seine Evolution im Laufe der Jahrmillionen abgelaufen ist?

Perlen auf einer Schnur

Bei Edward Lewis (1918–2004) wurde die Leidenschaft für Fliegen geweckt, als er eine Anzeige in einer Zeitschrift sah. Er wuchs in Wilkes-Barre im US-Bundesstaat Pennsylvania auf und verbrachte mit seiner brennenden Neugier lange Stunden in der örtlichen Bibliothek. Als er eine Reklame für Taufliegen sah, machte er den Biologieclub seiner Highschool darauf aufmerksam. Der Club richtete eine Fliegenkolonie ein, und Lewis fing an, mit den Insekten herumzuspielen.

1939, ein Jahr nach Bridges' Tod, trat Lewis ins Caltech ein und lernte dort die Hilfsmittel der Genetik kennen, bei deren Entwicklung man im Fliegenzimmer Pionierarbeit geleistet hatte. Er war ein stiller Mann und folgte einem sehr strengen Tagesrhythmus: Den frühen Morgen verbrachte er im Labor, um acht Uhr ging er zum Training, dann folgten weitere einsame Arbeitsstunden und ein spätes Mittagessen im Athenaeum, dem berühmten Club für das Caltech-Personal; anschließend ging er wieder an die Arbeit, und vor dem Abendessen spielte er auf seiner geliebten Flöte. Wie Bridges verfügte er über die Fähigkeit, stundenlang am Mikroskop sitzen und Fliegen untersuchen zu können. Am liebsten ar-

Abb. 25: Ed Lewis mit seiner Flöte im Wohnzimmer eines Freundes

beitete er allen Berichten zufolge in den Stunden nach dem Abendessen, wenn er in das stille Labor zurückkehrte. Für Lewis waren die Suche nach mutierten Fliegen und ihre anschließende Kreuzung eine Form der Meditation.

Der Zuchtraum, in dem Bridges seine großen technischen Fortschritte gemacht hatte, war immer noch in Betrieb und beherbergte die berühmten *Bithorax*-Mutanten. Als Lewis mit seinen Untersuchungen begann, erkannte er die Mutation und hatte auch eine Ahnung von ihrem Aufbau. Bridges' Karte zeigte, dass sie mehrere Banden auf dem Chromosom überspannte; deshalb glaubte er, sie sei ein Teil einer Region, die nicht nur ein Gen enthielt, sondern viele, die an der Entwicklung beteiligt waren.

Um das genetische Material zu isolieren, das die zusätzlichen Flügel erzeugte, entwickelte Lewis eine neue, zeitaufwendige Methode zur Analyse der *Bithorax*-Region. Er beschäftigte sich jahrzehntelang mit seinen Untersuchungen und veröffentlichte in der Zeit, in der er sich *Bithorax* widmete, über zehn Jahre lang keinen einzigen wissenschaftlichen Artikel. Der sechsseitige Aufsatz, der 1978 schließlich erschien, war so revolutionär wie undurchschaubar. Um alles zu verstehen, muss man ihn mehrmals lesen, denn er ist vollgestopft mit Erkenntnissen, die sich aus einem ruhigen Leben mit den Fliegen abgeleitet hatten.

Lewis hatte eine leistungsfähige neue Methode entwickelt: Er entfernte aus einem Chromosom der Fliege einen großen Abschnitt und sah dann zu, welche Auswirkungen dies während der Embryonalentwicklung auf den Körperbau hatte. Anschließend fügte er kleine Abschnitte nacheinander wieder ein und beobachtete wiederum die Auswirkungen auf den Körper. Mit diesem Verfahren konnte er feststellen, welche Wirkungen einzelne isolierte Chromosomenabschnitte haben können.

Sein Ansatz erinnert mich an das Heilfasten, ein Ernährungskonzept, mit dessen Beliebtheit es immer wieder auf und ab geht. Man fastete mehrere Tage und nahm dann Lebensmittel aus einzelnen Kategorien isoliert zu sich. Wenn man vollständig auf Nahrung verzichtet hatte und dann einige Tage nur Milchprodukte aß, konnte man sehen, wie sich Eier, Milch und Käse auf die Lebensenergie, die Stimmungslage und anderes auswirken. Nahm man nach dem Fasten Lebensmittel in unterschiedlichen Kombinationen wieder zu sich, konnte man Wechselwirkungen beobachten, beispielsweise solche zwischen dunklem Blattgemüse und Milchprodukten. Etwas Ähnliches tat Lewis mit dem großen Chromosomenabschnitt, der die *Bithorax*-Mutation enthielt: Er nahm ihn vollständig heraus, ließ die Tiere sich entwickeln, beobachtete die Wirkungen und fügte dann einzeln und in verschiedenen Kombinationen Stücke hinzu, wobei er festhielt, wie sich dies während der Entwicklung zur ausgewachsenen Fliege auswirkte.

Mit seinem genetischen Ausschneiden und Einfügen konnte Lewis zeigen, dass es sich bei *Bithorax* tatsächlich nicht um ein einzelnes Gen handelt, sondern um eine Gruppe aus vielen Genen. Sie liegen auf dem Chromosom hintereinander wie die Perlen einer Halskette. Die Gene, so seine Vermutung, bauen durch ihr Zusammenwirken den Embryo auf, und dabei hat jedes Gen seine eigene Funktion. Aber das war noch nicht das Bemerkenswerteste.

Der Körper einer Fliege gliedert sich von vorn nach hinten in Segmente – diese bilden Kopf, Brust und Hinterleib. Die Segmente tragen Anhänge: Am Kopf befinden sich Antennen und Mundwerkzeuge, an der Brust Flügel und Beine, am Hinterleib Stacheln und Borsten. Wie Lewis feststelle, steuert jedes Gen der *Bithorax*-Region ein Segment des Fliegenkörpers. Ein Gen sorgt dafür, dass am Kopf die Antennen wachsen, ein anderes bringt an den Brustsegmenten die Flügel und Beine hervor. Diese Gene sind also von Bedeutung für die Entstehung des grundlegenden Körperbauplanes. Der Aufbau des Körpers von vorn nach hinten – vorn der Kopf, in der Mitte Brustteil, Flügel und Beine, hinten der Hinterleib – ist genetisch codiert. Und zur allgemeinen Überraschung der Fachleute spiegelte sich der Körperbau in der Position der Gene auf dem Chromosom wider: Am einen Ende liegen Gene, die im Kopf aktiv sind, am anderen die für den Hinterleib und in der Mitte diejenigen für den Brustteil. Der grundlegende Aufbau des Körpers ist ein Spiegelbild der Aktivität und Struktur des Genoms.

Lewis' Entdeckung war zwar spannend, viele biologische Überlegungen ließen aber darauf schließen, dass sie möglicherweise nur für Fliegen galt. Zum einen unterscheiden sich die Segmente einer Fliege stark von den Körperteilen anderer Tiere, beispielsweise Fischen, Mäusen und Menschen. Fliegen haben weder eine Wirbelsäule noch Rückenmark oder andere Strukturen, die man in einem Körper wie dem unseren findet. Fische, Mäuse und Menschen wiederum besitzen weder Antennen noch Flügel oder Borsten.

Noch größer sind die Unterschiede in der Entwicklung der Fliege. In dieser Phase bestehen die meisten Tiere aus Millionen von Zellen, die jeweils einen eigenen Zellkern enthalten. Ein Fliegenembryo sieht aus wie eine einzige Zelle mit vielen Zellkernen, wie ein riesiger, mit genetischem Material gefüllter Beutel. Wenn man etwas darüber aussagen will, wie Tiere sich im Allgemeinen entwickeln und wie ihre Evolution aussieht, wäre eine Fliege der letzte Organismus, auf den man kommen würde.

Das Monsterpüree

Als Lewis 1978 seinen Artikel über *Bithorax* veröffentlichte, erlebte die biologische Forschung gerade eine technische Revolution. Zu Morgans Zeiten waren Gene eine Art »Blackbox« gewesen: Man konnte zwar ihre Auswirkungen auf den Körper und auch ihre Lage auf dem Chromosom beobachten, aber man wusste so gut wie nichts darüber, wie sie funktionieren, ganz zu schweigen von der Tatsache, dass es sich um DNA-Abschnitte handelt.

In den 1980er Jahren dagegen, wenige Jahre nachdem Lewis' Artikel erschienen war, konnte man Gene sequenzieren und herausfinden, an welchen Stellen im Organismus sie aktiv Proteine produzieren. Mike Levine und Bill McGinnis, die in der Schweiz im Labor von Walter Gehring (1939–2014) arbeiteten, hatten Zugriff auf eine mutierte Fliege, bei der am Kopf, wo normalerweise eine Antenne ansetzen würde, ein Bein wuchs. Von dem Bein abgesehen, entwickelte der Kopf sich normal. Ganz ähnlich wie bei Bridges' mutierter Fliege mit den überzähligen Flügeln oder Batesons durch Ausschneiden und Einfügen entstandenen Varianten, so waren auch bei die-

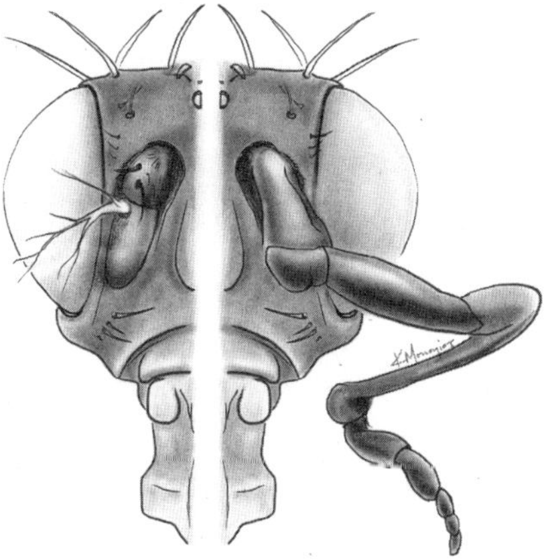

Abb. 26: Links eine normale Fliege, rechts die Mutante. Sie wurde auf den Namen *Antennapedia* getauft, weil bei ihr Beine an Stellen wuchsen, an der sich normalerweise Antennen befinden sollten.

ser Mutante die Körperteile durcheinandergeraten, und der Defekt betraf ganz gezielt ein Segment im Kopf.

Mit gentechnischen Methoden, von denen Bridges nicht einmal geträumt hatte, konnten Levine und McGinnis das für die Mutation verantwortliche Gen isolieren. Dann überprüften sie mit einem besonderen DNA-Stück, wo das Gen während der Entwicklung aktiv ist. Erinnern wir uns: Aktive Gene stellen Proteine her. Zu diesem Zweck bedienen sie sich als Zwischenprodukt eines anderen Moleküls, nämlich der RNA. Um festzustellen, wo Gene aktiv sind, muss man also wissen, wo RNA produziert wird. Die beiden koppelten einen Farbstoff an ein Molekül, das die RNA überall im Fliegenkörper aufspüren konnte. Wenn sie das Gebräu während der Entwicklung in einen Fliegenembryo injizierten, sammelte der Farbstoff sich an den Stellen, an denen das Gen eingeschaltet war, und die Vererbung wurde unter dem Mikroskop sichtbar.

Das Gen der *Antennapedia*-Mutante, bei der ein Bein am Kopf wuchs, war normalerweise an einer ganz bestimmten Stelle aktiv: im Kopf. Es steuerte die Entstehung des Organs, das sich im Kopf bildete, ganz gleich, ob es sich um eine Antenne oder wie bei der Mutante um ein Bein handelte. Dieser Befund kommt uns bekannt vor: Etwas Ähnliches hatte Ed Lewis schon Jahre zuvor bei seinen Untersuchungen an den Chromosomen von *Bithorax* beobachtet. Wie bereits erwähnt, hatte auch er mehrere hintereinander auf dem Chromosom aufgereihte Gene gefunden, von denen jedes für ein Körpersegment spezifisch war, und kontrollierte, welches Organ sich dort entwickelte. Vielleicht war dieses für den Kopf zuständige Gen der Vorbote weiterer Entdeckungen: Es gehörte zu einer ganzen Gruppe von Genen, die darüber bestimmen, was in jedem einzelnen Körpersegment der Fliege geschieht.

Der Befund führte Levine noch einmal zu dem 1978 erschienenen Artikel von Lewis. Er las ihn immer wieder – insgesamt mehr als 50 Mal –, aber wie er selbst erklärte, »habe ich ihn immer noch nicht völlig verstanden«.

Lewis' Artikel brachte Levine und McGinnis auf die Spur einer seiner wichtigsten Prophezeiungen: Es sollte eine Reihe ähnlicher Gene geben, die auf dem Chromosom nebeneinander liegen. Nachdem die beiden das *Antennapedia*-Gen isoliert hatten, machten sie sich auf die Suche nach weiteren Genen in seiner Nachbarschaft. Die Methode war grobschlächtig: Sie pürierten Fliegen, isolierten daraus die DNA, trugen die Mischung auf ein Gel auf und fügten ihr Gen mit einem Farbstoff hinzu. Dahinter stand der Gedanke, dass das Gen wie ein molekularer Fliegenfänger wirken und sich an jedes Gen mit ähnlicher Sequenz anheften würde. Der Farbstoff würde sie dann in die Lage versetzen, solche Gene zu finden und zu isolieren.

Das Ergebnis war eindeutig: Es gibt im Genom viele weitere, ähnliche Gene. Levine und McGinnis sequenzierten sie und stellten dabei fest, dass alle diese Gene den gleichen kleinen DNA-Abschnitt enthalten. Durch einen erstaunlichen Zufall machte Matt Scott an der University of Indiana unabhängig davon die gleiche Entdeckung.

Nachdem man nun die Sequenz der Gene kannte, konnte man in größerem Umfang die gleichen Methoden anwenden und der Frage nachgehen, wo sie im Körper der Fliege während der Entwicklung aktiv sind und wo sie im Chromosom liegen. Mit den Kunstgriffen, die man bei der ersten Mutante angewandt hatte, gelangten Wissenschaftler aus der ganzen Welt zu einem überraschend schönen Befund: Diese Gene liegen nebeneinander auf dem Chromosom, und jedes von ihnen ist in einem anderen Körpersegment der Fliege aktiv.

Inmitten der hektischen Experimente unterhielt sich Levine eines Tages mit einem Wissenschaftler aus einem anderen Institut, der ihn darauf hinwies, dass Fliegen nicht die einzigen Tiere sind, die Körpersegmente haben. Ein Regenwurm ist im Wesentlichen ein Schlauch aus blockförmigen Segmenten, die im Körper hintereinanderliegen. Warum nicht Regenwürmer untersuchen? Vielleicht wurden die Segmente auch bei ihnen durch Gene festgelegt.

Angeregt durch den beiläufigen Kommentar, liefen Levine und McGinnis in den Garten hinter ihrem Institut und sammelten alle kriechenden und krabbelnden Tiere, die sie finden konnten: Würmer, aber auch Fliegen und andere Insekten. Nachdem sie aus allen die DNA gewonnen hatten, gingen sie der Frage nach, ob die Gene auch hier in einer ähnlichen Reihenfolge angeordnet sind. So war es. Und auch damit waren sie noch nicht am Ende. Wie sich herausstellte, findet man die gleiche Anordnung in der DNA von Fröschen, Mäusen und sogar Menschen.

Die Forschungsarbeiten an Würmern, Fliegen, Fischen und Mäusen brachten eine allgemeingültige Erkenntnis über den Körper von Tieren ans Licht. Verschiedene Versionen der Gene, die bei den Fliegen für den Körperbau sorgen, finden sich praktisch überall, von Würmern bis hin zu Menschen. In allen Fällen sind sie auf dem Chromosom nebeneinander wie die Perlen einer Kette aufgereiht. Und offensichtlich ist jedes Gen in einem ganz bestimmten Körpersegment aktiv – in

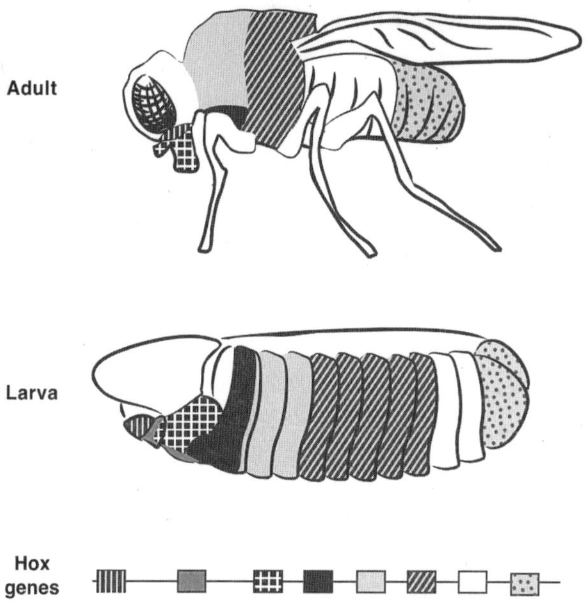

Abb. 27: Die wie Perlen auf einer Kette angeordneten *Hox*-Gene sind in den Körpersegmenten von Fliegen und Mäusen aktiv.

einem Teil von Kopf, Brust oder Hinterleib. Wie Lewis als Erster beobachtete, stimmt die Position der Gene im Chromosom mit ihrer Aktivität auf der von vorn nach hinten verlaufenden Körperachse überein.

Die Artikel mit der Beschreibung dieser Gene lagen in dem Stapel, der mir vor fast 40 Jahren den Anlass bot, mich mit Genetik und Molekularbiologie zu beschäftigen.

Im Jahr 1995 ehrte das Nobelkomitee Edward Lewis dafür, dass er der Biologie ganz neue Perspektiven eröffnet hatte. Er nahm den Preis für Medizin an, war dabei aber spektakulär zurückhaltend. In seinem Nobelpreisvortrag sagte er, der Preis sei nichts im Vergleich zu seiner ersten und zweiten Liebe, »den Fliegen und der Wissenschaft«.

Die Welt der Käfer, Fliegen und Würmer ist ein Mischmasch von Arten mit unterschiedlich vielen Segmenten und verschiedenartigen Körperanhängen, die daraus entspringen. Stellen wir uns beispielsweise einen Hummer vor: Er hat vorn die Antennen, dann folgen große Scheren, kleine Scheren und Beine. Jede Extremität setzt an einem eigenen Körpersegment an. Bei Hundertfüßern entspringen aus allen Segmenten genau gleich aussehende Beine. Menschen haben Wirbel, Rippen und Gliedmaßen, die entlang des Körpers angeordnet sind. Nachdem man diese Gene kannte, konnte man die Frage stellen, wie sich die grundlegenden Körperbaupläne der Tiere entwickeln und wie sie in der Evolution entstanden sind.

Calvin Bridges hatte in groben Zügen den Chromosomenabschnitt nachgewiesen, der ein zusätzliches Flügelpaar entstehen ließ; Ed Lewis hatte gezeigt, dass diese Region viele Gene enthält, von denen jedes in einem ganz bestimmten Körperteil aktiv ist, und Levine, McGinnis und Scott hatten erkannt, dass diese Gene bei allen Tieren vorhanden und demnach uralt sind. Das wurde für eine neue Wissenschaftlergeneration zur Inspiration: Jetzt ging man der Frage nach, wie diese Gene funktionieren.

Ausschneiden und Einfügen

Als meine Kinder noch klein waren, fanden sie am Strand von Cape Cod regelmäßig winzige, wie Garnelen geformte Tiere. Sie stießen sie an, beobachteten die Reaktion und gaben ihnen dann den Spitznamen »Jumpies« (»Springerle«). Diese Tiere, die ansonsten auf den Namen Flohkrebse hören, sind ungefähr einen guten Zentimeter lang, durchsichtig und graben sich am Strand in den Sand ein. Wenn man sie reizt, können sie sich zusammenziehen und bis zu 30 Zentimeter hoch in die Luft springen. Die von den Stränden bekannte Form ist nur eine von ungefähr 8000 Arten. Sie alle besitzen die bemerkenswerte Fähigkeit, sich mit vielfältigen Formen des Schwimmens, Grabens und Springens fortzubewegen. Das bewerkstelligen sie mit Beinen, die so vielseitig sind wie ein Schweizer Taschenmesser: Manche sind groß, andere klein, manche weisen nach vorn, andere nach hinten. Ihr wissenschaftlicher Name *Amphipoda* trägt auf Griechisch der Tatsache Rechnung, dass sie nach hinten und vorn weisende Beine besitzen: *amphi* heißt »zweifach« und *poda* sind die Beine.

Nachdem der Biologe Nipam Patel 1995 in Chicago sein eigenes, unabhängiges Labor eingerichtet hatte, wollte er das ideale Tier finden, an dem man untersuchen konnte, wie Gene den Aufbau eines Körpers bewerkstelligen. Da die Flohkrebse so viele verschiedenartige Beine vorzuweisen haben, kam ihm der Verdacht, dass sie die idealen Objekte für die nähere Erforschung von Lewis' Genen sein könnten. Jahrelang stöberte er in deutschen Büchern aus dem 19. Jahrhundert nach der idealen Flohkrebsart für Laboruntersuchungen. Das 19. Jahrhundert war eine Blütezeit der anatomischen Abbildungen und Beschreibungen, und in den Bibliotheken waren den verschiedenen Organismengruppen ganze Regale gewidmet. Nachdem er die Beschreibungen und Lithographien studiert hatte, entwickelte Patel einen Plan, der auch sehr hübsch zu seinem langjährigen Hobby passte.

Wer Patels Wohnhaus in Chicago besuchte, musste ein riesiges Salzwasseraquarium in der Mitte seines Wohnzimmers umrunden. Als begeisterter Amateuraquarianer kam er durch seine Erfahrungen mit dem Filtersystem seines heimatlichen Fischbeckens auf eine Idee. Das Wasser sauber zu halten wurde regelmäßig zum Problem; insbesondere musste er aus dem Filter die kleinen Tiere beseitigen, die sich dort ansammelten und vermehrten. Dabei fiel ihm zwangsläufig auf, dass unter dem Schmutz auch wirbellose Tiere saßen, die im Schlamm gruben. Offensichtlich liebten sie die nährstoffreichen Teilchen, die vorbeischwammen und ihnen ein angenehmes Leben ermöglichten.

Das brachte Patel auf eine Idee. Wenn winzige Tiere schon sein kleines Filtersystem mochten, konnte man sich leicht vorstellen, welche Artenvielfalt man im Filterschlamm der riesigen Salzwassertanks im Shedd Aquarium seiner Heimatstadt finden würde. In diesen Tanks lebten Haie, Rochen, mehr als 50 Arten großer Fische und von Zeit zu Zeit sogar ein menschlicher Dozent im Taucheranzug. Patel schickte einen Doktoranden mit einem Eimer los. Was würde er finden? Aufgrund seiner eigenen Erfahrungen mit Aquarien vermutete er, dass der Schlamm widerstandsfähige kleine Tiere beherbergen würde, die ihm im Labor nützlich sein konnten.

Die Filter des Shedd Aquarium erwiesen sich als Paradies für kleine wirbellose Tiere. In Nipams Labor brachte ein Doktorand mehrere Tage damit zu, die Filter abzukratzen und sich die Lebewesen unter dem Mikroskop anzusehen. Insbesondere eines davon war für die Forschung höchst vielversprechend. Der Flohkrebs namens *Parhyale* war klein, in kurzer Zeit aufgewachsen und vermehrte sich schnell. Außerdem hatte er viele verschiedenartige Körperanhänge. Damit sah er nach einem idealen Versuchstier aus. Patel machte sich daran, *Parhyale* im Labor zu züchten und die Experimente in Gang zu setzen. Morgan hatte an Fliegen die Funktionsweise der Vererbung untersucht; Patel war entschlossen, mit Hilfe der Flohkrebse zu verstehen, wie Gene einen Körper aufbauen.

Nicht lange nachdem Patel die Parhyale-Flohkrebse aus dem Shedd Aquarium erhalten hatte, verlegte er seinen Arbeitsplatz von Chicago an die University of California in Berkeley und nahm dort ein Forschungsprogramm in Angriff, in dessen Mittelpunkt die kleinen Tiere standen. Berkeley, Patel und *Parhyale* erwiesen sich als verheißungsvolle Kombination, denn in Berkeley arbeitete auch Jennifer Doudna, eine der Wissenschaftlerinnen, die CRISPR-Cas entdeckten, eine neue Methode zur Veränderung des Genoms. Mit diesem Verfahren können Wissenschaftler mit zweierlei Hilfsmitteln ganz bestimmte Genomabschnitte herausgreifen: Mit einem molekularen Skalpell zerschneiden sie die DNA, und mit einer Steuerung dirigieren sie das Skalpell an den richtigen Ort. Doudna und ihre Kollegen aus der ganzen Welt hatten 2013 nachgewiesen, dass man die DNA verschiedener Arten sehr präzise zerschneiden und »redigieren« kann. Mit ihrem CRISPR-Skalpell ließen sich Gene aus dem Genom herausschneiden. Wenn man dann die Embryonen großzog, konnte man beobachten, wie sich die Beseitigung einzelner Gene auswirkt. In weiteren, komplizierteren Experimenten konnte man Gene austauschen oder ihre Sequenz verändern.

Diese leistungsfähige Methode brachte Patel auf eine Idee: Warum sollte man die Gene von *Parhyale* nicht so verändern, dass in einem Körpersegment die genetische Aktivität eines anderen herrschte? Konnte man auf diese Weise Extremitäten und andere Körperteile hin und her schieben?

Parhyale hat entlang seines ganzen Körpers die verschiedensten Extremitäten – jedes Segment enthält ein anderes Anhangsgebilde. Die vordersten Segmente des Kopfes tragen Antennen, dann folgen solche, die Teile des Kiefers enthalten. (Die Kiefer und Mundwerkzeuge der wirbellosen Tiere bezeichnen wir als Extremitäten, weil sie wie die Beine von einem Körpersegment ausgehen.) Der Brustteil enthält größere Gliedmaßen, von denen manche nach vorn und andere nach hinten weisen. Auch vom Hinterleib gehen winzige Extremitäten aus, die an den vorderen Hinterleibssegmenten verzweigt und weiter hinten kurze Stummel sind.

Sechs von Lewis' Genen sind während der Entwicklung der Körperachse von *Parhyale* aktiv. Wie bei Fliegen, so kann man die Körpersegmente auch hier daran erkennen, welche Extremitäten sich an ihnen entwickeln und welche Gene demnach während der Entwicklung aktiv sind. Was würde geschehen, wenn man die Verteilung der Genaktivität in den Segmenten veränderte und beispielsweise dafür sorgte, dass in den Brustsegmenten die Gene aktiv sind, die normalerweise im Hinterleib eingeschaltet werden? Würden sich dann an den Segmenten andere Gliedmaßen entwickeln? Mit der Methode zum Redigieren von Genen, die seine Kollegin in Berkeley entwickelt hatte, schaltete Patel ein Gen nach dem anderen aus.

Wie elegant die Experimente waren, zeigt sich an den Details. Am Hinterende von *Parhyale* sind während der Entwicklung drei von Lewis' Genen aktiv; sie tragen die Bezeichnungen *Ubx*, *abd-A* und *Abd-B*. Ihre Aktivität kennzeichnet vier Körperabschnitte: In dem ersten, in Richtung des Kopfes, ist

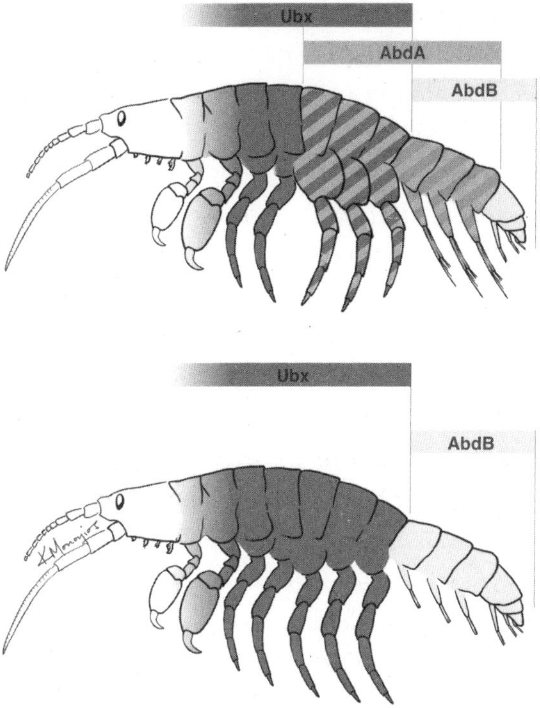

Abb. 28: Regelmäßige Genaktivitätsmuster (oben, schattierte Bereiche). Wenn man Gene entfernt und damit das Aktivitätsmuster in den Segmenten (unten) verändert, entwickeln sich im Inneren auch andere Extremitäten.

nur *Ubx* aktiv, dann folgt ein weiterer mit Aktivität von *Ubx* und *abd-A*, dann einer mit Aktivität von *abd-A* und *Abd-B*, und schließlich der vierte, in dem nur *Abd-B* aktiv ist. Das Ganze kann man sich so vorstellen, als hätte jede der vier Regionen eine genetische Adresse, die davon abhängt, welche Gene in ihnen aktiv sind. Das Muster der Genaktivität entspricht dem Typ der jeweils entstehenden Extremitäten. Wo nur *Ubx* aktiv ist, entstehen nach vorn gerichtete Gliedmaßen, *abd-A* / *Abd-B* lassen die buschförmigen Gliedmaßen entstehen, und bei Aktivität von *Abd-B* werden stummelförmige Extremitäten gebildet.

Patel hatte vor, Gene zu entfernen und damit die »Adressen« verschiedener Körpersegmente zu verändern. Was geschieht, wenn man in das Aktivitätsmuster der einzelnen Körpersegmente eingreift?

Als Patel das Gen *abd-A* entfernte, hatten die Körperteile, die zuvor durch *Ubx* / *abd-A* gekennzeichnet waren, nur noch die Adresse *Ubx*. Und die Teile, die zuvor durch *abd-A* / *Abd-B* charakterisiert waren, hießen nun *Abd-B*. Durch die Adressenänderung entstand ein schönes experimentelles Monster: Die Extremitäten dieses Tieres wiesen nach hinten, wo sie eigentlich nach vorn gerichtet sein sollten, und stummelförmige Gliedmaßen standen an der Stelle der verzweigten Strukturen. Durch die Veränderung des Genaktivitätsmusters in den Körpersegmenten bildeten sich in den einzelnen Segmenten andere Extremitäten.

Patel stellte fest, dass er die genetischen Adressen verändern und damit die Extremitäten beliebig am Körper hin und her schieben konnte. Damit schuf er nicht nur Monster, sondern er ahmte auch die natürliche Vielfalt des Lebendigen nach.

Vergleichen wir nun einmal die Flohkrebse oder *Amphipoda* mit ihren Vettern, den *Isopoda* oder Asseln. Den meisten von uns sind die *Isopoda* in Form einer ihrer am weitesten verbreiteten Artengruppen bekannt, den Landasseln. Wie der Name *Isopoda* (griechisch für »gleiche Beine«) schon vermuten lässt, weisen alle Beine nach vorn, während Flohkrebse nach vorn und hinten gerichtete Beine besitzen. Als Patel das

Gen *abd-A* bei einem Flohkrebs entfernte, sahen die so entstandenen Tiere wie Asseln aus: Alle ihre Gliedmaßen wiesen nach vorn. Damit hatte er die Natur nachgeahmt: Den Asseln fehlt in ihrer normalen Entwicklung das *abd-A*-Gen.

Veränderungen in diesen Genen sind die Ursache für die Unterschiede zwischen Tieren wie Hummer und Hundertfüßer. Wenn die großen Scheren eines Hummers gebildet werden, sind Gene in anderer Kombination aktiv, als wenn ein Bein entsteht. Und bei Tieren wie den Hundertfüßern, bei denen alle Segmente gleichartige Beine tragen, sind in den Segmenten auch ähnliche Gene aktiv. Bei Insekten, Würmern und Fliegen geben diese Gene den Weg zum Körperbau vor.

Das Monster in uns

Parhyale, Hummer und Fliegen sind nur der Anfang der Geschichte. Auch Frösche, Mäuse und Menschen besitzen Versionen der gleichen Gene. Sie haben bei Menschen und anderen Säugetieren unterschiedliche Namen. So heißen sie nicht *abd-A*, *Abd-B* und ähnlich, sondern sie tragen den Namen *Hox*, gefolgt von einer Zahl, also beispielsweise *Hox1*, *Hox2* und so weiter. Und während bei Fliegen, Würmern und Insekten nur eine einzige Kette solcher Gene auf einem Chromosom liegt, besitzen wir vier derartige Gengruppen auf vier verschiedenen Chromosomen.

Auch bei Mäusen und Menschen sind diese Gene entlang der Körperachse aktiv, und ähnlich wie bei Fliegen oder *Parhyale* verteilt sich ihre Aktivität auf verschiedene Körpersegmente. Unsere Körpersegmente bringen keine Flügel oder in verschiedene Richtungen weisende Beine hervor, sondern enthalten Wirbel und Rippen. Aber trotz solcher Unterschiede stellt sich die Frage: Funktioniert die Entwicklung bei uns wie bei *Parhyale* und Fliegen? Könnte man während der Entwicklung in die Genaktivität eingreifen und damit Mutanten mit einer abweichenden Zahl von Rippen und Wirbeln herstellen?

Die Wirbelsäule der Wirbeltiere ist nach einem Prinzip aufgebaut, von dem es kaum Abweichungen gibt: sieben Halswirbel, daran anschließend zwölf Brustwirbel, von denen jeder eine Rippe trägt, dann fünf Lendenwirbel. Auf diese Serie folgen das Kreuzbein (*Sacrum*) und beim Menschen die Überreste des Schwanzes, eine Reihe kleiner, verschmolzener Wirbel, die als Steißbein oder *Coccyx* bezeichnet wird.

Genau wie bei Fliegen und Parhyale, haben die Körpersegmente auch bei uns unterschiedliche Genaktivitätsadressen. Unsere Halsregion ist beispielsweise durch eine bestimmte Kombination *Bithorax*-artiger Gene gekennzeichnet, der Bereich der Brustwirbel durch eine andere. Auch an den Grenzen zwischen Brust- und Lendenwirbelsäule sowie zwischen Lendenwirbelsäule und Kreuzbein ändert sich die Genaktivität.

Was sind die Folgen, wenn man eine genetische Adresse gegen eine andere austauscht? Die Herstellung von Mutanten ist bei Mäusen viel schwieriger als bei Fliegen oder Parhyale. Oftmals nimmt sie Jahre in Anspruch, insbesondere weil die Generationszeit länger ist und weil mehr Gene mutieren können. Aber die Ergebnisse lohnen das Warten.

Ein Beispiel sind die Lenden- und Kreuzbeinwirbel. In der Region, aus der die Lendenwirbel hervorgehen, ist ein Gen namens *Hox10* aktiv. Im Anschluss findet sich die Kreuzbeinregion mit ihrer genetischen Adresse aus zwei Genen: *Hox10* und *Hox11*. In einer Mutante, der die *Hox11*-Gene fehlen, haben die Segmente, aus denen normalerweise das Kreuzbein entstehen würde, die genetische Adresse von Lendenwirbeln. Welche Auswirkungen hat das auf die betreffenden Körpersegmente? Das Ergebnis ist eine Maus, deren gesamtes Kreuzbein sich in Lendenwirbel verwandelt hat.

Weitere Experimente zeigten, dass sich das gleiche Prinzip auch bei anderen Genen und Körperteilen anwenden lässt. Brustwirbel tragen normalerweise Rippen. Durch das Entfernen von Genen kann man dem gesamten Hinterende der Wirbelsäule die genetische Adresse der Brustwirbel verleihen. Die Folge: Bei den Mäusen sind bis zum Schwanz überall Rippen vorhanden. Hier geschah das Gleiche wie in Patels Experimenten mit Parhyale: Durch Abwandlung der Gene veränderten sich die Körpersegmente und die Organe, die sich in ihnen entwickelten.

Die Produkte solcher Experimente kann man als Monster bezeichnen, aber damit würde man verschleiern, auf welch wunderschöne Weise sie die Mechanismen offenlegen, die hinter der Vielfalt des Lebendigen stehen. Eine Beobachtung aus dem 19. Jahrhundert, eine Entdeckung im Fliegenzimmer und die Genomforschung unserer Tage zeigen gemeinsam die Schönheit im Körperbau von Tieren. Die genetische Architektur von Fliegen, Mäusen und Menschen macht deutlich, dass wir alle Variationen des gleichen Themas sind. Die vielen Zweige im Stammbaum des Lebens entstehen durch ein gemeinsames Werkzeugarsenal.

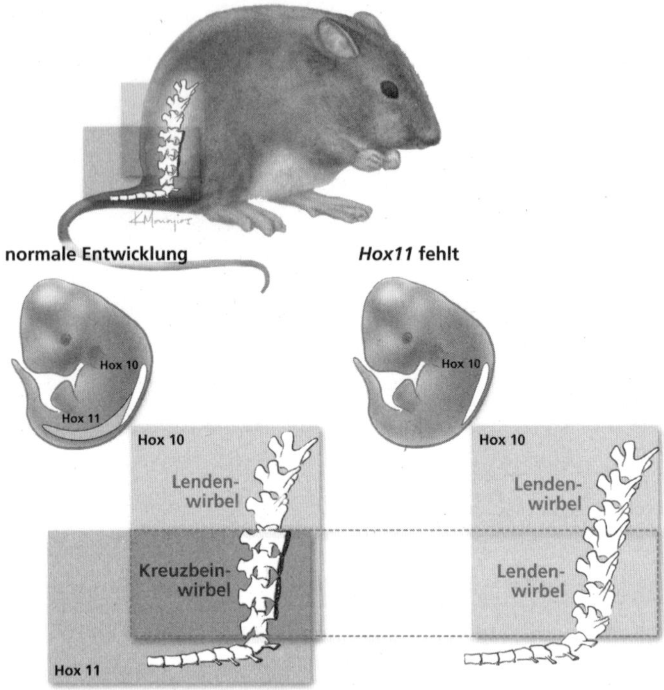

Abb. 29: Mit einer Aktivitätsveränderung von *Hox*-Genen kann man gezielt Kreuzbeinwirbel in Lendenwirbel verwandeln.

Neu nutzen, wieder nutzen, anders nutzen

Nachdem sich gezeigt hatte, dass Lewis' Gene bei den verschiedensten Arten allgegenwärtig sind, stießen längst vergessene, exotische Bücher aus dem 19. Jahrhundert auf neues Interesse. Anfang der 1990er Jahre gaben Beobachtungen und Gedanken von klassischen Naturphilosophen wie William Bateson den Anlass zu hochmodernen Experimenten. Wie Bateson bemerkt hatte, sind manche besonders häufigen Variationen dadurch charakterisiert, dass sich die Zahl von Körperteilen änderte oder dass Körperteile an der falschen Stelle heranwachsen. Calvin Bridges, Edward Lewis und die Molekularbiologen, die nach ihnen kamen, beschritten einen Weg, der schon seit nahezu 100 Jahren vorgegeben war. Und wie im 19. Jahrhundert standen Monster und Mutanten im Mittelpunkt, ob man sie nun im Labor hergestellt oder in freier Wildbahn entdeckt hatte.

Meine Ausbildung spielte sich in der Welt der Fossilien, Museumssammlungen und Expeditionen ab. Aber ein Befund motivierte mich, so schnell wie möglich die Molekularbiologie zu erlernen.

Als Wissenschaftlerteams auf der ganzen Welt die Aktivität der *Hox*-Gene bei Mäusen genauer erforschten, stießen sie auf etwas vollkommen Unerwartetes. Die *Hox*-Gene steuern bei Mäusen nicht nur die Entstehung der Wirbel und Rippen entlang der Körperachse, sondern sie sind in den verschiedensten Organen des Embryos aktiv, von Kopf und Gliedmaßen bis zu Darm und Genitalien. Man hat den Eindruck, als würden diese Gene im gesamten Körper immer wieder neu verwendet, um alle Organe aufzubauen, die ihre eigene Segmentstruktur haben. Die Genaktivitätsmuster deuteten auf eine Art biologisches Ausschneiden und Einfügen hin: Ein genetischer Prozess, der zur Ausbildung der Hauptkörperachse diente, diente auch zur Erzeugung anderer Strukturen.

Anfang der 1990er Jahre zeigte sich in einer Reihe von Experimenten, dass die fraglichen Gene in den Extremitäten im Wesentlichen auf die gleiche Weise aktiv sind wie entlang der Körperachse; sie wirken in verschiedenen Entwicklungsstadien und liefern offenbar für verschiedene Körperteile jeweils eine genetische Adresse. Das Skelett ist in allen Gliedmaßen, von den Beinen der Frösche bis zu den Flossen der Wale, ähnlich aufgebaut. Immer steht am Anfang ein einzelner Knochen, der Humerus oder Oberarmknochen. Im Anschluss an den Ellenbogen folgen dann zwei Knochen – Elle und Speiche. Und am Ende stehen die Handgelenks- und Fingerknochen. Größe, Form und Zahl der Knochen können zwar bei Lebewesen, die Flügel zum Fliegen, Flossen zum Schwimmen oder Hände zum Klavierspielen benutzen, unterschiedlich sein, aber der Grundbauplan mit einem Knochen, zwei Knochen, kleinen Knochen und Fingern ist stets zu erkennen. Er ist ein großes anatomisches Thema, ein uraltes Konstruktionsprinzip, das man trotz aller Vielfalt bei sämtlichen mit einem Skelett und Gliedmaßen ausgestatteten Lebewesen wiederfindet.

Und das ist noch nicht alles: Die drei anatomischen Abschnitte – Oberarm, Unterarm und Hand – entsprechen drei Zonen, in denen unterschiedliche *Hox*-Gene aktiv sind. Jede Region hat eine andere Genaktivitätsadresse, ganz ähnlich wie im Körper von Fliegen, *Parhyale* oder Mäusen.

Nun konnte man die nächste Frage stellen: Welche Folgen hat es, wenn man das Genaktivitätsmuster in den verschiedenen Abschnitten der Extremitäten verändert? Bei *Parhyale* und an der Körperlängsachse von Mäusen hatte man beobachtet, dass ein verändertes Genaktivitätsmuster in den verschiedenen Körpersegmenten vorhersagbare Wirkungen auf die Organe hat, die sich aus ihnen entwickeln.

In den 1990er Jahren stellten französische Wissenschaftler neue Mutanten her: Sie entfernten *Hox*-Gene, wie es Patel zuvor bei *Parhyale* getan hatte. Handelte es sich dabei um Gene, die im Schwanz aktiv waren, fehlte dieser bei der mutierten

Maus. Jetzt aber machten sie ein entsprechendes Experiment mit den Gliedmaßen. Dort sind die gleichen *Hox*-Gene aktiv, die auch den Schwanz entstehen lassen; sie definieren das endständige Segment der Extremität – die Hand oder den Fuß. Die französische Arbeitsgruppe entfernte diese Gene aus den Gliedmaßen und konnte etwas Interessantes beobachten: Die so entstehende Mäusepopulation hatte in ihren Gliedmaßen nur ein Skelett mit der Struktur aus einem Knochen und zwei Knochen. Hände dagegen fehlten völlig.

Während eines großen Teils meiner Berufslaufbahn war ich der Frage nachgegangen, wie Hände und Füße aus den Flossen von Fischen entstehen konnten. Sechs Jahre studierten meine Kollegen und ich die Fossilfunde, bis wir einen Fisch mit Armknochen und Handgelenk gefunden hatten; und jetzt zeigten die Befunde plötzlich, welche Gene unbedingt notwendig sind, damit Hände entstehen.

Dieses Ergebnis veranlasste mich, mit meinen eigenen Forschungsarbeiten einen neuen Weg einzuschlagen. Mir wurde klar, dass ich nicht nur Fossilien sammeln konnte, sondern auch Experimente mit Genen machen musste. Mit diesem Hilfsmittel konnte ich ganz neue Fragen stellen. Besitzen auch Fische diese Gene? Und wenn ja: Welche Wirkung haben sie in den Flossen?

Fische, die man auf dem Markt, bei einem Tauchgang oder in einem Aquarium sieht, haben weder Finger noch Zehen; die Flossen bestehen vorwiegend aus strahlenförmigen, durch Häute verbundenen Stützen. Der Knochen in diesen Stützen ist ganz anders gebaut als der in den Fingern. Finger bilden sich anfangs aus Knorpelstrukturen, die Flossenstrahlen der Fische dagegen entstehen unmittelbar unter der Haut. Wie wir von den Fossilien wissen, war der Übergang von den Flossen zu Gliedmaßen mit zwei großen Veränderungen verbunden: Die Finger kamen hinzu, und die Flossenstrahlen gingen verloren. Die französische Arbeitsgruppe hatte gezeigt, welche Gene notwendig sind, damit bei Mäusen die Hände und Füße entstehen; man könnte also annehmen, solche Gene gebe es nur bei Tieren mit Extremitäten. Aber das stimmt nicht. Es ist hier wie immer: Nichts beginnt da, wo man meint. Auch Fische besitzen die gleichen Gene. Aber welche Wirkung haben Gene, die bei Mäusen die Hände und Füße entstehen lassen, in den Flossen der Fische?

Dieser Frage gingen zwei junge Biologen in meinem Labor in Chicago vier Jahre lang nach. Tetsuya Nakamura vollzog zunächst die Experimente, die man mit Säugetiergenen angestellt hatte, an den Flossen von Fischen nach. Er schnitt die Gene sorgfältig heraus, aber die Tiere, denen sie fehlten, gediehen nicht gut. Wie gesagt: Die gleichen Gene sind auch bei der Entstehung der Wirbel aktiv, und deshalb konnten die mutierten Fische nicht ohne weiteres schwimmen. Nachdem er drei Jahre lang Mutanten hergestellt und beim Überleben nachgeholfen hatte, gelangte er zu einem Ergebnis: Entfernt man die fraglichen Gene aus dem Genom, fehlen den mutierten Fischen die Flossenstrahlen.

Den zweiten jungen Wissenschaftler lernte ich 1983 kennen, als mein Anatomieprofessor Lee Gehrke seinen neugeborenen Sohn zu einer Vorlesung mitbrachte. Damals wusste ich noch nicht, dass das Baby, Andrew Gehrke, 20 Jahre später in meinem Labor seinen Doktor machen würde. Wie Nakamura, so arbeitete auch Gehrke in den meisten Nächten bis drei Uhr morgens im Labor und plante Experimente. Ein kanadisches

Institut hatte die »Handgene« von Mäusen markiert, ihre Entwicklung verfolgt und auf diese Weise nachgewiesen, dass fast alle Zellen, in denen sie aktiv sind, am Ende im Handgelenk und in den Fingern liegen. Das war noch nichts wesentlich Neues. Die Überraschung lag in den Flossen der Fische. Eines Nachts verfolgte Andrew die Aktivität dieser Gene in Fischflossen und machte einen Schnappschuss. Genau dieses Foto zierte später die Titelseite der *New York Times*, und zwar aus einem einfachen Grund: Es erzählte eine wichtige Geschichte. Die Gene, die bei Mäusen und Menschen zum Aufbau der Hände gebraucht werden, sind in Fischen nicht nur vorhanden, sondern bringen dort auch die Knochen hervor, die am Ende des Fischskeletts sitzen: die Flossenstrahlen.

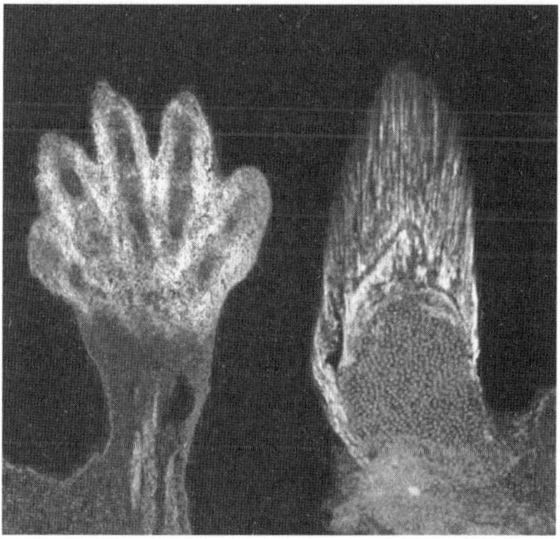

Abb. 30: Das Genaktivitätsmuster für die Bildung von Händen (links) tritt auch bei Fischen auf, wenn sich das äußerste Ende ihrer Flossen entwickelt. Die hellen Bereiche zeigen, wo ähnliche *Hox*-Gene während der Entwicklung aktiv waren.

Der Übergang von Flossen zu Gliedmaßen war auf allen Ebenen mit einer Umwidmung verbunden: Gene, die Hände und Füße entstehen lassen, sind bei Fischen vorhanden und bringen dort die Flossenenden hervor, und Versionen der gleichen Gene bauen auch die Körperenden von Fliegen und anderen Tieren auf. Große Umwälzungen in der Geschichte des Lebens sind nicht zwangsläufig mit der Erfindung neuer Gene, Organe oder Lebensweisen verbunden. Oft eröffnet sich auch durch die neuartige Nutzung uralter Merkmale ein breites Spektrum der Möglichkeiten für die Nachkommen.

Abwandlung, neuartige Nutzung oder Zweckentfremdung alter Gene sind das Ausgangsmaterial des evolutionären Wandels. Damit im Körper neue Organe entstehen, müssen genetische Rezepte nicht aus dem Nichts entstehen. Vorhandene Gene und Gen-Netzwerke können gewissermaßen aus der Schublade gezogen und so abgewandelt werden, dass bemerkenswerte neue Dinge entstehen. In der Geschichte des Lebens wurde Altes auf allen Ebenen genutzt, um Neues entstehen zu lassen – sogar, wie wir als Nächstes erfahren werden, zur Erfindung neuer Gene.

5.
Der Nachahmungstäter

Im 17. und 18. Jahrhundert war der Körper von Tieren für die Forschung ein ebenso atemberaubendes Neuland wie die Expeditionen in die fernsten Winkel der Erde. Selbst beim Menschen waren grundlegende Bestandteile des Körperbaus noch nicht entdeckt, ganz zu schweigen von den vielgestaltigen Lebewesen, die man in abgelegenen Regionen gesammelt hatte. Wie Berggipfel, Flüsse und andere geographische Gebilde, so wurden auch Körperteile häufig nach ihren Entdeckern benannt. Ihre Namen verbinden uns historisch mit den vielen hundert klugen Köpfen, die den Körperbau zum ersten Mal erkundeten. Da gibt es das Bachmann-Bündel, eine elektrische Leitungsbahn am Herzen. Im Auge finden wir den Zinn'schen Sehnenring, einen Ring aus faserigem Gewebe, der den Sehnerv umschließt. Und wer könnte das mobile Wad von Henry vergessen, das sich mehr wie ein Scherz von Studienanfängern anhört und weniger wie ein Name für ein Muskelbündel auf der Außenseite des Unterarms.

Die Entdecker, die solche Namen prägten, verewigten sich nicht einfach nur in verschiedenen Körperteilen; sie erkannten in der Natur auch tiefgreifende Gesetzmäßigkeiten. Nach dem französischen Arzt Félix Vicq d'Azyr (1748–1794) sind zwei Strukturen benannt: der Vicq-d'Azyr-Streifen und das Vicq-d'Azyr-Bündel, beide im Gehirn. Als Begründer der modernen Neuroanatomie und später der vergleichenden Anatomie ist er in der Wissenschaftsgeschichte eine unterschätzte Gestalt. Als einer der Ersten hatte Vicq d'Azyr bei seinen Vergleichen der anatomischen Strukturen verschiedener Tiere auch die Frage im Blick, aus welchen tieferliegenden Gründen die Körperteile so und nicht anders aussehen.

Vicq d'Azyr verglich nicht nur ähnliche anatomische Strukturen bei verschiedenen biologischen Arten, sondern suchte auch im Körperbau nach Organisationsprinzipien. Als er die Gliedmaßen von Menschen sezierte, wurde ihm klar, dass Vorder- und Hintergliedmaßen im Wesentlichen Kopien sind. Die Arm- und Beinknochen sind ähnlich angeordnet: ein Knochen – zwei Knochen – viele Knochen – Finger. Als er den Vergleich erweiterte, stellte er fest, dass auch die Muskeln von Armen und Beinen nach ähnlichen Prinzipien angeordnet sind, fast als wären sie Teile einer sich wiederholenden Reihe verdoppelter Organe.

Fast 70 Jahre später weitete der britische Anatom Sir Richard Owen (1804–1892) Vicq d'Azyrs Gedanken auf den gesamten Körper und alle Skelette von Tieren aus. Rippen, Wirbel und Extremitätenknochen sind offensichtlich jeweils abgewandelte Kopien – sie ähneln sich in ihrem grundlegenden Aufbau, unterscheiden sich aber geringfügig in Form, Größe und ihrer Lage im Körper. Von dieser Erkenntnis war Owen so beeindruckt, dass er die Vermutung äußerte, der Grundtypus aller Skelette von den Fischen bis zum Menschen sei ein einfaches Lebewesen mit Wirbel- und Rippenblöcken, die sich vom Schwanz bis zum Kopf erstreckten.

Damit hatten Vicq d'Azyr und Owen nicht nur grundlegende Gesetzmäßigkeiten entdeckt. Sie förderten auch eine ganz grundlegende biologische Erkenntnis zutage, die insbesondere die DNA betrifft.

Noch einmal Bridges

Die gewissenhaften anatomischen Sezierarbeiten des 18. und 19. Jahrhunderts bildeten das Vorspiel zu den akribischen Versuchen in Morgans Fliegenzimmer. Sabra Cobey Tice, einer von Morgans Studenten, fand 1913 eine einzelne männliche Fliege mit sehr kleinen Augen. Die Mutante war selten: Es war die Einzige unter Hunderten von normalen Nachkommen. Er hielt die Fliege im Labor am Leben und brachte Monate damit zu, sowohl Männchen als auch Weibchen zu finden, aber am Ende konnte er weitere Exemplare züchten.

Im Jahr 1936, zwei Jahre vor seinem Tod, entschloss sich Calvin Bridges, das genetische Material der kleinäugigen Mutanten mit neuen, besonders genauen Methoden noch einmal zu untersuchen. Die Technik passte gut zu Bridges' Begabung für Präzision. Zunächst entnahm er kleine Zellhaufen aus den Speicheldrüsen, erhitzte sie, brachte sie auf einen Objektträger, legte sie unter das Mikroskop und blickte mit hoher Vergrößerung in das Innere der Zellen. Wenn man alles richtig macht, werden unter solchen Bedingungen die Chromosomen in den Zellen sichtbar. Bridges wusste noch nichts von DNA, aber es war bekannt, dass die Gene in den Chromosomen enthalten sind.

Zahl, Form und Größe der Chromosomen von Tieren und Pflanzen sind sehr unterschiedlich. Wie wir im Zusammenhang mit *Bithorax* bereits erfahren haben, sehen Chromosomen, die man mit den von Bridges verwendeten Methoden präpariert, gestreift aus: Sie tragen dunkle und helle Banden, manche davon dick, andere dünn, und alle sind nach einem Muster, das auf den ersten Blick zufällig aussieht, abwechselnd angeordnet. In Wirklichkeit sind die Streifen genau organisiert und dienen als Koordinatensystem für die Lage der Gene, die Morgan und seine Arbeitsgruppe identifizierten. Wie gesagt: Jedes Gen ist ein DNA-Abschnitt, der dicht gefaltet und aufgewickelt ist, so dass er in die Chromosomen passt. Die Lage der Gene lässt sich anhand ihrer Anordnung in der Reihe der dunklen und hellen Banden erkennen. Eine Mutation zeigt sich dabei in einer räumlich begrenzten Veränderung des Streifenmusters. Heute wissen wir, dass die Banden einem Navigationssystem mit schlechtem Satellitenempfang ähneln: Sie geben die Lage eines genetischen Defekts in einer Mutante ungefähr an, aber nicht exakt.

Bridges präparierte die Chromosomen der kleinäugigen Fliegenmutante und verglich dann das Streifenmuster mit dem normaler Fliegen. Die beiden Muster stimmten genau überein, mit Ausnahme einer Region. Dort besaß die kleinäugige Mutante ein einzelnes besonders langes Chromosom, und ein ganzer Abschnitt mit hellen und dunklen Banden schien sich in einem benachbarten Abschnitt zu wiederholen. Bridges war überzeugt, dass sich in diesem Muster eine Verdoppelung eines Genomabschnitt widerspiegelte. Er fertigte detaillierte Notizen an und spekulierte, hier seien Gene auf anormale Weise kopiert worden; das war nach seiner Vermutung der Grund, warum die Fliege besonders kleine Augen und ein längeres Chromosom besaß.

Hatten Vicq d'Azyr, Owen und ihre Zeitgenossen im Körper eine Zusammenstellung sich wiederholender Teile gesehen, so erkannte Calvin Bridges nun Kopien im Genom. Der Gedanke von genetischer Verdoppelung fasste Fuß.

Musik für unsere Gene

Steve Jobs meinte einmal: »Picasso hat gesagt, gute Künstler würden kopieren, großartige Künstler würden stehlen – und wir [bei Apple] haben immer schamlos große Ideen gestohlen.« Was für Kunst und Technologie gilt, gilt auch für Gene. Warum etwas von Grund auf neu aufbauen, wenn man es kopieren kann?

Schon Jahrzehnte bevor Jobs sich so äußerte, wandte ein Wissenschaftler, der meist allein arbeitete, das gleiche Prinzip in aller Stille auf die Genetik an. Susumu Ohno (1928–2000) machte es sich in der City of Hope in Kalifornien zu seinem Hobby, die Struktur von Proteinen in Konzertstücke für Violine und Klavier zu übersetzen. Er wusste, dass Proteine nichts anderes sind als Aminosäureketten, und betrachtete jedes Molekül als anderen Ton. Die Musik hatte für ihn einen tiefen, fast mystischen Klang. Die Partitur, die er auf der Grundlage eines bösartigen, krebserzeugenden Proteins verfasst hatte, klang für ihn wie Chopins Trauermarsch. Eine andere, abgeleitet aus der Sequenz eines Proteins, das im Organismus zum Zuckerstoffwechsel beiträgt, war in seinen Ohren ein Wiegenlied. Aber Ohno fand in Genen und Proteinen nicht nur Töne und Melodien, sondern auch eine ganz neue Einstellung gegenüber biologischen Neuerungen.

Ohno war vom Bildungsminister der japanischen Vizekö-

Abb. 31: Susumu Ohno (links)

nigsregierung in Korea großgezogen worden und hatte das Glück gehabt, schon in sehr jungen Jahren sämtliche Bildungsmöglichkeiten und intellektuellen Herausforderungen genießen zu können. Seinen eigenen Angaben zufolge erwuchs sein Lebenswerk aus der Liebe, die er als Kind zu Pferden empfunden hatte. Als er an den Wochenenden ausritt, gelangte er zu der Überzeugung: »Wenn ein Pferd nicht gut ist, kannst du nicht viel machen.« Wenn man unterschiedliche Pferde verstehen wollte, lag der Schlüssel in Kenntnissen über die Gene, durch die sie schneller oder langsamer, stärker oder schwächer, größer oder kleiner wurden. Als er sich in Japan und später an der University of California in Los Angeles mit Genetik beschäftigte, war er über die Arbeiten von Morgan und Bridges im Bilde. Er suchte in den Chromosomen nach

Mustern, mit denen sich die Ähnlichkeiten und Unterschiede zwischen Lebewesen beschreiben lassen.

In den 1960er Jahren bediente sich Ohno nahezu der gleichen Methoden wie Bridges Jahrzehnte zuvor: Er färbte Zellen verschiedener Säugetierarten mit chemischen Substanzen, um die Banden ihrer Chromosomen darzustellen. Dann fotografierte er sie, schnitt sie aus wie die Puppen auf einem Ausschneidebogen und legte sie nebeneinander auf den Tisch. Als er die ausgeschnittenen Chromosomenfotos vor sich hatte, konnte er der Frage nachgehen, welche Unterschiede zwischen den Chromosomen verschiedener Arten bestanden. Es war eine kluge, technisch sehr einfache Methode, um die genetischen Veränderungen aufzuspüren, durch die sich biologische Arten unterscheiden.

Zu Beginn verglich Ohno die Chromosomen verschiedener Säugetierarten, von winzigen Spitzmäusen bis zu Giraffen. Die erforderlichen Zellen verschaffte er sich aus Zoos und anderen Quellen. Als Erstes beobachtete er, dass die Gesamtzahl der Chromosomen bei verschiedenen Arten sehr unterschiedlich ist – sie liegt zwischen 17 Paaren bei der Oregon-Wühlmaus und 84 Paaren beim Spitzmaulnashorn.

Anschließend nahm Ohno eine Messung von eleganter Schlichtheit und weitreichenden Auswirkungen vor. Er legte die ausgeschnittenen Chromosomenfotos der einzelnen Arten auf die Waage. Dabei ging er von der Vermutung aus, dass das Gewicht der Bilder ungefähr die Gesamtmenge an genetischem Material widerspiegelt, die sich in den Zellen eines Tieres befindet. Zwar wog er nicht die Chromosomen selbst, sondern nur die Papierabzüge von Chromosomenfotos, entscheidend waren aber die Gewichtsverhältnisse. Damit die Fotos ihren Zweck erfüllten, musste Ohno die Chromosomen sehr sorgfältig ausschneiden. Als er das Gewicht der ausgeschnittenen 17 Chromosomen der Wühlmaus und der 84 Nashornchromosomen ermittelte, stellte er fest, dass es praktisch gleich war. Tatsächlich wogen die ausgeschnittenen Bilder aller untersuchten Säugetierarten von Elefanten bis zu Spitzmäusen das Gleiche. Daraus schloss Ohno, dass auch die eigentlichen Chromosomen der verschiedenen Säugetierarten das gleiche Gewicht haben. Und das, obwohl ihre Zahl bei den einzelnen Arten sehr unterschiedlich war.

Nun erweiterte Ohno seinen Vergleich auf andere Lebewesen: Besaßen auch verschiedene Amphibien- und Fischarten die gleichen Mengen an genetischem Material? Verschiedene Salamanderarten sehen sich ähnlich, und Ohno nahm an, dass ihr genetisches Material praktisch gleich sein sollte. Als er aber die Chromosomen ausschnitt und wog, erlebte er eine große Überraschung: Verschiedene, anatomisch ähnliche Salamanderarten unterschieden sich in ihrem DNA-Gehalt um das Fünf- bis Zehnfache. Bei Fröschen war es genauso. Darüber hinaus stellte die Menge des genetischen Materials bei beiden Amphibiengruppen die von Menschen und anderen Säugetieren bei weitem in den Schatten. Manche Salamander und Frösche besitzen 25-mal mehr genetisches Material als Menschen.

Mit seinen ausgeschnittenen Chromosomenfotos gewann Ohno eine Erkenntnis, die sich Jahrzehnte später in milliardenschweren Genomprojekten bestätigen sollte. Die Komplexität im Körperbau eines Tieres und die Unterschiede zwischen biologischen Arten stehen in keinem Zusammenhang mit der Menge des genetischen Materials in den Zellen. Die

Salamanderarten sahen im Allgemeinen sehr ähnlich aus, obwohl manche von ihnen in ihren Zellen zehnmal mehr DNA besaßen als andere. Jegliche überzählige DNA hatte offenbar auf die Anatomie des Tieres keine erkennbaren Auswirkungen. Deshalb vermutete Ohno, die Genome vieler Arten könnten mit sinnlosen DNA-Abschnitten durchsetzt sein. Diese DNA war, um seinen Ausdruck zu verwenden, »Schrott«.

Auf den Chromosomen der Salamander mit dem größten Genom fielen Ohno auch seltsame Bandenmuster auf: Lange Abschnitte bestanden offenbar aus sich wiederholenden oder verdoppelten Banden. Er vermutete, die gesamte überzählige DNA in den Zellen von Salamandern und Fröschen könne möglicherweise aus verdoppelten Genen bestehen, als wären manche Teile des Genoms immer und immer wieder kopiert worden. Demnach war der gesamte DNA-»Schrott« durch außer Rand und Band geratene Kopierprozesse entstanden. Eine solche überschießende Verdoppelung, so Ohnos Verdacht, könnte ein wichtiger Faktor für die großen Umwälzungen in der Geschichte des Lebens sein. Wie ein guter Detektiv wollte er verstehen, wie es dazu gekommen war und welche Folgerungen man daraus über die Evolutionsvergangenheit ableiten konnte.

Ohno wusste, dass im Rahmen der Zellteilung und Chromosomenverdoppelung Fehler auftreten können. Die Arbeitsgruppe von T. H. Morgan hatte im Fliegenzimmer zugesehen, wie sich Zellen teilten. Sie hatten die Chromosomenbanden sichtbar gemacht und verfolgt, wie sie kopiert werden und welche Fehler dadurch in den Zellen auftreten. Die meisten Tiere tragen in jeder Zelle zwei Chromosomensätze, von jedem Elternteil einen. Beim Menschen sind es 23 Paare, jedes mit einem Chromosom von der Mutter und einem vom Vater. Insgesamt haben wir also 46 Chromosomen. Während die meisten Zellen zwei Exemplare jedes Chromosoms enthalten, ist es in der Ei- und Samenzelle nur eines. Bei der Produktion der Keimzellen verdoppelt sich die DNA, und die Chromosomen werden kopiert, aber jeder Samen- beziehungsweise Eizelle wird nur ein Chromosom zugeteilt. Dabei kann etwas schiefgehen. Im Rahmen des Kopierprozesses tauschen die Chromosomen eines Paares häufig Material aus. Handelt es sich dabei nicht um einen gleichmäßigen Tausch, befinden sich am Ende in einem Chromosom mehr Genkopien und in einem anderen weniger. Auf diese Weise können Nachkommen mit vielen Kopien des gleichen Gens und einem entsprechend größeren Genom entstehen, genau wie Bridges es bei seinen kleinäugigen Fliegen und Ohno bei seinen ausgeschnittenen Chromosomenfotos beobachtet hatte.

Fehler eines anderen Typs können das gesamte Genom verändern. Nachdem die Chromosomen kopiert wurden, wandern sie in die neuen Samen- und Eizellen. Werden sie nicht richtig in ihr neues Umfeld transportiert, enthalten manche Samen- oder Eizellen unter Umständen überzählige Chromosomen. Damit ist dann nicht nur ein einzelnes Gen verdoppelt; vielmehr sind die vielen tausend Gene, die sich auf dem Chromosom befinden, zweimal vorhanden. Der Embryo, den eine solche Samen- oder Eizelle entstehen lässt, besitzt dann nicht die normalen zwei Chromosomensätze, sondern ein einzelnes zusätzliches Chromosom oder in seltenen Fällen auch einen ganzen zusätzlichen Chromosomensatz. Statt zwei Kopien jedes Chromosoms sind dann in der Samen- oder Eizelle drei oder mehr vorhanden.

Ein einzelnes überzähliges Chromosom hat auf den Embryo meist gewaltige Auswirkungen. Da sich das Gleichgewicht des genetischen Materials verändert hat, sind die fein austarierten Wechselwirkungen zwischen den Genen, die für eine normale Entwicklung notwendig sind, häufig gestört. Die Folge kann unter anderem ein Geburtsfehler sein. Das Downsyndrom entsteht, wenn der Embryo ein überzähliges Exemplar des Chromosoms Nummer 21 besitzt. Dieses Syndrom hat Auswirkungen auf den gesamten Organismus, vom Nervensystem über Kinn und Augen bis zu einer typischen Falte auf der Handfläche. Genetiker haben eine lange Liste der Wirkungen überzähliger Chromosomen zusammengestellt, vom Patausyndrom, bei dem das Chromosom Nummer 13 dreimal vorhanden ist, bis zum Edwards-Syndrom, das durch ein überzähliges Chromosom Nummer 18 entsteht. In beiden Fällen ist die Entwicklung von Gehirn, Skelett und Organen betroffen, also praktisch aller Körperteile.

Ein überzähliges Chromosom ist das eine; ganz etwas anderes ist es aber, wenn ein Embryo einen ganzen verdoppelten Chromosomensatz besitzt. Dann kann biologische Magie stattfinden. Statt der normalen zwei Kopien jedes Gens enthält er dann drei oder vier, oder auch 16 und mehr. Bei fast jeder Mahlzeit nehmen wir Lebewesen mit überzähligen Chromosomensätzen zu uns. Bananen und Wassermelonen enthalten drei Chromosomensätze; bei Kartoffeln, Porree und Erdnüssen sind es vier, bei Erdbeeren bis zu acht. Die Pflanzenzüchter erkannten schon frühzeitig, dass die Nachkommen bei der Züchtung von Pflanzen mit unterschiedlicher Chromosomenzahl manchmal überzählige Chromosomensätze enthalten und damit widerstandsfähiger oder schmackhafter werden. Warum das so ist, weiß niemand; manche Experten vermuten, das zusätzliche genetische Material werde zu neuen Zwecken verwendet und mache Wachstum und Stoffwechsel robuster.

In der Natur kommt eine solche Chromosomenvermehrung regelmäßig vor. Befruchtet eine Samenzelle, die einen überzähligen Chromosomensatz enthält, eine Eizelle mit einem weiteren überzähligen Satz, ist der Embryo unter Umständen lebensfähig und sogar besonders widerstandsfähig. Das neue Individuum ist dann anders als seine Artgenossen. Da sein Genom sich so stark von dem seiner Eltern oder Geschwister unterscheidet, kann es sich unter Umständen nur wirksam mit Individuen kreuzen, die ebenfalls den zusätzlichen Chromosomensatz besitzen. Solche Organismen sind so etwas wie *hopeful monster* (»hoffnungsvolle Monster«), genetische Mutanten, die in nur einem Schritt durch eine veränderte Zuweisung der Chromosomen zu Samen- und Eizelle entstanden sind. Auf der Welt gibt es über 600 000 Arten von Blütenpflanzen. Mehr als die Hälfte davon besitzen überzählige Chromosomensätze – die Arten sind dadurch entstanden, dass bei der Entstehung von Samen- und Eizelle eine Veränderung eingetreten war.

Was bei Pflanzen häufig vorkommt, ist bei Tieren selten. Bei Säugetieren, Vögeln und Reptilien sind derartige Mutanten fast nie lebensfähig. In anderen Tiergruppen jedoch hat eine beträchtliche Zahl von Arten überzählige Chromosomensätze – das gilt unter anderem für Reptilien, Amphibien und Fische. Echsen werden oftmals mit mehreren Chromosomensätzen geboren. Solche Individuen wachsen normal heran und sehen auch normal aus, sind aber meist unfruchtbar.

Viele Frosch- und Fischarten können aber mehrere Chromosomensätze enthalten und sich normal vermehren.

Als Ohno seine Chromosomenfotos ausschnitt, wusste er, dass sich Chromosomen, Chromosomenteile und sogar ganze Chromosomensätze durch einfache Fehler in der Zelle verdoppeln können. Deshalb malte er sich eine Welt der Kopien und der Kopien von Kopien aus. Die Duplikate waren für ihn die Samen der Neuerungen.

Die ausgeschnittenen Salamander- und Froschchromosomen gaben den Anlass zu ganz neuen Ideen darüber, wie genetische Neuerungen in der Geschichte des Lebens entstehen können. Bis dahin hatte man vor allem die Vorstellung, kleine Veränderungen in den Genen seien die Triebkraft der Evolution durch natürliche Selektion. Wie aber, so fragte Ohno, sieht die Sache aus, wenn auch die Verdoppelung von Genen ein Motor des evolutionären Wandels ist? Dann könnten vorgefertigte Neuerungen für neue Verwendungszwecke zur Verfügung stehen. Wenn ein Gen sich verdoppelt hat, sind nun zwei Gene da, wo zuvor nur eines war. Wegen solcher Redundanzen kann ein Gen unverändert bleiben und die alte Funktion aufrechterhalten, während das zweite Exemplar sich verändert und neue Aufgaben übernimmt. Auf diese Weise kann ein neues Gen auf einen Schlag und nahezu ohne Aufwand für seinen Träger entstehen.

Eine solche Voraussetzung für Veränderungen kann die Verdoppelung im Genom auf allen Ebenen schaffen. Nützliche Teile stehen bereit und können den Wandel in neue Richtungen vorantreiben – das Alte dient dazu, Neues hervorzubringen.

Nachdem Ohno die letzten Chromosomen ausgeschnitten

hatte, wurden die ersten Sequenzen verschiedener Proteine aufgeklärt. Sie bestätigten, in welchem Umfang Verdoppelungen im Genom stattfinden. Die Kopien fanden sich auf allen Ebenen: Manchmal wurden ganze Genome kopiert, oder Gene wurden verdoppelt, und sogar Teile von Proteinen enthielten wiederholte Sequenzen. Solche verdoppelten Proteine entsprachen für Ohno einer ganz besonderen Musik. Er und seine Frau Midori, eine Sängerin, wurden bei gesellschaftlichen Ereignissen häufig gebeten, ihre Musikstücke der verdoppelten Moleküle aufzuführen.

Kopien überall

Das Genom ähnelt auf allen Ebenen einem Musikstück, in dem sich die gleiche Phrase immer und immer wieder wiederholt, wobei Abwandlungen zu ganz unterschiedlichen Melodien führen. Wäre die Natur ein Komponist, sie wäre einer der größten Raubkopierer aller Zeiten – alles, von Stücken der DNA bis zu ganzen Genen und Proteinen, ist immer eine abgewandelte Kopie von etwas anderem. Verdoppelungen im Genom zu beobachten ist so, als würde man eine neue Brille tragen: Die Welt sieht anders aus. Hat man Verdoppelungen im Genom einmal gesehen, sieht man sie überall. Neues genetisches Material sieht aus wie die Kopie von etwas Altem, das zu neuen Zwecken umgewidmet wurde. Die kreative Kraft der Evolution ähnelt eher der eines Nachahmungstäters, der alte DNA, Proteine und sogar die Baupläne für Organe seit Jahrmilliarden immer wieder verdoppelt und abwandelt.

Schon die Ersten, die sich überhaupt Proteinsequenzen ansahen, darunter Zuckerkandl und Pauling, stießen sofort auf die Verdoppelungen. Hämoglobin – das Protein, das im Blut den Sauerstoff transportiert – kommt in vielen Formen vor, von denen jede im Zusammenhang mit anderen Lebensumständen steht. Ein Fötus hat andere Bedürfnisse als ein ausgewachsener Mensch; im Mutterleib stammt der Sauerstoff aus dem Blut der Mutter, beim Erwachsenen wird er von der Lunge geliefert. Für beide Lebensstadien gibt es unterschiedliche Hämoglobine, wobei das eine die Kopie des anderen ist.

Verschiedene Aminosäuresequenzen von Proteinen sind offenbar abgewandelte Versionen der gleichen Ausgangssequenz. Bekannte Beispiele findet man in allen Organen – in Haut, Blut, Augen und Nase, um nur einige zu nennen.

Das Protein, das unseren Fingernägeln, der Haut und den Haaren ihre besonderen physikalischen Eigenschaften verleiht, heißt Keratin. In jedem Gewebe befinden sich andere Keratintypen, manche davon flexibel, andere hart. Die Familie der Keratingene entstand, als ein einziges, urtümliches Gen sich verdoppelte, so dass die neuen Versionen für jedes Gewebe ein eigenes Keratin produzieren konnten.

Für das Farbensehen sind Proteine aus der Gruppe der Opsine verantwortlich. Wir Menschen können ein breites Farbspektrum sehen, weil wir drei Opsine besitzen, von denen jedes auf eine andere Lichtwellenlänge abgestimmt ist: Rot, Grün und Blau. Auch sie sind Kopien: Aus einem einzigen Opsin wurden drei, wobei sich gleichzeitig die Sehschärfe verbesserte.

Ähnliches gilt auch für Moleküle, die beim Riechen wirksam sind. Welches Repertoire von Gerüchen ein Tier wahrnehmen kann, hängt zu einem großen Teil davon ab, wie viele Gene für Riechrezeptoren es besitzt. Bei Menschen sind es ungefähr 500, aber das ist sehr wenig im Vergleich zu Hunden und Ratten: Hunde besitzen rund 1000, Ratten 1500 solche Gene. (Bei Fischen sind es ungefähr 150.) Sehen, Riechen, Atmung und praktisch alle anderen Tätigkeiten von Tieren werden erst durch verdoppelte Gene möglich. Fast jedes Protein in unserem Körper ist eine abgewandelte Kopie eines uralten Vorläufers, die für neue Funktionen zweckentfremdet wurde.

Wie Lewis und nach ihm noch viele andere erkannten, sind Gene, die einen Körper aufbauen, häufig abgewandelte Kopien früherer Gene. Das gilt auch für das von Lewis beschriebene Fliegengen *Bithorax* und die *Hox*-Gene der Mäuse. Die am Körperbauplan beteiligten *Hox*-Gene sind eine große Genfamilie, und ihre Zahl ist im Laufe der Zeit stetig gewachsen. Menschen besitzen wie Mäuse 39 *Hox*-Gene, bei Fliegen sind es nur acht. Gleiches gilt für andere wichtige Gene, die am Aufbau des Tierkörpers mitwirken. Die Gene der *Pax*-Familie – es sind insgesamt neun – spielen eine Rolle für die Entstehung von Augen, Ohren, Rückenmark und inneren Organen. *Pax6* ist an der Augenentwicklung beteiligt, *Pax4* an der Entwicklung der Bauchspeicheldrüse. Embryonen, denen diese Gene fehlen, besitzen die betreffenden Organe nicht. Ihr Urvater war ein einziges *Pax*-Gen: Dieses wurde verdoppelt, und die so entstandenen Kopien übernahmen in verschiedenen Geweben und Organen neue Funktionen.

Heute wissen wir, dass viele Gene im Genom zu Genfamilien gehören, Gruppen von Genkopien, denen wesentliche Sequenzen gemeinsam sind. Manche Familien bestehen nur aus einer Handvoll Genen, in anderen sind es Tausende, jedes davon mit einer anderen Funktion. Sie alle zeugen davon, dass während der Evolution ein sehr wirksamer Prozess abläuft.

Ohno hatte es erkannt: Kopien können den Weg zu Neuerungen ebnen. Mein Kollege Manyuan Long aus Chicago versuchte bei Taufliegen abzuschätzen, wie viele neue Gene in den verschiedenen Arten entstanden sind. Dazu bediente er sich der vollständigen Genomsequenzen, die mittlerweile für verschiedene Fliegenarten zur Verfügung standen. Das Ergebnis: Die Arten unterscheiden sich in mehr als 500 neuen Genen, das entspricht ungefähr vier Prozent des gesamten Genoms. Manche davon sind durch Prozesse entstanden, die wir noch nicht verstehen, bei den meisten handelt es sich aber um Kopien alter Gene. Warum soll man etwas von Grund auf neu erfinden, wenn man kopieren kann?

Die Genverdoppelung kann sogar personalisiert werden.

Das große Gehirn

Ein charakteristisches Merkmal der Menschen ist unser Gehirn: Es ist im Vergleich zu unseren Primatenvettern stark vergrößert. Wenn wir etwas über die genetischen Hintergründe seiner Entstehung wüssten, könnten wir Aufschlüsse darüber gewinnen, wie Denken, Sprache und viele andere einzigartige Fähigkeiten der Menschen entstanden sind. Nach den Fossilien zu urteilen, hat sich das Gehirnvolumen in den drei Millionen Jahren seit der Zeit unserer Vorfahren, der Australopithecinen, nahezu verdreifacht. Dabei wuchs das Gehirn in ganz bestimmten Bereichen, insbesondere in der Rindenregion des Vorderhirns, die mit Gedanken, Planung und Lernen in Verbindung steht.

Wie man an den Fossilien erkennt, stand die Größenzunahme des Gehirns im Zusammenhang mit anderen Veränderungen; am auffälligsten war eine größere Komplexität der Werkzeuge, die von unseren Vorfahren hergestellt und benutzt wurden. Nachdem es heute die Genomforschung gibt, eröffnet sich die Möglichkeit, eine ganze neue Frage zu stellen: Welche Gene haben uns zu Menschen gemacht?

Ein Ansatz würde darin bestehen, die Genome von Menschen und Schimpansen einfach zu vergleichen. Dabei erhält man eine Liste von Genen, die bei Menschen vorhanden sind, bei Schimpansen aber nicht. Das wäre zwar aufschlussreich, man wüsste aber noch nichts darüber, welche Gene für die Entstehung des menschlichen Gehirns von Bedeutung waren. Die Unterschiede könnten im Zusammenhang mit jedem Merkmal stehen, durch das sich Menschen von anderen Primaten unterscheiden. Sie könnten aber auch überhaupt keine Bedeutung haben.

Eine andere Herangehensweise an das Problem hört sich zunächst nach Science-Fiction an: Man könnte Gehirne im Reagenzglas heranwachsen lassen. Schon der Name – Organoid – klingt danach. Dahinter steht die Idee, einem Tier während seiner Entwicklung Gehirnzellen zu entnehmen, diese in eine Kulturschale zu bringen und zu untersuchen, unter welchen Bedingungen sich Gehirnstrukturen bilden. In einer solchen Zellkultur lassen sich Gewebe weitaus leichter erforschen als im Embryo; das gilt insbesondere für Säugetiere, bei denen die Vorgänge zum größten Teil innerhalb der Gebärmutter ablaufen.

Eine Arbeitsgruppe in Kalifornien verglich Gehirn-Organoide von Menschen und Rhesusaffen und stellte eine Liste aller Unterschiede auf. In den Kulturschalen bildete sich bei dem menschlichen Organoid eine Form der ausschließlich menschlichen Rindenregion, aus den Nervenzellen der Affen entstand sie dagegen nicht. Nun gingen die Wissenschaftler der Frage nach, welche Gene bei der Entstehung des betreffenden Gewebes eingeschaltet wurden. Eines davon war in sämtlichen menschlichen Zellen aktiv, fehlte im Affengewebe aber völlig. Sein Name, *NOTCH2NL*, lässt sich kaum aussprechen, aber für unsere weitere Geschichte ist es von großer Bedeutung.

Zur gleichen Zeit nutzte ein anderes Institut in den 10 000 Kilometer entfernten Niederlanden seinen besonders guten Zugang zu Gehirngewebe von menschlichen Föten, das aus Fehlgeburten und medizinisch notwendigen Schwangerschaftsabbrüchen stammte. Außergewöhnlich war das Material vor allem deshalb, weil die Embryonen sich im Stadium der Gehirnentwicklung befunden hatten. Die Wissenschaftler untersuchten, welche Gene in dem Gehirn aktiv gewesen waren, und fanden dabei einige wenige, die das richtige Profil aufwiesen und zur Gehirnentwicklung beigetragen haben könnten: Sie waren in dem fraglichen Stadium aktiv und stellten Proteine her. Eines davon war *NOTCH2NL*, das Gen, das man bereits in den Experimenten mit Gewebekulturen nachgewiesen hatte.

Ein noch stärkeres Flair von Science-Fiction gewannen die Experimente, als die niederländische Arbeitsgruppe das menschliche *NOTCH2NL* in Mäuse einschleuste. Damit hatte man eine Mensch-Maus-Chimäre geschaffen. Das Ergebnis war eine Maus, in deren Hirnrinde ganz ähnlich wie bei einem Menschen mehr Gehirnzellen wuchsen.

Das Team in Kalifornien verglich mittlerweile die Genome von Menschen, Neandertalern und Primaten. Dabei stellte sich heraus, dass *NOTCH2NL* eines von drei Genen war, die nur im Gehirn von Menschen aktiv sind. Alle drei ähnelten einem einzigen Gen namens *NOTCH*, das in allen Tieren von Fliegen bis zu Primaten vorkommt und an der Entwicklung vieler Organe mitwirkt. Wie waren die drei Gene im Gehirn von Menschen entstanden? Die Antwort: durch Verdoppelung des primitiven *NOTCH*-Gens aus den Primatenvorfahren. Nachdem es verdoppelt war, konnten die Kopien neue Funktionen übernehmen.

Mit der Verdoppelung von Genen lassen sich nicht nur die Ereignisse der Vergangenheit erklären, sondern auch vieles, was sich heute abspielt. Die drei *NOTCH*-Genkopien liegen im Genom des Menschen hintereinander. Durch diesen Aufbau wird der betreffende Chromosomenabschnitt instabil: Wenn die Gene im Rahmen der Zellteilung verdoppelt werden, kann er brechen. An solchen Bruchstellen treten Chromosomenschäden ein, die sich auf die Funktion der Gene und damit des Gehirns auswirken. Wenn die Zellen sich teilen, kann der Abschnitt verdoppelt oder entfernt werden. Ist er verdoppelt, wird das Gehirn später größer; das Gehirn von Menschen, bei denen er entfernt wurde, ist kleiner. Manche Personen mit solchen genetischen Veränderungen haben eine normale Gehirnfunktion, in den meisten Fällen treten aber Symptome von Schizophrenie und Autismus auf.

Natürlich ist *NOTCH2NL* nicht das einzige Gen, das an der Entwicklung eines großen Gehirns mitwirkt. Aber wie die

Forschungsarbeiten zeigen, ist unser Genom vollgestopft mit Wiederholungen, Genfamilien und anderen Kopien, und solche mehrfach vorhandenen Gene können zum Treibstoff für Neuerungen und Wandel werden.

Kopien außer Rand und Band

Die Wissenschaft war Teil von Roy Brittens DNA. Er wurde 1912 geboren und wuchs in einer Familie auf, in der beide Eltern in verschiedenen Forschungsdisziplinen tätig waren. Er selbst entschied sich für die Physik und erhielt letztlich während des Zweiten Weltkrieges eine Stelle beim Manhattan-Projekt zur Entwicklung der Atombombe. Mit jedem Jahr wuchs seine pazifistische Einstellung, und er sehnte sich nach einer neuen Tätigkeit. Schließlich fand er sie in einem Institut für Geophysik in Washington. Nachdem man 1953 die Struktur der DNA entdeckt hatte, belegte Britten, der ständig auf neue intellektuelle Herausforderungen aus war, Ende der 1950er Jahre am Cold Spring Harbor Laboratory in New York einen Schnellkurs über Viren. Ausgestattet mit dem dort erworbenen Wissen, erkannte er in der DNA wichtiges wissenschaftliches Neuland und machte sich daran, ihre Struktur genauer zu erforschen.

Vor allem ging Britten der Frage nach, wie viele Gene es im Genom gibt und wie sie organisiert sind. Zu jener Zeit konnte man Genome noch nicht sequenzieren, und ihr Aufbau war vollkommen rätselhaft. Da er nicht über Methoden zur Sequenzierung verfügte, musste Britten wie vor ihm schon Ohno auf einige kluge experimentelle Kunstgriffe zurückgreifen.

Vor dem Hintergrund von Ohnos Arbeiten hatte Britten die Vermutung, dass das Genom aus verdoppelten Teilen zusammengesetzt ist. Mit einem klugen Experiment wollte er ungefähr abschätzen, welcher Anteil des Genoms aus Kopien besteht. Er entnahm die DNA aus den Zellen eines Tieres, zerlegte den Doppelstrang in Tausende kleinere Stücke und erhitzte sie, so dass die beiden Stränge sich trennten. Dann veränderte er die Bedingungen so, dass die Doppelstränge wieder zusammenfinden konnten. Das Entscheidende dabei: Er konnte messen, wie schnell die verschiedenen Teile sich wieder zum Doppelstrang vereinigen. Er vermutete, dass die Geschwindigkeit, mit der die DNA sich neu aufbaute, einen Hinweis auf die Zahl der Wiederholungselemente im Genom liefern konnte. Der Grund? Wegen der chemischen Eigenschaften von DNA-Molekülen finden sich ähnliche Sequenzen nach dem Prinzip »gleich und gleich gesellt sich gern« schneller zusammen als unähnliche. Ein Genom aus vielen wiederholten Abschnitten, die sich alle ähneln, sollte deshalb schneller zusammengebaut werden als eine DNA, die nur wenige solche Wiederholungseinheiten enthält.

Seine ersten Berechnungen stellte Britten mit der DNA von Kalb und Lachs an, dann erweiterte er den Vergleich auf andere Arten. Obwohl er damit gerechnet hatte, im Genom viele Doppelungen zu finden, war er über die Ergebnisse erschrocken. Nach seinen Schätzungen bestanden rund 40 Prozent des Kälbergenoms aus Wiederholungssequenzen. Beim Lachs lag der Anteil näher bei 50 Prozent. Dabei war die schiere Zahl der Wiederholungseinheiten in den einzelnen Genomen ebenso überraschend wie ihre Häufigkeit bei verschiedenen Arten. In der DNA fast aller Tiere, die er zerlegte und wieder zusammensetzte, fand er eine gigantische Zahl wiederholter Elemente. Mit den groben Methoden jener Zeit konnte er abschätzen, dass manche Elemente im Genom mit über einer Million Kopien vertreten sind.

Später gab es die Genomprojekte, und nun konnte man feststellen, welche Einzelsequenzen im Genom verdoppelt waren; damit ließen sich die ersten Arbeiten von Bridges, Ohno und Britten mit größerem Auflösungsvermögen fortsetzen. Bei allen Primaten findet man ein rund 300 Basen langes Fragment namens *ALU*. Volle 13 Prozent des menschlichen Genoms bestehen aus *ALU*-Wiederholungseinheiten. *LINE1*, ein anderes kurzes Segment, kommt im Genom des Menschen mehrere hunderttausendmal vor und macht mehr als 17 Prozent desselben aus. Insgesamt bestehen mehr als zwei Drittel unseres Genoms aus Abschnitten mit hintereinanderliegenden Sequenzkopien, deren Funktion man nicht kennt. Im Genom ist die Verdoppelung außer Rand und Band geraten.

Roy Britten veröffentlichte noch mit über 90 Jahren wissenschaftliche Fachartikel; erst 2012 starb er an Bauchspeicheldrüsenkrebs. Ein Jahr vor seinem Tod schrieb er über seine neuen Befunde einen Aufsatz in den *Proceedings of the National Academy of Sciences*. Der Titel hätte Ohno ein Lächeln entlockt: »Almost All Human Genes Arose by Duplication« (»Fast alle Gene des Menschen sind durch Verdoppelung entstanden«).

Maisgene

Barbara McClintock (1902–1992) entschloss sich, in T.H. Morgans Fußstapfen zu treten und die Grundlagen der Genetik besser zu verstehen. Aber als McClintock an die Cornell University kam, war es Frauen nicht gestattet, Genetik als Hauptfach zu belegen; also schrieb sie sich in einem zugelassenen »Damenhauptfach« ein: Gartenbau. Aber McClintock sollte zuletzt lachen. Am Ende schloss sie sich einer Arbeitsgruppe an, die mit der Erforschung der Genetik von Maispflanzen Neuland betrat.

Als Forschungsobjekt hat Mais gegenüber Morgans Fliegen einen wichtigen Vorteil. Ein einziger Maiskolben enthält bis zu 1200 Körner. Dass sie sich ideal für genetische Untersuchungen eignen, wusste McClintock: Jedes Korn ist ein eigenständiger Embryo, ein eigenes Individuum. Wer das nächste Mal einen Maiskolben isst, sollte daran denken, dass dabei mehr als 1000 genetisch unterschiedliche Lebewesen verzehrt werden. Für McClintock wurde jeder Maiskolben zu einer Kinderstube, in der sie genetische Forschung betreiben konnte. Und das war noch nicht alles: Es gibt viele verschiedene Maissorten mit unterschiedlich gefärbten Körnern; das Spektrum reicht von Weiß über Blau bis hin zu gescheckten Formen. Damit wurde jeder Maiskolben zum Ausgangspunkt für ein Experiment, mit dem man Tausende von Individuen beobachten konnte. Außerdem waren es schnelle, billige Experimente, die eine Fülle von Daten lieferten.

McClintock arbeitete anfangs ganz ähnlich wie Morgans Team und entwickelte Methoden, um Chromosomen sichtbar zu machen. Sie behandelte Mais mit verschiedenen Farbstof-

Abb. 32: Barbara McClintock im Maisfeld

fen und konnte so einzelne Chromosomenabschnitte sehr detailliert in Form heller und dunkler Banden kartieren. Dann hatte sie Glück. Sie fand beim Mais einen Chromosomenabschnitt, in dem die Chromosomen häufig zu zerbrechen schienen, als gäbe es an dieser Stelle einen Strukturdefekt. Um sich die Sache genauer anzusehen, kartierte sie die fragliche Region in verschiedenen Maiskörnern mit allen Einzelheiten. Zu ihrer Verwunderung stellte sie dabei fest, dass die Bruchstelle im Genom von einer Stelle zur anderen hüpfte. Diese Erkenntnis bedeutete in der Geschichte der Genetik eine Umwälzung. Das Genom ist nicht unveränderlich. Gene können von Ort zu Ort springen.

McClintock gab sich damit nicht zufrieden. Als gewissenhafte, gründliche Wissenschaftlerin teilte sie der Welt erst etwas über ihre Entdeckung mit, als sie die Folgerungen weiter durchdacht hatte. Sie fragte: Haben die springenden Gene eine Wirkung auf die Körner als solche? Was geschieht, wenn ein Gen in der Position eines anderen Gens landet?

Auf der Suche nach einer Antwort bediente sich McClintock einer besonderen Eigenschaft von Maiskörnern. Die äußere Pigmentschicht des Korns entwickelt sich, wenn sich Zellen vermehren. Den Ausgangspunkt bildet eine einzige Zelle, die sich ständig teilt. Aus ihren Nachkommen besteht das gesamte Korn, und wenn sie eine bestimmte Farbe – beispielsweise dunkelrot – hat, sind auch alle späteren Zellen dunkelrot. Stellen wir uns aber nun einmal vor, im Laufe dieses Prozesses würde in einer Zelle eine genetische Veränderung stattfinden, weil das Gen für die dunkelrote Farbe eine Mutation durchmacht. Die Tochterzellen einer solchen Zelle sind dann nicht mehr dunkelrot, sondern sie haben die »Grundfarbe« und sind in der Regel weiß. Das Ergebnis ist ein vorwiegend dunkelrotes Maiskorn mit einem weißen Fleck.

McClintock verfolgte die verschiedenen Farbflecken in den einzelnen Maiskörnern und konnte so nachvollziehen, wo und wann sich Mutationen in den Genen ereigneten. Sie sah sich die Mutationen der einzelnen Körner an, und das bei Tausenden von Genen in jedem Maiskolben. McClintock analysierte Hunderttausende von Maiskörnern und kreuzte die Pflanzen, um verschiedene Farben und unterschiedliche Flecken zu erzeugen. Dabei stellte sie fest, dass sich die farbgebenden Mutationen ein- und wieder ausschalten lassen. Sie studierte die Chromosomen auf ganz ähnliche Weise wie Bridges und Morgan; dabei entdeckte sie, dass die Veränderungen eintreten, wenn die Bruchstelle im Chromosom springt und innerhalb eines Pigmentgens landet. Wird sie in ein Pigmentgen eingebaut, ist dieses geschädigt und produziert kein Pigment mehr. Springt die Stelle wieder heraus, wird das Pigment erneut gebildet. Das Maisgenom war voller Gene, die Kopien von sich selbst herstellen, herumhüpfen und so die unterschiedlichsten Farbflecken erzeugen.

Nach jahrzehntelanger Arbeit präsentierte McClintock ihre Theorie der springenden Gene in einem Vortrag am Cold Spring Harbor Laboratory auf Long Island, wo sie tätig war. Die versammelten Experten hätten desinteressierter nicht sein können. Man verstand sie nicht, man glaubte ihr nicht, oder man hielt es für eine Besonderheit des Mais. McClintock hatte damals den Eindruck, »dass sie mich für verrückt gehalten haben, für vollkommen irre«.

Das war jahrzehntelang der Stand der Dinge. Aber McClintock ließ sich nicht abschrecken. Sie kartierte die springenden Gene in Tausenden von Maiskolben. Ihre Einstellung beschrieb sie so: »Wenn du weißt, dass du recht hast, machst du dir keine Sorgen. Du weißt, dass es früher oder später ans Licht kommt.«

Im Jahr 1977 fanden dann auch andere Institute Belege für springende Gene bei Bakterien, bei Mäusen und jeder anderen Spezies, die man untersuchte. Eine weitere Überraschung erlebte man, als man sich die Gene selbst ansah. Unser Genom ist von springenden Genen beherrscht – es besteht zu ungefähr 70 Prozent aus ihnen. Springende Gene sind nicht die Ausnahme, sondern die Regel. Und wie steht es mit den oft wiederholten Fragmenten in unserem Genom, mit *ALU* und *LINE1*, die in Millionen von Kopien vorliegen? Das sind springende Gene, die Kopien ihrer selbst hergestellt und sich überall im Genom eingebaut haben. Roy Britten hatte sie mit seinen groben, aber eleganten Experimenten bereits in den 1960er Jahren aufgespürt.

McClintock wurde 1983 für ihre Entdeckung mit dem Nobelpreis für Physiologie oder Medizin ausgezeichnet. Schon 1971 hatte Präsident Richard Nixon ihr die nationale Wissenschaftsmedaille verliehen. Während der Verleihungsfeier beschrieb Nixon ihre wissenschaftlichen Leistungen in einem etwas verworrenen Vortrag, der nichtsdestotrotz die Folgerungen erkannte: »Ich habe Erklärungen Ihrer wissenschaftlichen Arbeit gelesen, und Sie sollen wissen, dass ich sie nicht verstehe.« Dann aber fuhr er fort: »Sie sollen aber auch wissen, dass ich sie zwar nicht verstehe, dass mir aber klar ist, wie ungeheuer wichtig Ihre Beiträge für unsere Nation sind. Das ist für mich das Wesen der Wissenschaft.«

Das Genom ist eben kein langweiliges, unbewegliches Gebilde. Genome vibrieren vor Aktivität. Gene können sich verdoppeln, und ganze Genome können kopiert werden. Gene stellen Kopien ihrer selbst her und springen von Ort zu Ort.

Stellen wir uns einmal zweierlei Gene im Genom vor: Die einen haben eine Funktion und produzieren ein Protein, andere sind nur dazu da, herumzuspringen und Kopien ihrer selbst zu erzeugen. Was wird auf lange Sicht geschehen? Unter ansonsten gleichen Voraussetzungen werden die Kopierer immer größere Teile des Genoms besetzen. Das ist ein Grund, warum zwei Drittel unseres Genoms aus Wiederholungssequenzen wie *LINE1* und *ALU* bestehen. Werden sie nicht eingedämmt, übernehmen sie die Vorherrschaft. Nur eines kann solche Parasiten aufhalten: Wenn sie vollständig außer Kontrolle geraten, bringen sie ihren Wirt um, und damit sterben auch sie. Individuen, die vollkommen unkontrolliert springende Gene tragen, kommen ums Leben und geben die Gene nicht weiter. Zwischen den egoistischen Genen und ihren Wirten besteht ein Spannungsverhältnis, ja sie führen innerhalb des Genoms sogar Krieg gegeneinander: Die egoistischen Gene sind nur dazu da, Kopien ihrer selbst herzustellen, und das Genom des Wirtes ist bemüht, den Prozess einzuschränken.

Wie bei Apple unter Steve Jobs, so ist das Kopieren auch hier die Mutter der Neuerungen: Plagiate werden im Genom zur Quelle unzähliger genetischer Erfindungen. Wie in Technologie, Geschäftsleben und Wirtschaft können Störungen zur Revolution führen. Die Zellen von Tieren erleben solche Störungen schon seit Jahrmilliarden, und wie wir noch erfahren werden, können die damit verbundenen Veränderungen ganz neue Lebensformen hervorbringen.

6.

Unser inneres Schlachtfeld

In den 1980er Jahren, während meiner Doktorandenzeit, legte ein wöchentlich von mir praktiziertes Ritual die Grundlagen für meine Arbeit. Jeden Donnerstagmorgen trottete ich fünf Treppen hoch in einen großen Lagerraum des Museums für Vergleichende Zoologie an der Harvard University. Dort, zwischen knarrenden Holzfußböden und einer sechs Meter hohen Decke, war die Vogelsammlung untergebracht. An den Wänden standen Vitrinen und Regale voller Skelette, Federn und Häute, die man im 19. und 20. Jahrhundert auf Expeditionen gesammelt hatte. In der Luft hing der Geruch der Mottenkugeln, mit denen die Häute geschützt werden sollten. Außerdem roch es nach Geschichte, sowohl was die Ornithologie anging als auch die Wissenschaft als Ganzes. Die Verbindung zur Vergangenheit war das, was mich reizte: Ich unternahm meine Pilgergänge, um mich mit Ernst Mayr zu treffen, dem 80-jährigen, pensionierten Kurator für die Vögel.

Mayr war Mitte der 1980er Jahre einer der letzten noch lebenden Vertreter einer Generation von Genetikern, Paläontologen und Systematikern, die Mitte des 20. Jahrhunderts das Fachgebiet der Evolutionsbiologie definiert hatten. Als Beitrag zu dieser wissenschaftlichen Leistung hatte Mayr einen Klassiker geschrieben: *Animal Species and Evolution* [dt. *Artbegriff und Evolution*] war ein gewaltiges Werk, das für eine ganze

Wissenschaftlergeneration, die sich mit der Bildung neuer Arten beschäftigte, zum Leitfaden ihrer Forschung wurde.

Jede Woche kam ich mit einer Frage und trank eine Kanne Tee mit dem großen alten Mann, der über die Geschichte des Fachgebietes dozierte und geistreiche Ansichten über ihre prägenden Ideen und Persönlichkeiten äußerte. Im Vorfeld meiner Besuche durchstöberte ich jedes Mal die Literatur nach einem guten Thema, das als Aufhänger für seine Erinnerungen dienen konnte. Mit seinen Geschichten versetzte er mich in eine andere Zeit und an andere Orte, und ich empfand es als unglaubliches Glück, zu Beginn meiner eigenen Karriere solche faszinierenden Erfahrungen machen zu können.

An einem Donnerstag brachte ich das Buch *The Material Basis of Evolution* des deutschen Wissenschaftlers Richard Goldschmidt mit. Das Taschenbuch war der Nachdruck eines Werkes, das erstmals 1940 erschienen war. Als ich es Mayr zeigte, konnte ich zusehen, wie sein Gesicht dunkelrot wurde und seine Augen mich mit eisigen Blicken anstarrten. Er erhob sich, blieb stehen und nahm meine Gegenwart für einen Zeitraum, der mir unendlich erschien, nicht mehr zur Kenntnis. Ich hatte eine rote Linie überschritten und war sicher, dass ich von nun an auf meine Donnerstags-Teestunden verzichten musste.

Schweigend ging Mayr zu einem alten hölzernen Aktenschrank und blätterte den Inhalt durch. Er kam mit einem vergilbten Sonderdruck eines Artikels von Goldschmidt zurück, knallte ihn auf den Tisch und sagte: »Mein Buch ist die Antwort auf den Unsinn im ersten Satz eines Absatzes kurz vor dem Ende.« Ich griff den Hinweis auf und blätterte den Artikel durch, bis ich auf Seite 96 angelangte. Es war nicht zu übersehen: Dort waren die wütenden Randbemerkungen umfangreicher als der Originaltext.

Zwischen dem Erscheinen von Goldschmidts Artikel und Mayrs Wutanfall lagen dreieinhalb Jahrzehnte. Wie konnte ein einziger Satz, ganz zu schweigen von einer Idee, solche Leidenschaften wecken und den Anlass für ein Buch von 811 Seiten geben, das seinerseits zum Ausgangspunkt für ganze Wissenschaftlerkarrieren geworden war?

Es ging darum, wie Genveränderungen in der Geschichte des Lebens neue Erfindungen hervorbringen können. Nach der herkömmlichen Ansicht entstehen solche Neuerungen allmählich und über lange Zeit, wobei in jedem Schritt nur kleine genetische Veränderungen stattfinden. Diese Vorstellung wurde durch eine solche Menge theoretischer und experimenteller Arbeiten gestützt, dass man sie fast für eine unumstößliche Lehre hielt. Der britische Statistiker R. A. Fisher hatte sie in den 1920er Jahren im Rahmen seiner Bestrebungen, das entstehende Fachgebiet der Genetik mit der darwinistischen Evolution in Verbindung zu bringen, mathematisch abgeleitet. Unter anderem steht dahinter die Überlegung, dass große zufällige Veränderungen in einem System mit höherer Wahrscheinlichkeit schlechte und oftmals katastrophale Folgen haben als kleinere.

Betrachten wir beispielsweise einmal ein Flugzeug. Jede zufällige Veränderung, die eine dramatische Abweichung von der Norm darstellt, führt mit ziemlicher Sicherheit zu einem Flugzeug, das nicht fliegen kann. Verändert man nach dem Zufallsprinzip die Form des Rumpfes, die Position oder Form der Triebwerke oder die Anordnung der Tragflächen, entsteht fast unter Garantie ein monströses Gebilde, das am Boden bleiben muss. Kleine Abwandlungen dagegen, beispielsweise die Farbe der Sitze oder bescheidene Größenveränderungen, sind mit geringerer Wahrscheinlichkeit schädlich. Sie beinhalten sogar eine größere Chance auf eine – vielleicht nur geringfügige – Leistungszunahme. Diese Denkweise beherrschte jahrelang das Fachgebiet der Evolutionsbiologie; sie in Frage zu stellen, war fast so, als würde man leugnen, dass die Gravitation einen Apfel vom Baum fallen lässt.

Als Goldschmidt nach seiner Flucht aus Nazideutschland in die wissenschaftliche Welt der Vereinigten Staaten eintrat, hatte er sich bereits seit Jahrzehnten mit Mutanten beschäftigt. Mit seinem Umzug nach Nordamerika wurde er auf dem Gebiet der Genetik zum Partyschreck, weil er sich nicht um den Status quo kümmerte. Er war beeindruckt von Mutanten mit zwei Köpfen oder überzähligen Körpersegmenten, wie Calvin Bridges sie entdeckt hatte, und gelangte zu der Überzeugung, dass eine große Umformung durch eine einzige dramatische Mutation in einem Schritt stattfinden kann. Was für eine Umwälzung seine Ideen darstellten, zeigt sich exemplarisch in einer der berühmtesten Bemerkungen von Goldschmidt, und das war auch die, die Mayr so in Rage brachte: »Der erste Vogel schlüpfte aus einem Reptilienei.« Also keine allmähliche Veränderung – biologische Umwälzungen finden innerhalb einer Generation durch eine einzige, alles verändernde Mutation statt.

Goldschmidts Mutanten wurden auf den Namen *hopeful monsters* (»hoffnungsvolle Monster«) getauft. Monster waren sie, weil sie so drastisch von der Norm abwichen, und hoffnungsvoll, weil sie in der Geschichte des Lebens zum Ausgangspunkt für eine ganze Revolution werden konnten. In der

Welt der Pflanzen, wo Veränderungen der Chromosomenzahl ganz plötzlich neue Arten hervorbringen können, war Goldschmidts Idee nicht umstritten. Bei Tieren jedoch sah die Sache anders aus.

Die Angriffe auf Goldschmidt setzten sofort und in aller Härte ein. Die Hauptkritik betraf die sehr geringe Wahrscheinlichkeit, dass ein *hopeful monster* lebensfähig ist und sich fortpflanzen kann. Zunächst einmal müsste eine solche umwälzende Mutation lebensfähige, fruchtbare Nachkommen hervorbringen. Zu jener Zeit wusste man aber bereits, dass die meisten Mutanten, insbesondere dann, wenn es sich um dramatische Veränderungen handelt, entweder unfruchtbar sind oder sterben, bevor sie Nachkommen hervorbringen können. Und selbst wenn eine Mutante überlebt und fruchtbar ist, kann man sich ihres weiteren Schicksals nicht sicher sein. Eine einzige Mutante in einer Population würde nicht ausreichen – sie müsste einen Partner finden, der ebenfalls die Mutation trägt. Damit Goldschmidts *hopeful monster* in einem Schritt eine Revolution in Gang setzen kann, muss sich eine sehr unwahrscheinliche Kette von Ereignissen abspielen: Eine große Mutation müsste ein lebensfähiges, ausgewachsenes Tier hervorbringen, dies müsste bei Männchen und Weibchen gleichzeitig geschehen, und einige so veränderte Individuen müssten zusammenfinden, sich paaren und ihre veränderten Nachkommen zeugen, die sich ihrerseits fortpflanzen können.

In den 1970er Jahren, als ich Biologie studierte, stand Goldschmidt mit seinem Ruf irgendwo zwischen einem Ausgestoßenen und einem Ketzer, hatte er es doch gewagt, eine so offenkundig falsche Ansicht zu veröffentlichen. Und er veröffentlichte sie nicht nur, sondern offensichtlich gefiel er sich auch in seiner umstrittenen Rolle: Während der letzten Jahrzehnte seiner Karriere verteidigte er seine *hopeful monster* und wurde dafür häufig öffentlich ausgelacht.

Mayr, Goldschmidt und ihre Zeitgenossen diskutierten über eine zentrale Frage der Evolution: Wie kommt es zu größeren evolutionären Veränderungen? Goldschmidts *hopeful monster* waren zwar nicht plausibel, aber es blieben offene Fragen. Der allmähliche Wandel war kein Thema: In der Biologie wusste man schon seit langem, dass kleine, allmähliche genetische Veränderungen im Laufe der jahrmillionenlangen geologischen Zeiträume zu gewaltigen Umwälzungen führen können. Ein tieferliegendes Rätsel zeigt sich an den Fossilien. So beispielsweise bei der Entstehung des Skeletts, eines der größten Ereignisse in der Geschichte unserer eigenen Spezies. Wurmähnliche Vorfahren lebten über Jahrmillionen ohne Knochen. Knochen haben eine charakteristische Struktur: Stark organisierte Zellschichten produzieren die charakteristischen Proteine und Kristalle, die dem Skelett seine Härte verleihen und seine besondere Form des Wachstums ermöglichen. Nachdem ein Skelett entstanden war, konnten unsere Vorfahren größer werden und mit einem stabileren Körper sowohl Beute finden als auch natürlichen Feinden aus dem Weg gehen und sich fortbewegen. Diese revolutionäre Neuerung hatte ihre Ursache in der Entstehung eines neuen Zelltyps, der die Proteine zur Herstellung und Ernährung eines Skeletts produzieren konnte und zu seinem Wachstum beitrug. Aber die Zellen, aus denen verschiedene Gewebe wie Haut, Nerven oder Knochen bestehen, produzieren Hunderte von unterschiedlichen Proteinen. Nervenzellen unterscheiden sich von Knochenzellen, weil zahlreiche Proteine sie in die Lage versetzen, Nervenimpulse weiterzuleiten. Diese Proteine fehlen im Skelett und in den Zellen, die es aufbauen. Andererseits bestehen Knorpel, Sehnen und Knochen zum Teil aus Proteinen, die von Nervenzellen nicht produziert werden. Und das Skelett ist nur ein Beispiel: In den fast 600 Millionen Jahren, seit es Tiere gibt, entstanden Dutzende von neuen Gewebetypen, die neue Formen von Nahrungsaufnahme, Verdauung, Fortbewegung und Fortpflanzung möglich machten.

Damit sind wir bei der entscheidenden Schwierigkeit. Die Entstehung neuer Zellen und Gewebe aus denen der Vorfahren erfordert Veränderungen in Hunderten von Genen. Wie können neue Zellen und Gewebe entstehen, wenn sich im gesamten Genom eine Vielzahl von Einzelmutationen gleichzeitig abspielen muss? Schon die Chancen für eine geringfügige Mutation sind gering, aber nun stelle man sich vor, Hunderte solcher Veränderungen sollten gleichzeitig stattfinden – unmöglich. Es wäre so, als würde man den Jackpot nicht nur an einem Roulette-Tisch gewinnen, sondern an allen Tischen des gesamten Casinos gleichzeitig.

Bedeutungsschwanger

Im Fitnessstudio ist mein Kollege Vinny Lynch von der University of Chicago kaum zu übersehen: Mit seinen Tattoos, die auf Armen und Beinen einen ganzen Zoo verschiedener Lebewesen zeigen, hebt er sich sogar von den ebenfalls farbgeschmückten Collegestudenten ab. Seine Arme und Beine sind von Libellen und Fischen in einem Fluss bevölkert.

Die Flusslandschaft ist eine Verbeugung vor dem Ökosystem des Hudson River, das in seiner Kindheit zum Nährboden für seine Liebe zur Wissenschaft wurde. Er wuchs in einer Kleinstadt am Ufer des Flusses auf und entwickelte eine Leidenschaft für die Lebewesen am Rand des Wassers. Er dokumentierte und zeichnete die verschiedensten Tiere, las etwas über sie und fühlte sich in eine andere Welt versetzt. Leider konnte er seine Neugier auf die Vielfalt des Lebendigen nicht in schulischen Erfolg ummünzen. Dort war er ein völliger Versager, denn »ich habe den Vorträgen nicht zugehört«, wie er es beschreibt; lieber blickte er aus dem Fenster und sah den Vögeln und Insekten zu.

Glücklicherweise durchschaute ein Biologielehrer seine Träumereien, setzte ihn mit Büchern und Bestimmungstabellen in die letzte Reihe und stellte ihm später Fragen darüber. Dieses Erlebnis mit einem klugen Dozenten motivierte ihn zu einer Biologenlaufbahn. Seither hat er sich immer mit der Frage beschäftigt, wie die Vielfalt der Tiere zustande kommt: Er untersucht nicht nur, wie Tiere leben, fressen und sich fortbewegen, sondern auch wie sie im Laufe der Jahrmillionen aus ihren entfernten Vorfahren entstanden sind. Sein Spezialgebiet ist die Anwendung neuester technischer Mittel auf solche tiefgreifenden Fragen.

Die richtigen Fragen zu stellen, trägt ebenso zum Fortschritt der Biologie bei wie die Bestrebungen, ein experimentelles System zu ihrer Beantwortung zu finden. T.H. Morgan gewann an Fliegen neue Erkenntnisse über die Genetik. Barbara McClintock konnte am Mais aufklären, wie Gene funktionieren. Vinny Lynch findet an Dezidua-Stromazellen neue Anhaltspunkte für die großen Revolutionen in der Geschichte des Lebens.

Wenn Lynn die Dezidua-Stromazellen beschreibt, bekommt er große Augen. Als wir uns zum ersten Mal darüber unterhielten, schwärmte er, sie gehörten zu »den schönsten Zellen im Körper«. Zugegeben: Das hört sich unglaublich verschroben an, aber als ich sie unter dem Mikroskop sah, musste ich ihm recht geben. Die meisten Zellen sehen bei starker Vergrößerung wie regelmäßig angeordnete kleine Punkte aus. Diese nicht: Mit ihrem großen, roten Zellkörper und dem vielen Bindegewebe zwischen ihnen sehen sie geradezu üppig aus, wenn man diesen Begriff auf Zellen anwenden kann.

Für Lynch ist die Schönheit der Dezidua-Stromazellen nicht nur eine ästhetische, sondern auch eine wissenschaftliche Qualität. Sie ermöglichen den Blick auf den Ursprung einer großen Erfindung in der Geschichte des Lebens: die Schwangerschaft. Die meisten Fische, Vögel und Reptilien,

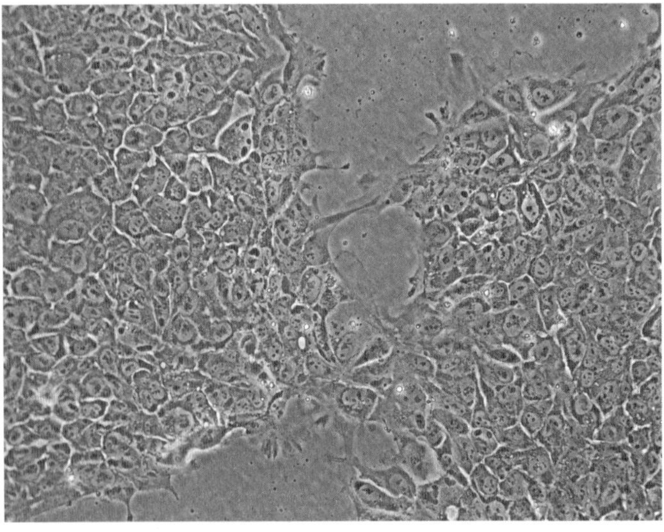

Abb. 33: Wunderschön: Dezidua-Stromazellen

aber auch einige primitive Säugetiere, schlüpfen aus Eiern. Bei ihnen gibt es keine Schwangerschaft nach Art der Säugetiere, bei der sich der Embryo im Körper der Mutter entwickelt und sich mit ihr die Blutversorgung teilt. Entsprechend besitzen sie auch keine Dezidua-Stromazellen.

Die Schwangerschaft erscheint uns vollkommen natürlich und gleichzeitig vollkommen wundersam. Samenzellen schwimmen durch den Uterus und die Eileiter, bis sie schließlich die Eizelle finden. Eine von ihnen (oder in seltenen Fällen auch mehrere) dringt in die Eizelle ein und setzt damit eine lange Kette von Ereignissen in Gang. Die Genome von Samen- und Eizelle verschmelzen, und aus beiden wird eine einzige Zelle. Diese lässt innerhalb eines gewissen Zeitraumes viele Billionen Zellen entstehen, die alle an den richtigen Stellen liegen. Daneben bilden sich Plazenta und Nabelschnur, die den Fötus in der schützenden Gebärmutter mit der Mutter verbinden. Damit die Gebärmutter den Fötus aufnehmen kann, müssen ganz neue Strukturen aufgebaut werden.

Auch im mütterlichen Organismus setzt die Befruchtung eine Fülle von Veränderungen in Gang. In der Gebärmutter bilden sich spezialisierte Zellen, die Fötus und Mutter verbinden und beide Blutkreisläufe in enge Nachbarschaft bringen. Diese Zellen verschleiern die Tatsache, dass der Fötus im Körper der Mutter ein Fremdkörper ist: Schließlich enthält er auch Gene und Proteine, die der Vater beigesteuert hat. Immer besteht die Gefahr, dass das Immunsystem der Mutter auf die Suche nach väterlichen Proteinen geht, um sie zu zerstören und damit den Fötus zu töten. Unterschiede wie diese werden durch spezialisierte Zellen abgeschwächt. Die Zellen, die zu einem großen Teil für solche Wirkungen verantwortlich sind – beispielsweise, weil sie die mütterliche Immunantwort abfedern und Nährstoffe zum Fötus dirigieren –, sind die Dezidua-Stromazellen.

Der Auslöser, der solche Zellen entstehen lässt und auch viele andere Veränderungen im Uterus in Gang setzt, ist ein Anstieg des Hormons Progesteron im Blut der Mutter. Der Progesteronspiegel steigt einmal im Monat, und die Gebärmutter wird auf die Schwangerschaft vorbereitet. Kommt das Hormon mit den Gebärmutterzellen in Kontakt, regt es sie zur Vermehrung und Veränderung an, so dass die Uterusschleimhaut, das Endometrium, dicker wird. Außerdem sorgt der steigende Progesteronspiegel dafür, dass Zellen aus der Gruppe der Fibroblasten sich verändern und zu Dezidua-Stromazellen werden. Kommt es in dem betreffenden Monat nicht zur Schwangerschaft, werden die Zellen abgestoßen. Tritt aber die Schwangerschaft ein, produzieren die Eierstöcke noch mehr Progesteron, die Zellen und ihr üppiges Umfeld in der Uteruswand wachsen weiter, die Dezidua-Stromazellen bilden sich, und ihre Tätigkeit beginnt.

Lynchs Begeisterung geht auf einen wissenschaftlichen Vortrag zurück, den er in Texas hörte, als er Doktorand an der Yale University war. Ein Wissenschaftler sprach über die Schwangerschaft und zeigte Dias von Dezidua-Stromazellen. Lynch erfuhr, dass diese Zellen eine besondere Eigenschaft haben: Man kann sie in Kulturschalen züchten. Der Wissenschaftler hatte normale Fibroblasten aus irgendeiner Stelle im Körper entnommen und in eine Petrischale gebracht, einen Cocktail aus Progesteron und einigen anderen Wirkstoffen zugesetzt und so normale Dezidua-Stromazellen erzeugt. Was Lynch damals noch nicht wusste: Rein zufällig hatten alle diese Forschungsarbeiten an der Yale University im Nachbargebäude des Instituts stattgefunden, in dem er arbeitete.

Nun lernte Lynch sehr schnell, Dezidua-Stromazellen im kontrollierten Umfeld eines Labors herzustellen. Er konnte ihre Genome analysieren und nachvollziehen, wie sie vor Jahrmillionen entstanden waren. Dazu standen ihm sehr leistungsfähige, neue technische Mittel zur Verfügung, insbesondere unglaublich schnelle Gen-Sequenzierungsautomaten. Mit dieser Technologie konnte er eine Zelle oder ein ganzes Gewebe untersuchen und die Sequenz sämtlicher darin aktiver Gene auf einmal betrachten.

Stellen wir uns einmal vor, was mit einer solchen Technik alles möglich ist. Wenn die Unterschiede zwischen den Zellen entstehen, weil in ihnen unterschiedliche Gene aktiv sind, wird der Nachweis der in verschiedenen Zellen aktiven Genkombination zu einem entscheidenden Hilfsmittel, um zu verstehen, durch welche Mechanismen sich Zellen unterscheiden. Wie gesagt: Eine Nervenzelle ist anders als eine Knochenzelle, weil in den beiden Zelltypen verschiedene Gene aktiv sind und unterschiedliche Proteine entstehen lassen. Auch eine Dezidua-Stromazelle unterscheidet sich durch die Gene, die in ihr aktiv sind, von einem Fibroblasten. Lynch konnte also Zellen vergleichen und grundlegende Fragen stellen: Wo liegen die Unterschiede zwischen den in beiden Zellen aktiven Genen? Sorgt nur ein Gen dafür, dass sie anders sind, oder wirken mehrere Gene zusammen, und wenn ja, welche?

Lynch brachte Fibroblasten in eine Kulturschale, behandelte sie mit Progesteron und machte sie damit zu Dezidua-Stromazellen. Dann untersuchte er, welche Gene dabei aktiviert wurden. Die Antwort war so überraschend wie kompliziert:

Die Entstehung der Dezidua-Stromazellen hatte ihre Ursache nicht in der Aktivierung eines einzelnen oder einer Handvoll Gene. Vielmehr wurden Hunderte von Genen gleichzeitig eingeschaltet.

Dezidua-Stromazellen gibt es nur bei Säugetieren – bei keinem anderen Lebewesen kommen sie auch nur in abgewandelter Form vor. Ihre Entstehung steht in engem Zusammenhang mit der Entstehung der Schwangerschaft selbst. Aber genau da liegt das Problem. Wenn Hunderte von Genen gleichzeitig eingeschaltet werden mussten, damit dieser eine Zelltyp entstand, wie konnte sich die Schwangerschaft dann überhaupt entwickeln? Das würde voraussetzen, dass sich im gesamten Genom gleichzeitig Hunderte von Mutationen abspielen.

Um solche Fragen zu beantworten, müsste Lynch jedes der vielen hundert Gene, durch die Dezidua-Stromazellen entstehen, einzeln untersuchen.

Bevor wir uns ansehen, wie er weiter vorging, müssen wir innehalten und der Frage nachgehen, wodurch Gene so eingeschaltet werden, dass eine Zelle zu einer Dezidua-Stromazelle wird. Wie wir bereits erfahren haben, gibt es überall im Genom molekulare Schalter, die Gene ein- und ausschalten, wenn die richtigen Voraussetzungen gegeben sind. Die meisten derartigen Schalter liegen unmittelbar neben den Genen, die sie aktivieren. Da Progesteron der Auslöser für die Entstehung der Dezidua-Stromazellen ist, können wir davon ausgehen, dass die Schalter auf dieses Hormon anspringen. Die Schalter wären demnach mit einer Sequenz verbunden, die Progesteron erkennt. Ist Progesteron vorhanden, wird der Schalter umgelegt, und das Gen produziert ein Protein.

Vor dem Hintergrund solcher Überlegungen untersuchte Lynch das Genom. Er konnte nach den charakteristischen Kennzeichen genetischer Schalter suchen, nach Sequenzen, in denen ein Abschnitt das Progesteron erkennt. An eine solche Sequenz würde das Hormon sich binden, und mit ein wenig Glück würde er sie durch den Vergleich seiner Gene mit Computer-Datenbanken finden.

Er fand sie tatsächlich. Von den mehreren hundert Genen, die Dezidua-Stromazellen entstehen lassen, enthielten fast alle den Schalter, der auf Progesteron ansprach. Das war zwar eine interessante Entdeckung, aber damit war die Frage, von der Lynch ursprünglich ausgegangen war, noch nicht beantwortet. Irgendwie mussten diese Gene durch die Einwirkung von Progesteron aktiv geworden sein, als die Schwangerschaft in der Evolution entstand. Quer durch das Genom mussten also Hunderte von Schaltern existieren, die auf Progesteron ansprachen, und diese mussten jeweils in der Nähe der aktivierten Gene liegen. Dabei konnte es sich nicht um eine einfache Mutation der DNA handeln, bei der beispielsweise ein einzelner Buchstabe in der genetischen Information ausgetauscht wurde. Vielmehr hatte Lynch es mit einer ganzen Gruppe von Buchstaben zu tun, die sich an Hunderten von Stellen im Genom gleichzeitig verändern mussten. Nur so konnten die Dezidua-Stromazellen entstehen. Was zuvor schon unplausibel erschienen war, wurde damit vollkommen unmöglich.

Nachdem die Entstehung solcher Zellen mit jedem Experiment unwahrscheinlicher wirkte, wandte sich Lynch noch einmal der Struktur der genetischen Schalter zu. Hatten sie eine Gemeinsamkeit, und wäre das eine Erklärung? Er sah sich die Sequenzen im Einzelnen an und suchte mit einem Computeralgorithmus nach gemeinsamen Mustern. Dabei kristallisierte sich eine einfache Sequenz heraus, die praktisch allen Schaltern gemeinsam war. Als er diese mit einer großen Datenbank aller bekannten Sequenzen abglich, fand er die Antwort: Alle genetischen Schalter hatten die charakteristischen Merkmale eines springenden Gens, wie McClintock es ursprünglich am Mais entdeckt hatte. Wie wir bereits erfahren haben, stellen solche Gene Kopien ihrer selbst her und bauen sie überall im Genom ein. McClintock hatte sie für die großen Störer gehalten: Wenn sie herumspringen und sich in andere Gene einfügen, können sie deren Funktion beeinträchtigen und pathologische Folgen auslösen. Lynch erkannte etwas anderes.

Die einfache Kopplung machte eine komplexe und scheinbar unmögliche Neuerung möglich. Hier mussten nicht Hunderte von Genen unabhängig voneinander mutieren. Lynch erkannte, dass eine Mutation sich in einem einzigen springenden Gen abgespielt hatte, und dadurch war eine normale Sequenz zu einem Schalter geworden, der auf Progesteron ansprach. Anschließend verdoppelte sich das springende Gen mit dem Schalter, sprang und landete an neuen Stellen; damit verbreitete sich die Mutation im ganzen Genom. Springende Gene konnten genetische Schalter sehr schnell überall im Genom unterbringen. Wenn sie neben einem Gen landeten, konnte dieses nun durch Progesteron eingeschaltet werden. So wurde es möglich, während der Schwangerschaft Hunderte von Genen zu aktivieren. Eine einfache genetische Veränderung, durch die Hunderte von Genen koordiniert wurden, war also nicht durch Hunderte von unabhängigen Mutationen entstanden, sondern durch eine einzige Mutation, die von springenden Genen auf das ganze Genom verteilt wurde.

Genetische Veränderungen können sich also sehr schnell verbreiten, wenn Gene springen, Kopien ihrer selbst herstellen und sich an unterschiedlichen Orten einfügen.

Springende Gene sind der Inbegriff egoistischer genetischer Elemente: Sie können sich verdoppeln, springen, sich vermehren und sich im gesamten Genom ausbreiten. Und wie Lynch festgestellt hatte, transportieren springende Gene manchmal auch nützliche Mutationen, die weitreichende neue Wirkungen haben.

Im Genom tobt ein Krieg zwischen springenden Elementen und der restlichen DNA. Das Spannungsverhältnis zwischen egoistischen Genen und den Kräften, die das Bestreben haben, sie einzudämmen, herrscht im Genom Tag für Tag. Wie sich herausgestellt hat, verfügt die DNA über verborgene Mechanismen, mit denen sie springende Gene unter Kontrolle halten kann. Einer davon hat die Form einer kleinen DNA-Sequenz, die wie eine Sprungbremse wirkt und springende Gene zum Schweigen bringt: Sie heftet sich an den Teil des Gens, der den Sprung veranlasst, und fesselt ihn dann buchstäblich mit Protein, so dass er nicht mehr weiterkommt. Ein derart neutralisiertes Gen springt nicht mehr, sondern bleibt an Ort und Stelle. Der Bremsmechanismus kann springende Gene unter Kontrolle bringen und verhindert, dass sie die Herrschaft völlig übernehmen und die Funktion des Genoms beeinträchtigen. Außerdem kann er zur Zähmung springender Gene dienen. Enthält ein solches Gen eine potenziell nützliche Sequenz, neutralisiert die Bremser-DNA die Fähigkeit zum Springen; die Folge: Das Gen bleibt, wo es ist, und übernimmt eine neue Funktion. Die Eigenschaft des Springens wird beseitigt, aber die nützliche Mutation bleibt erhalten.

Genau das stellte Lynch in seinen Analysen fest: In jedem Schalter, der für die Entstehung der Dezidua-Stromazellen sorgte, sah eine spezielle Sequenz nach allen Kriterien so aus, als käme sie ursprünglich von einem springenden Gen. Es gab nur einen Unterschied: Ein kleiner DNA-Abschnitt fehlte, und zwar nicht irgendein Abschnitt, sondern genau der, der das Gen zum Springen veranlasste. Es war, als habe jemand die Information so verändert, dass das Gen nicht mehr sprang, sondern an Ort und Stelle seine Aufgabe erfüllte: die Bildung von Dezidua-Stromazellen. Der Sprungmechanismus war entfernt, und das Gen, das nun nicht mehr springen konnte, wurde an seiner Ankunftsstelle zur Arbeit herangezogen.

Was Lynch im Fall der Schwangerschaft beobachtete, eröffnete den Blick auf ein viel umfassenderes Phänomen. Im Genom herrscht Krieg zwischen springenden Genen und den Kräften, von denen sie eingedämmt werden. Aus diesem Krieg erwachsen Neuerungen – eine einzige Mutation kann sich über das Genom verbreiten und eine Revolution in Gang setzen.

Solche Veränderungen sind etwas ganz anderes als Goldschmidts hoffnungsvolle Monster. Eine revolutionäre Mutation muss nicht auf einmal entstehen. Vielmehr kann an einer Stelle im Genom ein allmählicher Wandel stattfinden, und wenn er an ein springendes Gen gebunden ist, kann er sich in nachfolgenden Genen verbreiten und verstärken.

Aber der Kampf im Genom geht noch tiefer. Warum, zeigt sich wiederum an der Schwangerschaft.

Die Hacker werden gehackt

In der Plazenta, genau an der Grenze zwischen Fötus und Mutter, erfüllt ein Protein eine ganz besondere Aufgabe. Es heißt Syncytin, liegt an der Schnittstelle und dient als molekularer Verkehrspolizist für den Austausch von Nährstoffen und Abfallprodukten zwischen Mutter und Fötus. Wie wir aus mehreren Beobachtungen wissen, ist dieses Protein für die Gesundheit des Embryos unentbehrlich. Von Wissenschaftlern hergestellte Mäuse mit einem defekten Syncytin-Gen wuchsen und lebten ganz normal, konnten sich aber nicht fortpflanzen. Nach der Befruchtung bildete sich keine Plazenta; die Folge: Der Embryo wurde nicht mit Nährstoffen versorgt und überlebte nicht. Auch bei Menschen führen Defekte des Syncytins während der Schwangerschaft zu einem breiten Spektrum verschiedener Probleme. Das Gen ist beispielsweise bei Frauen defekt, die an Präeklampsie leiden: Sie produzieren zwar das Protein, es erfüllt aber seine Aufgabe nicht gut. Die Folge ist eine Kettenreaktion in der Plazenta, die für gefährlich hohen Blutdruck sorgt.

Um die Struktur des Proteins aufzuklären, analysierten die Wissenschaftler eines biochemischen Instituts in Frankreich die DNA-Sequenz, die es herstellt. Das Prinzip haben wir bereits im Zusammenhang mit Lynchs Arbeiten kennengelernt: Wenn ein Gen sequenziert ist, kann man die darin enthaltene Information in den Computer eingeben und mit Datenbanken vergleichen, in denen die Gene anderer Lebewesen gespeichert sind. Die Algorithmen zur Mustererkennung überprüfen sowohl das ganze Gen als auch kleine Abschnitte und suchen nach Ähnlichkeiten zu anderen bereits sequenzierten

Genen. Im Laufe der letzten Jahrzehnte haben sich die Datenbanken mit Millionen von Protein- und DNA-Sequenzen gefüllt, die aus allen möglichen Organismen – von Mikroorganismen bis zu Elefanten – stammen. Solche Vergleiche haben gezeigt, dass viele Sequenzen zu den Familien verdoppelter Gene gehören, die wir in Kapitel 5 kennengelernt haben. In diesem Fall suchten die Wissenschaftler nach Ähnlichkeiten zu anderen Proteinen, die Aufschluss darüber geben könnten, wie das Syncytin während der Schwangerschaft wirkt.

Dabei stießen sie auf ein Rätsel. Die Suche in den Datenbanken ergab keine Ähnlichkeiten zwischen dem Syncytin und den Proteinen irgendwelcher anderer Tiere. Ebenso ähnelte es keinem Protein von Pflanzen oder Bakterien. Dafür zeigte sich eine andere Übereinstimmung, und die war so verblüffend wie überraschend: Die Sequenz des Syncytins sah ganz nach einem Virus aus und war an manchen Stellen identisch mit dem AIDS-Erreger HIV. Warum bestand eine Ähnlichkeit zwischen einem solchen Virus und einem Protein von Säugetieren, und dann auch noch mit einem, das für die Schwangerschaft unentbehrlich ist?

Bevor die Wissenschaftler sich mit dem Syncytin beschäftigen konnten, mussten sie zu Virusexperten werden. Viren sind erfindungsreiche, heimtückische molekulare Parasiten. Ihr Genom enthält nichts anderes als die Information für Infektion und Fortpflanzung. Sie dringen in Zellen und in das Genom ein. In der DNA angekommen, übernehmen sie die Kontrolle und nutzen das Genom des Wirts, um Kopien ihrer selbst herzustellen und Virusproteine anstelle der zelleigenen Produkte zu erzeugen. Durch eine solche Infektion wird eine einzige Wirtszelle zu einer Fabrik für Millionen Viren. Damit ein Virus wie HIV sich auf die nächste Zelle ausbreiten kann, produziert es ein Protein, das die Zellen aneinanderkleben lässt. Es führt die Zellen zusammen und ebnet die Wege, auf denen das Virus von Zelle zu Zelle wandern kann. Zu diesem Zweck ist das Protein an der Berührungsstelle der Zellen angesiedelt und steuert dort den Stoffaustausch. Hört sich das nicht bekannt an? Eigentlich schon, denn genau das Gleiche tut Syncytin in der Plazenta von Menschen. Dort führt es die Zellen zusammen und steuert den Molekülaustausch zwischen den Zellen von Fötus und Mutter.

Bei genauerem Hinsehen erkannten die Wissenschaftler immer deutlicher, dass Syncytin eigentlich ein Virusprotein ist, das die Fähigkeit, andere Zellen zu infizieren, verloren hat. Die Ähnlichkeit zwischen einem Säugetier- und einem Virusprotein gab den Anlass zu einer neuen Idee. Irgendwann in der fernen Vergangenheit drang ein Virus, das eine Version des Syncytin-Gens enthielt, in das Genom unserer Vorfahren ein. Das Virus übernahm aber nicht das Kommando über das Genom, um unzählige Kopien seiner selbst herzustellen, sondern es wurde neutralisiert, verlor seine Infektionsfähigkeit und wurde dann von seinem neuen Herrn zur Arbeit herangezogen. Unser Genom liegt ständig im Krieg mit eindringenden Viren. In diesem Fall wurde der infektiöse Teil des Virus durch bisher nicht geklärte Mechanismen ausgeschaltet, und das Virus diente nun dazu, Syncytin für die Plazenta zu produzieren. Das Virus brachte das Protein ins Genom, und dort wurde es »gehackt«, so dass es nun für den Wirt nützlich war.

Beim Vergleich der Struktur des Syncytins verschiedener Säugetiere stellte sich heraus, dass Mäuse eine andere Version des Proteins besitzen als Primaten. Der Vergleich mit den

Datenbanken zeigte, dass die Syncytin-Formen der verschiedenen Säugetiere auf unterschiedliche Virusinfektionen zurückzuführen sind. Die Version der Primaten entstand, als ein Virus den gemeinsamen Vorfahren aller heutigen Vertreter dieser Gruppe angriff. Bei Nagern und anderen Säugetieren geht sie auf einen weiteren Virusangriff zurück, was zu deren Version des Syncytins führte. Deshalb besitzen Primaten, Nager und andere Säugetiere heute unterschiedliche Formen des Syncytins, die von unterschiedlichen Eindringlingen eingeschleppt wurden.

Unsere DNA ist also nicht ausschließlich das Erbe unserer Vorfahren. Eingedrungene Viren kamen hinzu und wurden zur Arbeit gezwungen. Der Kampf unserer Vorfahren mit ihnen war eine der vielen Ursachen von Neuerungen.

Zombie-Erinnerungen

Jason Shepherd wuchs in Neuseeland und Südafrika auf. Das Kind löcherte seine Mutter mit so vielen Fragen, dass sie ihm schließlich sagte, er müsse Wissenschaftler werden und seine eigenen Antworten finden. Als er die Highschool abschloss, hatte er sich entschlossen, Medizin zu studieren. Er schrieb sich in einen Schnellstudiengang ein, der ihm in wenigen Jahren sowohl die vorklinische als auch die klinische Ausbildung verschaffen sollte. Im ersten Jahr des Studienprogramms stieß er auf den Klassiker *Der Mann, der seine Frau mit einem Hut verwechselte* von Oliver Sacks. Das Buch veränderte sein Leben. Von Sacks inspiriert, brach er das Medizinstudium ab und nahm eine neue Karriere in Angriff: Jetzt wollte er die

Moleküle und Zellen erforschen, die unserem Gehirn seine Tätigkeit ermöglichen. Er selbst sprach davon, herausfinden zu wollen, was uns zu Menschen macht. Das Gedächtnis und sein Verlust wurden zu Shepherds großer wissenschaftlicher Fragestellung. Unsere Erinnerungen an die Vergangenheit bestimmen in großem Umfang mit darüber, wie wir lernen, welche Beziehungen wir zu anderen eingehen und wie wir in der Welt zurechtkommen. Das ist alles andere als ein esoterisches Thema. Eine der großen Herausforderungen, vor denen unsere Gesellschaft steht, sind die Nervenverfallskrankheiten. Wenn wir immer länger leben, wird das alternde Gehirn immer stärker zur entscheidenden Schranke. Der Verlust von Gedächtnis und Kognitionsfunktion ist ein schlimmes Übel mit unabsehbaren emotionalen, gesellschaftlichen und finanziellen Folgen.

In seinem letzten Collegejahr suchte Shepherd für einen Kurs in Neurobiologie nach einem Thema für eine Seminararbeit. Dabei fiel ihm ein Artikel über ein Gen namens *Arc* in die Hände, das offensichtlich an der Entstehung von Erinnerungen mitwirkt. Bei Mäusen wird *Arc* aktiv, wenn die Tiere lernen. Außerdem ist es im Gehirn in den Zwischenräumen der Nervenzellen tätig. Es sah aus, als würde *Arc* alle Voraussetzungen für ein Gen erfüllen, das für die Gedächtnisfunktion wichtig ist.

Wenige Jahre nach Shepherds Seminararbeit hatten sich die technischen Möglichkeiten so weit entwickelt, dass man Mäuse ohne *Arc*-Gen herstellen konnte. Die Tiere überlebten, wiesen aber eine Reihe von Anomalien auf. Bot man ihnen ein Labyrinth mit einem Stück Käse in der Mitte an, fanden sie den Weg dorthin, aber am nächsten Tag konnten sie sich nicht mehr daran erinnern. Mäuse mit einem normalen Gedächtnis sind dazu oftmals in der Lage. In einem Test nach dem anderen zeigte sich, dass bei den Mäusen insbesondere die Bildung von Erinnerungen beeinträchtigt war. Bei Menschen stehen Mutationen von *Arc* bekanntermaßen im Zusammenhang mit einer Reihe von Nervenverfallskrankheiten, von der Alzheimer-Krankheit bis zur Schizophrenie.

Nun rückten das Gedächtnis und das *Arc*-Gen in den Mittelpunkt von Shepherds Berufslaufbahn. Als Doktorand erforschte er *Arc* zusammen mit einem Biologen, der sich als Erster mit der Bedeutung des Gens für das Verhalten beschäftigt hatte. Nachdem er promoviert hatte, absolvierte er seine Postdoc-Ausbildung bei dem Wissenschaftler, der entdeckt hatte, wo *Arc* im Genom liegt. Shepherd hatte *Arc* sowohl buchstäblich als auch im übertragenen Sinne im Kopf.

Nachdem er an der University of Utah als unabhängiger Wissenschaftler sein eigenes Labor eingerichtet hatte, plante Shepherd neue Experimente, um zu klären, wie das Proteinprodukt von *Arc* funktioniert. Es wirkt eindeutig an der Signalübertragung von einer Nervenzelle zur anderen mit, und derartige Signale sind von großer Bedeutung für Erinnerung und Lernen. Um Antworten auf seine Fragen zu finden, reinigte er das Protein und analysierte seine Struktur.

Im Rahmen eines solchen Reinigungsprozesses entfernt man in mehreren Schritten alle Zellbestandteile, bis nur noch das Protein übrigbleibt, für das man sich interessiert. Am Anfang wird das Gewebe – in diesem Fall aus dem Gehirn – chemisch verflüssigt, und dann unterwirft man es nacheinander verschiedenen Behandlungen, um das gewünschte Protein von allen anderen Bestandteilen der Mischung zu trennen.

Die Proteinsuppe lässt man durch eine Reihe von Röhren laufen, in denen jeweils andere Verunreinigungen beseitigt werden. In einem der letzten Schritte fließt die Flüssigkeit durch eine »Säule« – eine Glasröhre, die mit einem besonderen Gel gefüllt ist. Das Gel entfernt die letzten Verunreinigungen und andere Proteine, so dass die Flüssigkeit, die herauskommt, nur noch das gereinigte Protein enthält. Shepherd vollzog die einzelnen Schritte und gewann dabei jeweils geringe Flüssigkeitsmengen, die er weiterverarbeiten konnte. Schließlich schüttete er die Flüssigkeit in die letzte Glasröhre und erhielt – nichts. Aus der Säule kam nichts heraus. Er tauschte das Gel gegen eine frische Charge aus. Wieder nichts. Offensichtlich war die Säule verstopft. Er versuchte es mit neuem Material, aber die Verstopfung blieb bestehen. Die Arbeitsgruppe probierte unterschiedliche Flüssigkeitskonzentrationen aus. Die Verstopfung war immer noch da.

Shepherds technische Assistentin hatte eine Vermutung. Vielleicht hatte das *Arc*-Protein eine besondere Eigenschaft, die die Säulen verstopfen ließ. Dann war die Verstopfung kein Artefakt, sondern sagte etwas über die Struktur des *Arc*-Moleküls aus. Shepherd und seine Assistentin untersuchten die Flüssigkeit unter dem Elektronenmikroskop, wo sie die Struktur der Proteine auf dem Bildschirm bei sehr starker Vergrößerung betrachten konnten. Die Struktur war eine so große Überraschung, dass Shepherd bei ihrem Anblick rief: »Um Himmels willen, was ist denn da los?«

Arc bildete Hohlkugeln, und diese Kugeln waren so groß, dass sie in den Zwischenräumen des Gelfilters stecken blieben. In anderer Form hatte er solche Kugeln bereits während seiner vorklinischen Ausbildung gesehen. Genau die gleiche

Struktur bilden auch manche Viren, die sich zwischen den Zellen bewegen und sie infizieren.

Shepherd arbeitete im Forschungstrakt der medizinischen Fakultät der University of Utah. Er brauchte nur quer durch das Gebäude zu gehen und eine Arbeitsgruppe aufzusuchen, die sich mit dem AIDS-Erreger beschäftigte, dem Virus HIV. Wenn dieses von einer Zelle zur anderen wandert, bildet es eine Proteinkapsel, in der die genetische Information verpackt ist. Shepherd zeigte der virologischen Arbeitsgruppe seine Mikroskopaufnahmen und ließ die Kollegen raten, um was es sich handelte. Die HIV-Experten glaubten, sie hätten es mit einem HIV-ähnlichen Virus zu tun. Zwischen der von *Arc* gebildeten Proteinkapsel und der von HIV konnten sie keinen Unterschied feststellen. Beide bestanden aus vier verschiedenen Proteinketten, und beide hatten bis hin zum atomaren Aufbau der Biegungen und Falten die gleiche Molekülstruktur. Ganz ähnlich wie Anatomen, die Knochen studieren und benennen, so haben auch Biochemiker für Strukturen ihre eigenen Namen. Ein charakteristisches Merkmal von HIV ist eine Biegung der Molekülstruktur, die als Zink-Knick bezeichnet wird. Sie war auch bei *Arc* vorhanden.

Wie sich herausstellte, gleicht das *Arc*-Protein einem Protein von Viren wie HIV genau. Beide Moleküle funktionieren identisch: Sie transportieren kleine Stücke genetischen Materials von einer Zelle zur anderen. Und wie wir bereits erfahren haben, ähnelt das Syncytin ebenfalls HIV, wenn auch auf andere Weise.

In Zusammenarbeit mit Genetikern kartierte Shepherds Arbeitsgruppe die Struktur der *Arc*-DNA und suchte in den Genom-Datenbanken des Tierreiches nach anderen Arten, in denen sie ebenfalls vorkommt. Als sie die Struktur und Verteilung des Gens verfolgten, kristallisierte sich eine Geschichte über vorzeitliche Infektionen heraus. Alle landlebenden Wirbeltiere besitzen das *Arc*-Gen, Fische aber nicht. Demnach drang ein Virus vor rund 375 Millionen Jahren in das Genom des gemeinsamen Vorfahren aller landlebenden Wirbeltiere ein. Ich male mir gern aus, dass diese erste Infektion bei einem engen Verwandten von *Tiktaalik* stattfand. Das Virus versetzte seinen Wirt in die Lage, ein besonderes Protein herzustellen, eine Version von *Arc*. Dieses Protein würde es dem Virus normalerweise ermöglichen, von einer Zelle zur nächsten zu wandern und die Infektion weiter zu verbreiten. Aber da es sich an einer ganz bestimmten Stelle in das Fischgenom eingebaut hatte, wurde das Protein in diesem Fall im Gehirn aktiv und verstärkte die Erinnerungsfähigkeit. Die Individuen, bei denen die Infektion stattgefunden hatte, waren die Nutznießer eines biologischen Geschenks. Das Virus infizierte nicht mehr, sondern war verändert, neutralisiert, domestiziert und auf eine neue Funktion im Gehirn eingestellt. Dass wir lesen, schreiben und uns an die freudigen Augenblicke unseres Lebens erinnern können, verdanken wir einer vorzeitlichen Virusinfektion, die sich ereignete, als Fische die ersten Schritte an Land unternahmen.

Shepherd war erpicht darauf, seine Befunde bekannt zu machen, und fuhr zu einer Tagung über Neurowissenschaft und Verhalten. Bevor er mit seinem Vortrag an der Reihe war, hörte er die Präsentation einer Wissenschaftlerin, die mit Taufliegen arbeitete. Sie hatte nachgewiesen, dass die Fliegen ebenfalls *Arc* besitzen. Das Protein ist dort wie bei uns in den Zwischenräumen der Nervenzellen aktiv. Außerdem bildet das Fliegen-*Arc* ebenfalls hohle Kapseln, die Moleküle von einer Nervenzelle zur nächsten transportieren. Aber das Protein der Fliegen sieht aus, als würde es von einem anderen Virus stammen als das der landlebenden Tiere. Es ging also auf eine eigene Infektion zurück.

Wie kann ein Genom ein Virus zähmen und dafür sorgen, dass es arbeitet, statt weiterhin zu infizieren? Die Antwort ist nicht ganz geklärt, aber es könnte auf vielen verschiedenen Wegen geschehen. Malen wir uns einmal das Schicksal eines Virus und seines Wirtes unter unterschiedlichen Bedingungen aus. Ist das Virus sehr infektiös, stirbt der Wirt, und der Erreger gelangt nicht in die nächste Generation. Ist das Virus gutartig oder nützlich, dringt es ins Genom ein und setzt sich dort fest. Wenn es den Weg in das Genom einer Samen- oder Eizelle findet, wird es an die Nachkommen weitergegeben. Hat das Virus sehr nützliche Wirkungen, beispielsweise weil es dem Tier die Produktion einer leistungsfähigeren Plazenta ermöglicht oder für ein besseres Erinnerungsvermögen sorgt, kann die natürliche Selektion dafür sorgen, dass es erhalten bleibt und seine Aufgabe im Laufe der Zeit immer besser erfüllt.

Das Genom ähnelt dem Zombiefriedhof aus einem zweitklassigen Film. Überall liegen Stücke uralter Viren herum – nach manchen Schätzungen bestehen bis zu acht Prozent unseres Genoms aus toten Viren. Nach neuesten Schätzungen sind es mehr als 100 000. Manche derartigen Virusfossilien haben noch eine Funktion und produzieren Proteine, die den Entdeckungen der letzten fünf Jahre zufolge für die Schwangerschaft, das Erinnerungsvermögen und unzählige weitere Aktivitäten nützlich sind. Andere liegen wie Leichen an den

Stellen herum, an denen sie sich mit dem Genom verbunden haben und irgendwann abgetötet wurden.

Im Genom spielt sich ein Kampf ab. Manche Stücke des genetischen Materials produzieren immer neue Kopien ihrer selbst. Dabei kann es sich um fremde Eindringlinge handeln, beispielsweise um Viren, die das Kommando über das Genom übernehmen. Es können aber auch angeborene Genomteile sein, darunter die springenden Gene, die sich vermehren und überall eingebaut werden. Hin und wieder landen solche egoistischen genetischen Elemente an besonderen Orten und machen sich dann nützlich: Sie produzieren neues Gewebe wie das Endometrium oder machen neue Funktionen wie Gedächtnis und Kognition möglich. Genetische Mutationen können sich innerhalb weniger Generationen im gesamten Genom verbreiten. Und wenn Viren in verschiedene Arten eindringen, können ähnliche genetische Veränderungen unabhängig voneinander bei ganz unterschiedlichen Arten von Lebewesen stattfinden.

Meine Teestunden mit Mayr setzten sich noch zwei Jahre fort, nachdem ich mit Goldschmidt ins Fettnäpfchen getreten war. In den späteren Gesprächen merkte ich, dass Mayr einen mürrischen Respekt vor Goldschmidts Bemühungen empfand, Experimente aus Genetik und Entwicklungsbiologie mit den wichtigsten Erkenntnissen der Fossilforschung in Einklang zu bringen. Aber Mitte der 1980er Jahre wusste er, dass in der Molekularbiologie eine Revolution bevorstand, und deshalb forderte er die fortgeschrittenen Studierenden in seinem Umfeld auf, sich auf diesem Forschungsgebiet auf dem Laufenden zu halten.

Lillian Hellman hätte in diesem Zusammenhang vielleicht gesagt: Nichts beginnt zu dem Zeitpunkt und an dem Ort, an dem man glaubt. Genome sind keine unveränderlichen Stränge, sondern sie drehen und winden sich, während Viren angreifen und andere Gene springen. Genetische Mutationen können sich im gesamten Genom und über Artgrenzen hinweg ausbreiten. Veränderungen im Genom können schnell stattfinden, ähnliche genetische Veränderungen können sich unabhängig voneinander bei verschiedenen Lebewesen abspielen, und die Genome verschiedener Arten können durch ihre Vermischung und Verschmelzung biologische Neuerungen hervorbringen.

7.
Gezinkte Würfel

Um im letzten Jahr meiner Doktorandenzeit die Rechnungen bezahlen zu können, arbeitete ich nachts im chemischen Institut als Wachmann, tagsüber war ich Lehrassistent. Da die Gebäude des Instituts um drei Uhr morgens nur von wenigen Nachtarbeitern bevölkert waren, drehte ich meine Runden und freute mich, dass ich mich in aller Ruhe in die Klassiker der paläontologischen Fachliteratur vertiefen konnte. Nach Schichtende ging ich meinen eigenen Forschungsarbeiten nach und assistierte in einem großen Hörsaal bei den Paläontologie-Vorlesungen. Dabei kam ich im Laufe der Zeit mit vielen großen Ideen und Fragestellungen in Kontakt. Es schadete auch nicht, dass ich meine Lehrtätigkeit im Assistentenrudel des verstorbenen Stephen Jay Gould in seiner beliebten Vorlesung über die Geschichte des Lebens ausübte.

Mitte der 1980er Jahre hatte Gould sich zu einer wichtigen öffentlichen Gestalt entwickelt. Mit seiner Ausbildung als Paläontologe stürzte er sich in kontroverse Diskussionen; in der Frage, wie neue Arten entstehen und wie evolutionärer Wandel stattfindet, vertrat er radikale Standpunkte. In seinen Vorlesungen saßen rund 600 Studierende, die sie als Pflichtveranstaltung belegt hatten und wahrscheinlich keine hauptberuflichen Naturwissenschaftler werden würden. Ein solches Publikum erwies sich als ideale Zielgruppe, vor der Gould seine neuen Theorien und ihre Darstellung einem Test unterziehen konnte. Im Herbst schwang er jeden Dienstag und Donnerstag seine Reden, dramatisch ausgeschmückte Vorlesungen vor Studienanfängern, die entweder gebannt in den ersten Reihen saßen oder sich weiter hinten hingefläzt hatten und schliefen.

Goulds großes Thema waren zu jener Zeit die Katastrophen, die sich in der Geschichte des Lebens abgespielt haben. Fünfmal während der letzten 500 Millionen Jahre sind Arten, die lange die Vorherrschaft hatten, plötzlich von der Erde verschwunden. Das berühmteste derartige Aussterbeereignis führte zum Untergang der Dinosaurier. Vor etwa 65 Millionen Jahren wurden Dinosaurier, Meeresreptilien, Pterosaurier und viele Arten wirbelloser Tiere, die in den Ozeanen zu Hause waren, ausgelöscht. Auch die Artenvielfalt der Pflanzen nahm weltweit ab. Gesteinsanalysen geben Aufschluss über die mutmaßliche Ursache: Die Erde wurde von einem großen Asteroiden getroffen, das Weltklima veränderte sich dramatisch, und das führte zum Zusammenbruch der Ökosysteme, wobei zahlreiche Tiere plötzlich ausstarben. Das Verschwinden der Dinosaurier und anderer Lebewesen ebnete den Weg für die Säugetiere, denn diese konnten sich nun in einer Welt, in der es keine großen Raubtiere und Konkurrenten mehr gab, vermehren.

In einer Vorlesung stellte Gould kontrafaktische »Was wäre, wenn«-Fragen. Was wäre, wenn kein Asteroid auf der Erde eingeschlagen wäre und die Dinosaurier und andere Tiere überlebt hätten? Was wäre, wenn viele der scheinbar zufälligen historischen Ereignisse nicht stattgefunden hätten – wie würde die Welt dann aussehen? Es war die letzte Vorlesung vor der Winterpause, und nach der alljährlichen Ausstrahlung des Films *Ist das Leben nicht schön?* von Frank Capra zog Gould eine Analogie. Der Filmheld George Bailey steht im Begriff, sich mit einem Sprung von einer Brücke das Leben zu nehmen, da greift ein Engel ein und nimmt ihn mit auf eine Zeitreise, damit er sehen kann, wie sein Selbstmord sich auf seine Heimatstadt auswirken würde. Ohne Bailey verändert sich Bedford Falls im Bundesstaat New York zum Schlechteren. Gould tauschte George Bailey gegen einen Asteroideneinschlag und die Einwohner von Bedford Falls gegen das Leben auf der Erde aus. Hätte vor 65 Millionen Jahren kein Asteroid die Erde getroffen, wären die Dinosaurier wahrscheinlich nicht ausgestorben, und die Säugetiere hätten nie aufblühen können. Auch wir wären vermutlich nicht da, hätte dieser scheinbar zufällige Zusammenstoß zwischen einem Felsbrocken und unserem Planeten nicht stattgefunden.

Der Asteroideneinschlag ist nur eines von unzähligen, scheinbar zufälligen Ereignissen, die sich im Laufe der letzten vier Milliarden Jahre abgespielt haben und durch die wir heute hier sind. Genau wie unser persönliches Leben, das durch unzählige Zufallsbegegnungen, Gespräche und Gelegenheiten geprägt wurde, so wurde auch die Geschichte des Lebens durch Veränderungen von Kosmos, Planeten und Genomen gestaltet. Der Vortrag wurde später zum Stoff für Goulds Bestseller *Wonderful Life* [dt. *Zufall Mensch*]. Darin verallgemeinerte Gould seine »Was wäre, wenn«-Überlegungen und erweiterte sie um die großen Wendepunkte in der Geschichte des Lebens. Die Welt, die wir heute um uns herum sehen, einschließlich unseres eigenen Daseins, ist das Produkt von Äonen zufälliger Ereignisse. Würden wir das Tonband des Lebens noch einmal ablaufen lassen und nur ein einziges solches Ereignis geringfügig ändern, die Welt – einschließlich unseres Daseins in ihr – würde vollkommen anders aussehen.

Die wissenschaftlichen Ergebnisse der letzten Jahre deuten allerdings in Verbindung mit den Arbeiten aus fast einem Jahrhundert auf eine ganz andere Schlussfolgerung hin. Würden wir das Tonband mit anderen Zufallsereignissen ablaufen lassen, manche Dinge wären wohl überhaupt nicht anders.

Degeneriertes

Sir Ray Lankester (1847–1929) war ein riesiger Mann, sowohl was die Körpergröße als auch den Umfang anging. Er war geschwätzig, eigensinnig und streitlustig. Er wurde von einem Arzt großgezogen, der ihn ermutigte, die Natur zu erkunden, und brachte so von Kindheit an alle Voraussetzungen für eine Wissenschaftlerkarriere mit; am Ende studierte er in den 1860er Jahren in Oxford bei einigen der führenden Autoritäten seiner Zeit.

Nachdem 1859 Darwins *Ursprung der Arten* erschienen war, wurde Thomas Huxley zu einem so leidenschaftlichen Darwin-Fürsprecher, dass man ihn »Darwins Bulldogge« nannte. Erwartungsgemäß fand auch Lankester den Weg zu Huxley. Lankester war so streitsüchtig, dass Wissenschaftshistoriker ihm in letzter Zeit den Beinamen »Huxleys Bulldogge« verliehen haben. Er neigte dazu, hitzig zu diskutieren, und so musste sogar Huxley selbst ihn hier und da besänftigen.

Lankester entlarvte Behauptungen über paranormale Phänomene, die in den viktorianischen Kreisen seiner Zeit gang

Abb. 34: Sir Ray Lankester

und gäbe waren. Während einer Séance in London stellte er das amerikanische Medium Henry Slade bloß. Slade war dafür bekannt, dass er während der paranormalen Sitzungen eine Schiefertafel mit Botschaften aus der Welt der Geister unter einem Tisch hervorzog. Bei einer solchen Séance nutzte Lankester seine Körpergröße und griff im Vorhinein nach der Tafel, um die dort vorab niedergeschriebenen Nachrichten offenzulegen. Sein Eifer veranlasste ihn sogar, Strafanzeige gegen Slade zu stellen.

Das gleiche ungestüme Engagement, mit der er Betrügereien entlarvte, war auch die Triebkraft für Lankesters wissenschaftliche Arbeit. Nach seiner Zeit in Oxford ließ er sich an der zoologischen Station in Neapel zum Anatomen ausbilden und wurde zum Experten für Meeresmuscheln, Schnecken und Kleinkrebse. Unter seinen Händen gab die Anatomie dieser Tiere einige Überraschungen preis, und es machte ihm nichts aus, den Weg der Erkenntnis weiterzuverfolgen, ganz gleich, wohin er ihn führte.

Seit Darwin suchten die Anatomen bei verschiedenen biologischen Arten nach Ähnlichkeiten, die Anhaltspunkte für ihre Abstammung liefern konnten. Wie gesagt: Nach Darwins Vorstellung sind anatomische Ähnlichkeiten zwischen den Arten ein Beleg dafür, dass sie einen gemeinsamen Vorfahren haben. Huxley erkannte, dass manche Gruppen von Fischen enge Verwandte von Tieren mit Extremitäten sind, weil ihre Flossen im Inneren eine Art Armknochen enthalten. Ebenso wiesen er und andere anhand anatomischer Ähnlichkeiten nach, dass Vögel und Säugetiere in einer engen Verbindung zu verschiedenen Reptilien stehen. Aus diesem Gedankengang folgten ganz bestimmte Vorhersagen: Eng verwandte Formen sollten mehr Ähnlichkeiten aufweisen als solche, deren verwandtschaftlicher Abstand größer ist.

Lankester erkannte noch etwas anderes. Er konzentrierte sich auf eine Beobachtung, die von anderen Wissenschaftlern entweder nicht gemacht oder nicht beachtet wurde. Bei seinen Untersuchungen an Meerestieren stellte er fest, dass viele Arten in ihrer Evolution keine neuen Merkmale hinzugewonnen, sondern alte verloren haben. Strukturen aufzugeben und einfacher zu werden – zu »degenerieren«, wie Lankester es nannte –, eröffnete die Möglichkeit ganz neuer Lebensweisen. Ihm fiel auf, dass Lebewesen, in deren Evolution sich eine parasitische Lebensweise entwickelt, einfacher werden und Körperteile verlieren, oft sogar ganze Organe. Kleinkrebse sind Tiere mit Schwanz, Panzer, Augen und Nervensträngen, aber Kleinkrebse, die als Parasiten im Darm anderer Tiere leben, sind als solche fast nicht mehr zu erkennen. Sie haben Panzer, Augen und viele Verdauungsorgane verloren.

Als Lankester die Degeneration erforschte, stieß er auf ein noch tieferliegendes, wichtigeres Rätsel. Parasitische Kleinkrebse verlieren immer die gleichen Körperteile, unabhängig davon, wo sie auf der Erde leben und auf welchen Körperteil ihres Wirtes – beispielsweise Darm oder Kiemen der Fische – sie sich spezialisiert haben. Das Gleiche gilt auch für viele andere degenerierte Formen. Höhlenbewohner, seien es Fische, Amphibien oder Krebse, degenerieren und verlieren Organe, so dass sie in dunklen Höhlen effizienter leben können, vermutlich weil sie die Energie einsparen, die sie sonst für den Aufbau und die Erhaltung nutzloser Organe brauchen würden. Erstaunlicherweise entwickeln sich dabei ganz unterschiedliche Arten auf die gleiche Weise: Sie werden farblos, verlieren die Augen, und oft werden auch ihre Extremitäten kleiner.

Einer der vielleicht offenkundigsten Fälle von Degeneration sind Schlangen: Sie haben mit Ausnahme kleiner Stummel, die man bei manchen Arten beobachtet, sämtliche Gliedmaßen verloren. Aber der Bauplan der Schlangen ist nicht nur durch Verlust geprägt; ihr Körper wird auch durch neu hinzugekommene Wirbel und Rippen länger. Dies passt zur Lebensweise dieser Tiere, die sich durch Schlängeln fortbewegen. Für solche Bewegungen wären Extremitäten schlicht und einfach hinderlich.

Einen Schlangenkörper, das wusste Lankester, haben nicht nur Schlangen. Auch verschiedene Echsenarten besitzen stark reduzierte Extremitäten und einen langen Körper. Reptilien einer nur entfernt verwandten Gruppe, die Doppelschleichen oder Amphisbaenia, sind lang und haben keine Gliedmaßen. Es wäre verzeihlich, wenn wir sie für Schlangen oder Echsen halten würden, aber anatomisch sind sie ganz anders gebaut. Und selbst Amphibien kommen hier ins Spiel. Die Amphibien aus der Gruppe der Schleichenlurche oder Blindwühlen haben ebenfalls einen langen Körper ohne Extremitäten. Das gleiche Merkmal und der gleiche Evolutionsweg können also oft bei verschiedenen Tieren vorkommen.

Auch in der Welt unserer menschlichen Innovationen kommt es häufig zu unabhängigen Erfindungen. Ob Telefon, Jojo oder Evolutionstheorie: Ideen und technische Konstruktionen haben die Gewohnheit, ungefähr zur gleichen Zeit bei verschiedenen Erfindern auf der Bildfläche zu erscheinen. Ob eine Idee in der Luft liegt, weil ihre Zeit gekommen ist, weil eine vorhandene Technologie eine naheliegende Verbesserung erfährt oder weil Erfindungen einer grundlegenden Regelmäßigkeit unterliegen: Solche »Doppelungen« sind so häufig, dass man sie in manchen Tätigkeitsbereichen nicht als Ausnahme, sondern als Regel betrachten muss. Das Gleiche gilt auch für manche Teile der lebendigen Natur.

Biologische Doppelungen machen oftmals die tiefere Funktionsweise der Natur deutlich. Um zu erkennen, warum das so ist, müssen wir noch einmal zu Auguste Dumérils bescheidenen kleinen Tieren zurückkehren.

Die Welt aus der Sicht eines Salamanders

Den sanftmütigen, kollegialen David Wake (geb. 1936) von der University of California in Berkeley würde niemand mit Ray Lankester verwechseln. Wakes Arbeiten hatten seit den 1960er Jahren aber ebenso weitreichende Folgen. Während Lankesters Thema die Meerestiere waren, widmete Wake sein Wissenschaftlerleben dem Ziel, Salamander zu verstehen.

Wir könnten froh sein, würden wir manche biologischen Eigenschaften von Salamandern in uns tragen. Schneidet man ihnen eine Extremität ab, kann der fehlende Körperteil vollständig regeneriert werden, einschließlich aller Muskeln, Knochen, Nerven und Blutgefäße. Bei Salamandern wächst ein geschädigtes Herz und sogar das Rückenmark nach. Das Spektrum ihrer bemerkenswerten Erfindungen reicht von verschiedenartigen Giftdrüsen bis zu den Methoden des Beutefangs. Seit über 40 Jahren kommen Studierende und ältere Wissenschaftler aus der ganzen Welt nach Berkeley, um mehr über die Biologie der Salamander zu erfahren. Wake ist ein moderner Duméril: Er gewinnt aus den vordergründig so einfachen Salamandern erstaunliche biologische Erkenntnisse.

Wie wir seit Dumérils Zeit wissen, werden Salamander häufig in einer Umwelt geboren und wechseln dann im Laufe ihres Wachstums in eine ganz andere. Viele Arten schlüpfen im Wasser und leben nach ihrer Metamorphose an Land. Dieser Übergang erfordert umfassende Veränderungen der Lebensweise und insbesondere der Ernährung.

Ganz allgemein gesagt, gibt es auf der Welt zweierlei Raubtiere. Die meisten bewegen das Maul zur Beute: Löwen, Geparden und Krokodile schnappen zu oder beißen, wenn sie

Abb. 35: David Wake sucht in Mexiko nach Salamandern.

ihre Beute jagen, oder warten in aller Stille, bis ein Tier vorbeikommt. Andere beschaffen sich ihre Nahrung auf die umgekehrte Weise: Sie holen sich die Beute zum Mund. In diese Kategorie gehören die Salamander.

Wenn Salamander sich im Wasser aufhalten, saugen sie Insekten und andere kleine Gliederfüßer ins Maul. Winzige Knochen im Rachen und oben am Schädel erweitern die Mundhöhle und schaffen so ein Vakuum, das Wasser und Beutetiere in den Mund zieht. Für im Wasser lebende Amphibien funktioniert diese Strategie hervorragend, aber an Land versagt sie. Um schwere Beutetiere mit ausreichender Saugkraft ins Maul zu ziehen, müssten Landtiere ein Vakuum von der Stärke eines Düsentriebwerks erzeugen, das größer ist als ihr ganzer Körper.

Deshalb haben Salamander viele Tricks entwickelt, mit denen sie die Beute an Land in ihren Mund befördern können. Manche Arten strecken die Zunge heraus, fassen damit die Insekten und ziehen sie ein. Sie können die Zunge fast bis auf die halbe Körperlänge ausfahren, fangen mit einem klebrigen Polster kleine Insekten und befördern sie ins Maul. Salamander erlangen diese Fähigkeit durch zwei Mechanismen: Der eine streckt die Zunge heraus, der andere zieht sie zurück. Die spezialisierte Zunge ist einer der bemerkenswertesten Apparate von Mutter Natur, und auch wenn es auf den ersten Blick weit hergeholt erscheint, lassen sich an ihr einige wirklich überraschende allgemeine Erkenntnisse über das Leben auf der Erde gewinnen. Da die Schönheit und Bedeutung des Systems in den anatomischen Details liegen, müssen wir uns ein wenig genauer mit der Anatomie von Salamandern beschäftigen.

Wenn wir das Zungenspiel der Salamander verstehen wollen, können wir zunächst einmal die eigene Zunge herausstrecken. Möglich wird die Bewegung durch ein komplexes Wechselspiel verschiedener Muskeln. Unsere Zunge ist im Wesentlichen ein von Bindegewebe eingehülltes und mit Geschmacksknospen besetztes Muskelpaket. Eine Reihe weiterer Muskeln verbindet sie mit den Knochen von Unterkiefer und Hals. Wenn wir die Zunge herausstrecken, bewegen wir Muskeln in ihrem Inneren – diese machen aus der weichen, flachen Zunge ein starres, längliches Gebilde –, und mit äußeren, an der Zunge ansetzenden Muskeln schieben wir sie aus dem Mund. Einer der wichtigsten Muskeln, der die Zunge nach außen zieht, verläuft von der Innenseite des Kinns bis zur Zungenunterseite. Wenn sich dieser Kinn-Zungen-Muskel oder Genioglossus zusammenzieht, strecken wir die Zunge heraus.

Menschen nutzen den Genioglossus zum Sprechen und Essen. Manchmal wird er chirurgisch behandelt, weil man das Schnarchen vermindern will. Durch die Straffung des Muskels bewegt sich die Ruheposition nach vorn und vom Rachen weg. Durch diese Korrektur blockiert die Zunge im Schlaf nicht mehr die Luftwege, so dass das Schnarchen und – so hofft man – auch die Schlafapnoe verhindert wird.

Wir Menschen sind zwar zu Recht stolz darauf, dass wir sprechen können, und dafür sind Bewegungen von Zunge und Genioglossus unverzichtbare Voraussetzungen, aber der Versuch, mit unserer Zunge fliegende Insekten zu fangen, wäre ein hoffnungsloses Unterfangen. Eine Zunge wie die unsere ragt weder weit genug aus dem Mund, noch ist sie schnell genug, um irgendetwas zu fangen. Das ist angesichts unserer gesellschaftlichen Normen und Ernährungsgewohnheiten wahrscheinlich etwas Gutes, aber einem Salamander würde ein solcher Zustand nichts nützen.

Viele Salamander besitzen ebenfalls einen Genioglossus, der auch an der Ernährung mitwirkt. Bei mehreren Arten ist er abgewandelt und bildet einen langen Streifen, der im zusammengezogenen Zustand dafür sorgt, dass die Zunge aus dem Mund ragt. Eine solche nach außen ragende Zunge besitzen die meisten Salamanderarten. Im Wettbewerb des Zungenausstreckens würde sie aber nicht einmal einen der hinteren Plätze belegen: Sie ist zwar gut, aber in keiner Hinsicht so unglaublich wie andere Mechanismen. Die Kontraktionsgeschwindigkeit des Genioglossus stellt für die Funktionsgeschwindigkeit des Systems eine physische Grenze dar. Sie reicht nicht aus, um schnell fliegende Insekten einzufangen.

Eine von Wakes Spezialitäten war die Gattung *Bolitoglossa*.

Diese Salamander können die Zunge in der Länge ihres halben Körpers herausstrecken und dann in weniger als zwei Tausendstelsekunden wieder einziehen. Ihnen beim Fressen zuzusehen ist ein verblüffendes Erlebnis. Die Zunge bewegt sich so schnell, dass man die Bewegung selbst in Zeitlupenvideos auf YouTube kaum wahrnimmt. Atemberaubend ist dabei, dass kein Muskel des Salamanders sich so schnell zusammenziehen kann, wie die Zunge herausschießt; sie bewegt sich oberhalb der Geschwindigkeitsbegrenzung der Muskeln. Es scheint, als würden Salamander die Gesetze der Physik außer Kraft setzen.

David Wake und Eric Lombard, einer seiner Doktoranden aus den 1960er Jahren, beschäftigten sich näher mit dieser Zunge. In fast zehnjähriger Arbeit wollten sie verstehen, wie sie funktioniert und vor allem, wie sie entstanden ist. Sie sezierten die Zungen verschiedener Tierarten und prüften sorgfältig jeden Muskel, jeden Knochen und jedes Band. Außerdem manipulierten sie verschiedene Knochen und Muskeln mit einer Pinzette, weil sie wissen wollten, wie sich die Bewegungen anregen lassen. Jahrzehnte später filmte einer von Wakes Studenten schnelle Zungenbewegungen, um so herauszufinden, wie Muskeln und Knochen durch ihr Zusammenwirken das scheinbar Unmögliche bewerkstelligen.

Wake entdeckte, dass die Zunge eines Salamanders wie ein äußerst raffiniertes biologisches Geschütz funktioniert. Stark spezialisierte Salamander strecken nicht einfach die Zunge heraus. Sie schießt vielmehr aus dem Mund wie eine Gewehrkugel, die an einer Leine befestigt ist. Und als wäre das nicht schon seltsam genug, handelt es sich bei dem Geschoss, das der Salamander abschießt, um kleine Knochen aus dem Kiemenapparat, die mit einem klebrigen Polster verbunden sind. Der Salamander schießt Teile seiner Kiemen in einem buchstäblichen Augenblick über die halbe Körperlänge. Und was ebenso bemerkenswert ist: Anschließend klappt das ganze Organ nahezu ebenso schnell, wie es ausgestoßen wurde, wieder in den Mund zurück.

Bei Salamandern mit einer solchen Geschosszunge ist der Genioglossus vollständig verlorengegangen. Dieser Muskel zieht sich zu langsam zusammen und wäre beim Abschuss des Projektils nur im Wege. Außerdem sind die Kiemenknochen bei den meisten Salamanderarten beiderseits des Kopfes befestigt und dienen als Anheftungsstellen für die Kiemenfilamente. Salamander mit einer Projektilzunge machen es vollkommen anders. Hier sind die Kiemenknochen vom Schädel gelöst und an die Zunge angeheftet, so dass sie zu dem Projektil werden, das wie eine Gewehrkugel abgeschossen wird.

Wenn wir uns ein Bild von der herausschießenden Salamanderzunge machen wollen, können wir uns vorstellen, wir würden einen Wassermelonenkern abschießen, indem wir ihn zwischen Daumen und Zeigefinger einklemmen. Der Kern ist glitschig und läuft spitz zu. Wenn wir ihn zwischen die Fingerspitzen klemmen, schießt er schnell und weit heraus. Für die Salamanderzunge gilt das Gleiche. Für das Quetschen sorgen raffinierte Muskeln, und die Knochenstäbe des Kiemenapparats werden zu der feuchten, spitz zulaufenden Oberfläche. Wenn die Muskeln sich zusammenziehen, fliegen die Knochen wie ein Wassermelonenkern davon.

Bei einer Projektilzunge sind zwei Kiemenknochen vergrößert und sehen aus wie eine Stimmgabel, deren Zinken in Richtung des Schwanzes weisen. Diese langen Stäbe laufen ganz ähnlich wie der Wassermelonenkern spitz zu und sind glitschig. Um sie herum sind Spannmuskeln gewickelt, die den Stab auf seiner ganzen Länge einhüllen. Wenn diese Muskeln aktiv werden, quetschen sie die Stäbe zusammen und lassen sie aus dem Mund schießen. Das hat zur Folge, dass Zungenpolster und Kiemenknochen ihr Ziel treffen. Geht alles gut, wird das Insekt von dem Polster gefangen und zum Mund transportiert.

Für den Salamander wäre allerdings nichts gewonnen, wenn die Zunge nur herausschießen und ein Insekt fangen würde, ohne dass Beute oder Zunge zum Mund zurückkehren könnten. Der Gedanke an einen Salamander, der seine lange Zunge nicht mehr einziehen kann, mag komisch wirken, in Wirklichkeit wäre ein solcher Zustand aber tödlich. Das Tier wäre natürlichen Feinden ausgeliefert, könnte sich keine Nahrung mehr beschaffen und würde mit ziemlicher Sicherheit sterben. Dafür hat es eine kluge Lösung. Die Bauchhöhle ist bei allen Salamandern von Muskeln umgeben, die sich von der Hüfte bis zu den Kiemen erstrecken und normalerweise den Körper stützen. Bei Arten mit einer besonders ausgeprägten Projektilzunge sind Fasern der beiden Muskelgruppen verschmolzen und bilden einen einzigen Muskel, der sich von den Beckenknochen bis zu den spezialisierten Kiemenknochen erstreckt. Das Ganze kann man sich wie eine riesige Feder vorstellen: Wenn die Kiemenknochen hinausgeschossen werden, dehnt sich das Muskelband und sorgt dafür, dass der ganze Apparat sich wieder aufrollt.

Zur Entstehung dieses komplexen biologischen Mechanismus entwickelten sich keine neuen Organe und noch nicht einmal neue Knochen. Stattdessen wurden alte Knochen und

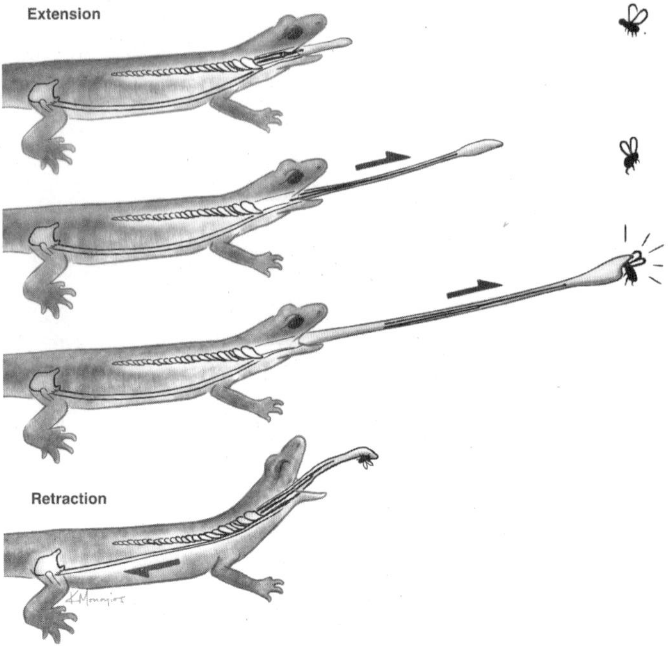

Abb. 36: Ein biologisches Wunder: Die herausschießende Salamanderzunge

Muskeln zu neuen Zwecken verwendet. Die gleichen Muskeln, die für das Herausschießen der Zunge sorgen, werden von anderen Salamandern zum Schlucken genutzt. Knochen, die einst die Kiemen stützten, erwarben ein spitz zulaufendes Ende und wurden zu den Geschossen. Der Genioglossus ging verloren, um das Projektil nicht zu behindern. Bauchmuskeln verschmolzen und bildeten den Federmechanismus, der die Zunge zurückzieht. Alle diese Veränderungen und Zweckentfremdungen ließen ein natürliches Wunder entstehen, eine höchst komplizierte Erfindung, die aus vielen Teilen besteht.

War schon die Salamanderzunge als solche ein Wunder, so

erwuchs aus Wakes Forschungsarbeiten eine noch ungewöhnlichere Erkenntnis.

Wake hat sich unter anderem darauf spezialisiert, mit Hilfe der DNA den Stammbaum der Salamander zu entschlüsseln, um herauszufinden, wie verschiedene Arten miteinander verwandt sind. In der Tradition, die mit Zuckerkandl und Pauling begann, vergleicht er Gensequenzen verschiedener Arten und kann so abschätzen, wo und wann sie in der Evolution entstanden sind. Anhand von Gewebeproben nahezu aller Salamanderarten stellte Wake den bis heute maßgeblichen Stammbaum der Salamander zusammen. Über das Ergebnis war selbst er erschrocken.

Salamander mit besonders extremen Projektilzungen sind nicht eng miteinander verwandt. Im Gegenteil: Zwischen diesen Arten liegen im Stammbaum große Entfernungen; offensichtlich lebten sie also Hunderte von Kilometern voneinander entfernt und hatten unterschiedliche Vorfahren. Die Projektilzunge, eine raffinierte biologische Neuerung, die mit vielen koordinierten Veränderungen von Kopf und Körper einherging, ist mindestens dreimal unabhängig voneinander entstanden, vielleicht auch noch häufiger. In allen Fällen ging der Genioglossus verloren, die Kiemenknochen wurden abgewandelt und zu Projektilen umgestaltet, und die Bauchmuskeln verwandelten sich in einen Federmechanismus, der das Projektil in den Mund zurückholen konnte. Diese Zungen sind ein weiteres Beispiel für Sir Ray Lankesters Mehrfachentwicklungen.

Dass ein so stark spezialisiertes Organ sich mehrmals vollkommen unabhängig entwickelte, ist kein Zufall. Alle Arten, die das Merkmal besitzen, haben mehrere Gemeinsamkeiten.

Die meisten Salamander nutzen die Kiemenknochen zum Atmen: Sie erweitern damit den Mund und saugen Luft in die Lunge. Außerdem werden die Kiemenknochen im Larvenstadium ausgiebig zum Fressen genutzt: Ihre Bewegung erzeugt die Saugkraft, mit denen das Futter eingezogen wird. Wenn die Kiemenknochen zum Atmen und Fressen gebraucht werden, stellt sich die Frage: Wie konnten sie für die herausschießende Zunge verwendet werden? Arten mit den extremsten Projektilzungen haben weder eine Lunge, noch gibt es bei ihnen Larvenstadien. Da beides verlorengegangen ist, muss der Kiemenapparat die anderen Funktionen nicht mehr erfüllen und kann nun eine neue Aufgabe übernehmen: Er dient als Geschoss zum Beutefang.

Aber wie entstehen solche neuen Funktionen? Was können wir aus ihnen über die innere Funktionsweise von Lebewesen lernen?

Unordnung ist die Ordnung

Wie die meisten Menschen, so haben auch Wissenschaftler etwas gegen Unordnung. Sie lieben Graphiken, in denen die Punkte säuberlich auf einer Geraden oder Kurve liegen. Wir sehnen uns nach Experimenten, die definitive Ergebnisse liefern. Unsere Beobachtungen sind im Idealfall ordentlich, sauber und entsprechen konsistent einer Vorhersage. Wir lieben das Signal und verabscheuen das Rauschen.

Mit Untersuchungen am Stammbaum des Lebendigen ist es nicht anders. Ihn aufzubauen ist ein wenig so, als würde man einen Bestimmungsschlüssel für Arten in freier Wildbahn entwickeln: Man sucht nach besonderen Merkmalen, die den Tieren gemeinsam sind. Je mehr einzigartige Merkmale eine Spezies hat, desto leichter lässt sie sich von anderen unterscheiden. So erkennt beispielsweise jeder den Unterschied zwischen einer Möwe und einer Eule. Die beiden Vögel haben Merkmale, an denen man sie identifizieren kann, sei es das runde Gesicht der Eule oder der Schnabel und die Körperfarbe von Möwen. Einheitlichkeit ist gegeben, wenn verschiedenen Tiergruppen Merkmale von der Anatomie bis zur DNA gemeinsam sind. Menschen haben gemeinsame Merkmale, die man bei anderen Primaten nicht beobachtet, Primaten haben gemeinsame Merkmale, die man bei anderen Säugetieren nicht beobachtet, Säugetiere haben gemeinsame Merkmale, die man bei den meisten Reptilien nicht beobachtet, und so weiter.

Ray Lankester stieß auf ein Henne-Ei-Problem: Wie unterscheiden wir Ähnlichkeiten, die sich unabhängig voneinander mehrfach entwickelt haben, von Ähnlichkeiten, in denen sich eine echte gemeinsame Abstimmung widerspiegelt? Wenn die Zungen der Salamander mit all ihren komplizierten Details unabhängig voneinander entstehen konnten, wie können wir dann jemals mit Sicherheit behaupten, irgendein Merkmal sei ein Beleg für Verwandtschaft? In Wirklichkeit sind die Zungen der Salamander nur ein Teilaspekt. Mehrfachentwicklungen beobachtet man in einem Organ nach dem anderen.

Wie sieht demnach der weltweit führende Salamanderexperte ihre Evolution? Wie die meisten Vertreter seines Fachgebiets, so hat auch David Wake es mehr oder weniger aufgegeben, Verwandtschaftsbeziehungen an der Anatomie ablesen zu wollen. Warum? Ganz gleich, wie viele Daten man sammelt, eines ist klar: Salamander haben in verschiedenen Teilen der Welt zu verschiedenen Zeiten unabhängig voneinander die gleichen Konstruktionen entwickelt.

Vielleicht ist das Chaos bei den biologischen Mehrfachentwicklungen nicht nur lästig, sondern ermöglicht auch grundlegende neue Erkenntnisse. Vielleicht ist das, was wir für Rauschen halten, in Wirklichkeit das Signal. Was, wenn bestimmte Evolutionswege nicht dem Zufall unterliegen?

Mehrfachentwicklungen können bei Lebewesen auf zweierlei Wegen entstehen. Im ersten Fall gibt es für ein Problem eine begrenzte Anzahl von Lösungen. Ein Beispiel ist das Fliegen. Jedes Flugtier braucht eine große Oberfläche, die Auftrieb erzeugt, und deshalb haben alle Tiere, die fliegen können, Flügel. Die Flügel der Vögel, der fliegenden Reptilien, der Fledermäuse und der Fliegen sehen ähnlich aus, unterscheiden sich aber im inneren Aufbau und ihrer Entstehungsgeschichte, die wir nachzeichnen können. Die Knochen sind im Flügel eines Vogels anders gebaut als bei einer Fledermaus oder einem Pterosaurier. Bei der Fledermaus ist der Flügel eine Haut, die zwischen fünf verlängerten Fingern ausgespannt ist, beim Pterosaurier wird er von einem sehr langen vierten Finger gestützt. Insektenflügel sind wiederum ganz anders: Ihr Gerüst besteht aus eigenen Gewebetypen. In der Entstehung solcher Strukturen fließen physikalische Notwendigkeit und Vergangenheit zusammen – in allen Fällen handelt es sich um einen Flügel, aber in seinem Aufbau spiegelt sich die unterschiedliche Evolutionsvergangenheit von Säugetieren, Vögeln, Reptilien und Insekten wider.

Beispiele für solche physikalischen Notwendigkeiten gibt es in Hülle und Fülle; die ersten Anatomen bezeichneten sie häufig als »Regeln«. Nach der Allen-Regel, die 1877 von Joel Asaph Allen formuliert wurde, haben warmblütige Tiere, die in kälterem Klima zu Hause sind, kürzere Körperanhänge (Extremitäten, Ohren, Nase und Ähnliches) als Arten, die in wärmeren Regionen leben. Die Erklärung dafür ist der Wärmeverlust – Tiere mit verlängerten Gliedmaßen verlieren mehr Wärme. Ähnlich die 1844 von Karl Bergmann formulierte Bergmann-Regel: Ihr zufolge sind Tiere, die in kälterem Klima leben, im Durchschnitt größer als die Bewohner wärmerer Breiten. Die Einschränkung ergibt sich auch hier aus dem Wärmeverlust, denn kleine Tiere haben im Verhältnis zum Gewicht eine größere Oberfläche, über die sie Wärme abgeben. Sowohl die Allen- als auch die Bergmann-Regel treffen im Allgemeinen auf ganz verschiedene Arten zu, die an unterschiedlichen Orten zu Hause sind.

Mehrfachentwicklungen können aber auch auf einem anderen Weg entstehen. Wie schon Darwin erkannte, sind zwei Individuen in einer Population nie völlig gleich, und manche Abweichungen sorgen dafür, dass ein Organismus in seiner Umwelt mehr Erfolg hat, weil er mehr Nachkommen hervorbringt und robuster ist. Solche Unterschiede sind die Grundlage der Evolution durch natürliche Selektion: Solange es in einer Population Varianten gibt und solange manche derartigen Abweichungen sich auf den Erfolg der Lebewesen in ihrer Umwelt auswirken, ist evolutionärer Wandel die unvermeidliche Folge. Aber natürliche Selektion kann nur auf die Vielfalt einwirken, die in einer Population vorhanden ist. Ohne Unterschiede zwischen den Individuen gibt es keine Evolution. Und wie steht es, wenn die Variation in irgendeiner Form voreingenommen ist? Wenn die Rezepte aus Genetik und Entwicklung, durch die Körper und Organe aufgebaut werden, bestimmte Konstruktionen einfacher hervorbringen können als andere oder wenn manche Formen überhaupt nicht entstehen? Wenn es so ist, müssten wir nur wissen, wie Körper und Organe während der Entwicklung eines Tieres aufgebaut werden; dann könnten wir vorhersagen, welche Varianten in einer Population auftreten und wie demnach ihre weitere Evolution verlaufen wird.

Kalte Füße

Nachdem ich meine Doktorandenzeit an der Harvard University hinter mich gebracht hatte, zog ich nach Westen an die University of California in Berkeley, um an einem der berühmten Hochschulmuseen für Zoologie und Paläontologie weiter zu studieren. Nachdem ich mich dort einige Wochen herumgetrieben hatte, war ich fasziniert von David Wake und seiner ansteckenden Begeisterung für Salamander; also überlegte ich, welche Projekte ich in seiner Arbeitsgruppe verfolgen konnte. Nach Kalifornien hatten mich nicht nur die Museen und Salamander gelockt, sondern auch der Wunsch nach einem Klimawechsel. Nachdem ich fünf Jahre in Cambridge, Massachusetts, gewohnt hatte und zur sommerlichen Freilandarbeit nach Grönland und Kanada gefahren war, empfand ich das Bedürfnis, der Dunkelheit und Kälte zu entfliehen, um in der Sonne Kaliforniens baden zu können.

Aber die sonnige Glückseligkeit fand ich nicht. Als ich eintraf, herrschte in Berkeley eine der heftigsten Kältewellen der jüngeren Vergangenheit. Wie ich schon bald erfuhr, ist nichts, nicht einmal ein Zelt in Grönland, so eisig wie Kalifornien bei kaltem Wetter. Häuser und Menschen, darunter auch ich, hatten keine Wärmedämmung. Überall in der Stadt froren die Leitungen ein, und Wasser wurde rationiert. Ich konnte es zu jener Zeit noch nicht wissen, aber der Frosteinbruch in Kalifornien sollte großen Einfluss auf meine Gedanken über die Geschichte des Lebens haben.

Irgendwann während der Kältewelle ging ich in Wakes Labor, um mich aufzuwärmen und einige Wassergefäße zu füllen. Er telefonierte gerade mit einem Kollegen des Nationalpark-Service im Schutzgebiet Point Reyes National Seashore an der Pazifikküste. Die Kältewelle hatte die Süßwasserseen des Parks schwer getroffen – sie waren zum ersten Mal seit Jahrzehnten zugefroren. Die Tiere waren auf den Temperaturrückgang ebenso wenig vorbereitet wie die Menschen. In dem Telefongespräch ging es darum, dass Tausende von Salamandern in den Teichen erfroren waren, und die Nationalparkbehörde wollte wissen, ob wir sie für die zoologische Sammlung unseres Museums haben wollten. Die Tiere waren bereits durch eine Naturkatastrophe gestorben, warum also sollte die Wissenschaft nicht versuchen, sie so gut wie möglich zu nutzen?

Jetzt standen uns mehr als 1000 Salamander für unsere Untersuchungen zur Verfügung. In Harvard hatte ich mich bereits mit den Extremitäten dieser Tiere beschäftigt und war der Frage nachgegangen, wie ihre Hände und Füße sich während der Embryonalstadien entwickeln. Angesichts meiner Interessenlage schmiedeten wir einen Plan, die Füße der Tiere und das Skelett in ihrem Inneren genauer zu studieren. Da jeder Salamander zwei Hintergliedmaßen hatte, konnten wir insgesamt 2000 Füße untersuchen.

Meine Begeisterung über 2000 Salamanderfüße war durchaus nicht absurd. Ich kam gerade frisch aus Goulds Vorlesung und wollte wissen, in welchem Ausmaß die Evolution zufällig oder unausweichlich ist. Wir erkannten überall Mehrfachentwicklungen, von der Zunge bis zu den degenerierten Gliedmaßen, vom Salamander bis zum Kleinkrebs. Je häufiger jemand suchte, desto mehr wurde gefunden. Wake hatte gezeigt, dass die Evolution von Salamanderfüßen auf ganz bestimmten Wegen verläuft, und wie bei der Zunge spielt sich die gleiche Entwicklung bei verschiedenen Arten unabhängig voneinander ab.

Aufgrund der Kälte hatten wir nun Tausende von Füßen aus einer einzigen Population einer Spezies. Wir hatten vor, uns den Aufbau ihrer Gliedmaßen genau anzusehen und herauszufinden, wie stark er bei den einzelnen Individuen variierte. Solche Abweichungen sind das Material für die Evolution durch natürliche Selektion. Wir konnten also die zentralen Fragen stellen: Ist die Variation in Populationen in irgendeiner Form einseitig? Kommen Mehrfachentwicklungen vor, weil die Variation zwischen den Individuen, der Treibstoff der natürlichen Selektion, nicht dem Zufall gehorcht? Wenn alle Bauprinzipien der Gliedmaßen mit gleicher Wahrscheinlichkeit vorkommen, sollten wir in der riesigen Stichprobe der gefrorenen Salamander aus Point Reyes zufällige Variationen beobachten können. Aber vielleicht lenkt irgendeine verborgene, innere Einseitigkeit der Variation die Evolution in bestimmte Richtungen.

In mehr als 200 Millionen Jahren Evolution haben sich die Extremitäten der Salamander ebenso entwickelt wie Lankesters degenerierte Organismen: Sie haben keine Strukturen hinzugewonnen, sondern welche verloren. Mehrere Merkmale tauchen im Skelett immer und immer wieder auf, ganz gleich, ob sich eine Spezies in China, Mittelamerika oder Nordamerika entwickelt hat. In der Regel gehen zuerst Finger verloren, und zwar immer die gleichen: Sie verschwinden stets auf der Seite des kleinen Fingers, aber nie auf der anderen. Die zweite Gesetzmäßigkeit besteht darin, dass die Knochen in Hand- und Fußgelenken im Laufe der Evolution verschmelzen. Salamander haben normalerweise neun Fußgelenksknochen. Spezialisierte Arten verlieren einige davon nach einem ganz bestimmten Muster – benachbarte Knochen verschmelzen. Wo bei einem Vorfahren noch zwei getrennte Elemente vorhanden waren, ist es bei einem Nachkommen unter Umständen nur noch eines, das aber größer ist. Wake bemerkte, dass solche Verschmelzungsereignisse nicht nach dem Zufallsprinzip stattfinden. Manche von ihnen ereignen sich immer wieder, andere dagegen nie.

In Museen oder Zoos, ja selbst in der freien Wildbahn haben Wissenschaftler normalerweise nie Zugang zu 1000 Skeletten einer einzigen Spezies. Diese vielen Exemplare waren eine Fundgrube: Die Zahl reichte aus, um echte statistische Untersuchungen anzustellen und Vermutungen zu überprüfen. Wir konnten der Frage nachgehen, ob die Variation einseitig war und Einfluss darauf hatte, wie die Evolution der Salamander verlief. Die Schwierigkeit bestand darin, ins Innere der Füße zu blicken.

Die Extremitäten einfach zu röntgen war nicht möglich; ihr Skelett besteht aus weichem Knorpel, der mit einem üblichen medizinischen Röntgengerät nahezu nicht abzubilden ist. Die Zahl der Individuen war außerdem so groß, dass man sie nicht alle in einen Computertomographen hätte legen können, denn das hätte astronomische Kosten verursacht, und Salamander standen nicht im Leistungsverzeichnis meiner Krankenversicherung. Also einigten wir uns auf eine Methode, deren Ergebnisse so schön, wie der Test einfach war. Wir bauten eine Reihe von Behältern mit Alkohol, Wasser und einigen chemischen Farbstoffen auf. Im Laufe mehrerer Wochen legten wir die Salamander in ein Bad nach dem anderen und ließen sie jeweils so lange darin, dass die Flüssigkeit in das Gewebe diffundieren konnte. Der letzte Behälter enthielt einen besonderen blauen Farbstoff, der sich an den Knorpel heftete und ihn himmelblau markierte. Zum glorreichen Abschluss legten wir die Salamander in ein Bad aus einfachem Glycerin, eine klare, zähe Flüssigkeit. Das eindringende Glycerin machte den Körper durchsichtig wie Glas. Bei einem großen Salamander konnte das allerdings einige Wochen dauern. Wenn wir alles richtig machten, hatten wir am Ende etwas gespenstisch Schönes. Das Tier war durchsichtig, und das Skelett war blau, als hätte sich das Ganze in ein blaues, in Glas eingeschlossenes Knochengerüst verwandelt.

Zwei Jahre brauchten wir, bis unsere 1000 Präparate fertig waren. Wir codierten jede Extremität jedes Exemplars und führten Buch über alle Formen, Verschmelzungen und Verluste.

Dabei stellte sich heraus, dass die Variation alles andere als zufällig war: Die Antwort war so klar wie die Salamander nach der Glycerinbehandlung. Knochen waren verschmolzen, und ganz bestimmte Finger waren verlorengegangen. Und das war noch nicht alles: Das gleiche Variationsmuster, das wir in dieser Salamanderpopulation aus Point Reyes gefunden hatten,

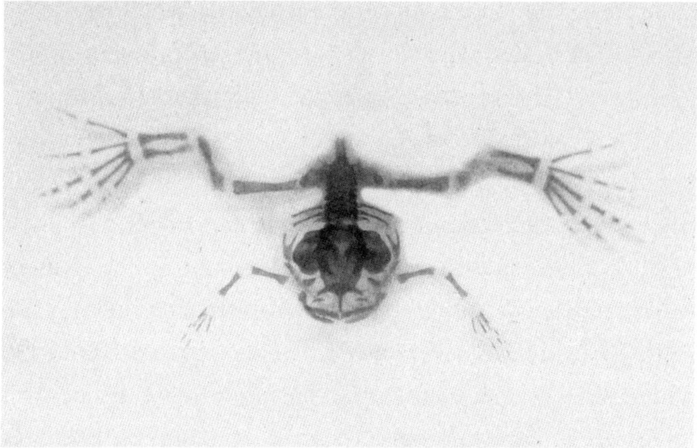

Abb. 37: Ein Frosch, dessen Körper durch chemische Behandlung durchsichtig geworden ist; die Knochen wurden mit einem blauen Farbstoff gefärbt.

kannte man auch schon von Arten aus China, Mexiko und sogar North Carolina. Manche Funktionsprinzipien waren naheliegend, andere nicht. Und in allen Fällen beobachteten wir immer und immer wieder die gleichen wenigen Gesetzmäßigkeiten.

Was können wir daraus über die biologischen Eigenschaften der Salamander und über den Gegensatz zwischen Zufälligkeit und Unausweichlichkeit ablesen?

Zuvor, während meiner Doktorandenlaufbahn, hatte ich mich mit der Frage beschäftigt, wie die Gliedmaßen von Salamandern sich während der Embryonalentwicklung ausbilden. Als ich den Aufbau ihrer Knochen beobachtete, erkannte ich eine eindeutige Reihenfolge. Die Finger bildeten sich sehr präzise einer nach dem anderen. Zuerst entstand der Finger Nummer zwei, dann folgte Nummer eins, dann drei, vier und fünf. Etwas Entsprechendes hatte ich zuvor schon beobachtet – genau in der gleichen Reihenfolge gehen Finger in der Evolution auch verloren. Der erste Finger, der verschwindet, bildet sich zuletzt, der nächste als vorletzter. Offensichtlich unterliegt der Verlust von Fingern einem Organisationsprinzip: Was sich zuletzt bildet, verschwindet als Erstes.

Auch die Knorpelstrukturen in Hand- und Fußgelenken entwickeln sich in einer genau festgelegten Reihenfolge. Die eine geht durch Knospung aus der anderen hervor. Zunächst bildet sich die eine, dann schnürt sich von ihr die nächste ab. Beide trennen sich, und weitere neue Elemente kommen hinzu. Dieses Abschnüren und Trennen führt zu einer vollständigen Struktur aus neun unabhängigen Knochen. Auch das hatte ich zuvor schon gesehen. Die Elemente, die bei Salamandern verschiedener Arten verschmelzen, gehen im Normalfall auch durch Knospung auseinander hervor.

Hinter all diesen komplizierten anatomischen und entwicklungsbiologischen Erkenntnissen steht eine einfache, grundlegende Vorstellung. Wenn man weiß, wie sich eine Extremität beim Salamander entwickelt, kann man vorhersagen, wie ihre Evolution verlaufen wird. Die Reihenfolge, in der sich die Finger bilden, und die Gesetzmäßigkeiten, nach denen die Knochen von Hand- und Fußgelenk auseinander hervorgehen, sorgen auch dafür, dass manche Wege des Wandels wahrscheinlicher sind als andere. Das Prinzip »als Letztes entstanden, als Erstes verschwunden« ist die Erklärung für die Variationen, die wir an den Fingern der Salamander beobachten konnten. Auch die Verschmelzung findet nicht nach dem Zufallsprinzip statt. Die verschmolzenen Elemente gehen

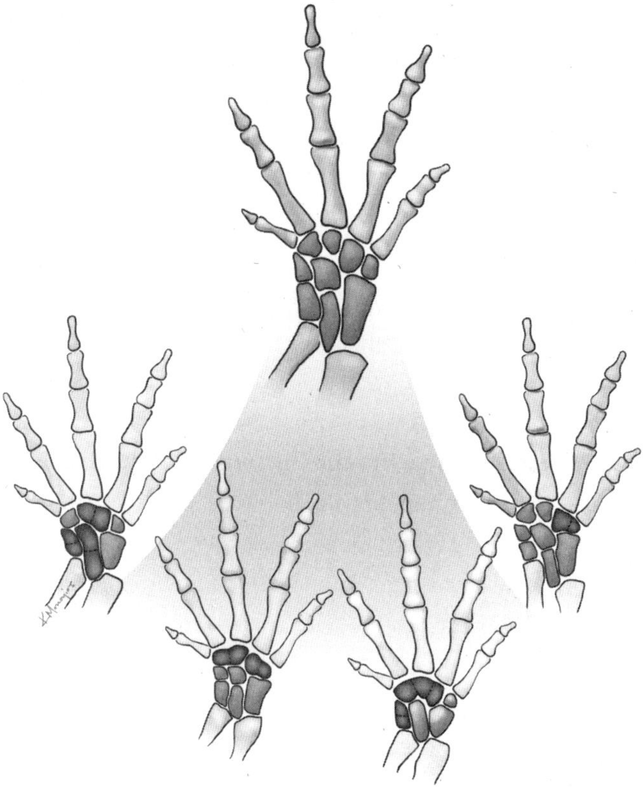

Abb. 38: Die Gliedmaßen der Salamander verlieren im Laufe ihrer Evolution verschiedene Elemente. Die Abbildung zeigt, wie benachbarte Knochen in der Evolution verschmelzen.

normalerweise während der Entwicklung auseinander hervor.

Die Embryonalentwicklung kann man sich als Aufbauprozess vorstellen. Für einen Architekten haben die Bauweise des Hauses und die dafür verwendeten Materialien Einfluss darauf, was für ein Haus entsteht. Manche Häuser werden mit größerer Wahrscheinlichkeit gebaut als andere. Das Gleiche gilt, wie wir an den eingefrorenen Salamanderfüßen erkennen können, auch für Tiere. Wegen ihrer Bauweise sind manche Neuerungen und Veränderungen wahrscheinlicher als andere.

Lange Zeit galten Mehrfachentwicklungen wie die Knochen in den Salamanderfüßen als erstaunliche Artefakte aus der Geschichte des Lebens, ja nahezu als seltsame »Ausrutscher«. Aber je genauer wir hinsehen, desto deutlicher erkennen wir, dass sie ein ganz gewöhnlicher Aspekt auf dem Weg zu Neuerungen sind. In vielen Fällen spiegeln sich in ihnen tieferliegende Regeln des Wandels wider, innere Einseitigkeiten, die aus dem Aufbau der Arten während ihrer Embryonalentwicklung erwachsen. Nimmt man dann noch die Tatsache hinzu, dass nahezu alle Tiere einen gemeinsamen Kernbestand von Genen zum Aufbau des Körpers besitzen, eine gemeinsame Ausstattung mit Rezepten, dann sind die immer wieder auftretenden Mehrfachentwicklungen im Tierreich keine Überraschung. Große Neuerungen in der Geschichte des Lebens sind oftmals alles andere als Zufall.

Der Verlauf der Evolution ist keine ununterbrochene Linie eines Fortschritts, der durch zufälligen Wandel vorangetrieben wird. Im Laufe der Geschichte kommen verschiedene Arten häufig auf unterschiedlichen Wegen zu den gleichen Ergebnissen. Oder, um das Phänomen mit Goulds Begriffen zu beschreiben: Spielen wir das Tonband des Lebendigen noch einmal mit verschiedenen zufälligen Änderungen ab, wären wichtige Dinge nicht anders, sondern immer wieder gleich.

Experimente der Natur

Die Natur stellt für uns Experimente an. In manchen Fällen können wir dabei zusehen, wie das Tonband des Lebens noch einmal abgespielt wird, genau wie es George Bailey auf der Brücke in Bedford Falls erging.

Echsen sind praktisch auf allen Karibikinseln zu Hause, von Saint Martin bis nach Jamaika. Mit ihren üppigen Wäldern, offenen Ebenen und Stränden bieten die Inseln ein breites Spektrum einladender Umgebungen, in denen Echsen gedeihen können. Ganze Wissenschaftlergenerationen haben dort ein natürliches Labor vorgefunden, in dem sie die Evolution studieren konnten. Die Karibikinseln hatten für sie eine ganz ähnliche Funktion wie die Galapagosinseln für Darwin: Auf jeder von ihnen kann man beobachten, wie verschiedene Echsenarten sich an unterschiedliche Umgebungsbedingungen anpassen. Ernest Williams (1914–1998) war einer der großen Amphibien- und Reptilienforscher seiner Generation. Ausgehend von früheren Arbeiten, stellte er fest, dass auf verschiedenen Karibikinseln ähnliche Echsen leben. In den Wäldern sind die Echsen darauf spezialisiert, in unterschiedlichen Teilen eines Baumes zu leben – manche in der Baumkrone, andere am Stamm, wieder andere am unteren Ende des Stammes auf dem Erdboden. Alle Echsen, die in den Baumkronen leben, sind unabhängig davon, auf welcher Insel sie sich befinden, groß; sie haben einen großen Kopf, eine gezackten Leiste auf dem Rücken und eine dunkelgrüne Färbung. Alle am Stamm lebenden Echsen sind mittelgroß, haben kurze Extremitäten, einen kurzen Schwanz und einen dreieckigen Kopf. Und alle, die zwischen Stamm und Erdboden zu Hause sind, haben einen großen Kopf, lange Beine und sind in den meisten Fällen braun.

Unter Williams' Anleitung stellte mein Kollege Jonathan Losos diese Echsen in den Mittelpunkt seiner Wissenschaftlerkarriere. Mit DNA-Analysen erforschte er die Verwandtschaftsbeziehungen der Echsenarten auf verschiedenen Inseln. Betrachtet man ihre Anatomie, so würde man damit rechnen, dass die Echsen in den Baumkronen mit ihren großen Köpfen quer über die Inseln eng miteinander verwandt sind, und das Gleiche sollte auch für die Echsen mit kurzen Extremitäten an den Baumstämmen und die langbeinigen Formen am Erdboden gelten. Losos fand etwas anderes. Die Echsen sind jeweils auf einer Insel am engsten verwandt. Jede Insel besitzt ihre eigene Echsenpopulation und wurde unabhängig besiedelt. Auf jeder Insel wurden einzelne Exemplare vom Meer angetrieben, und deren Nachkommen passten sich unabhängig voneinander an die Bedingungen an. Man kann sich jede Insel als eigenständiges Evolutionsexperiment vorstellen, in dessen Verlauf die Echsen sich auf das Leben am Erdboden, am Baumstamm, auf Zweigen und in der Baumkrone einstellen. Wenn jede Insel ein solches eigenständiges Experiment ist, hat die Evolution immer und immer wieder das gleiche Ergebnis hervorgebracht. Das Tonband der Geschichte wurde auf verschiedenen Inseln abgespielt, und die Evolution lief in allen Fällen auf die gleiche Weise ab.

In größerem Maßstab gilt das Gleiche auch für Säugetiere. Die Beuteltiere haben in Australien seit über 100 Millionen Jahren ihre eigene Evolution durchgemacht, und dabei sind vielfältige Arten mit ganz unterschiedlichem Körperbau entstanden. Das Ergebnis dieses Experiments wurde eindeutig nicht vom Zufall bestimmt. Es gibt ein Beutel-Flughörnchen, einen Beutel-Maulwurf, eine Beutelkatze und sogar ein Beutel-Murmeltier. Und das sind nur die Arten, die heute noch leben – Beutellöwen, Beutelwölfe und Beutel-Säbelzahnkatzen sind ausgestorben. Die Evolution der Beuteltiere auf dem isolierten Kontinent ist häufig auf ganz ähnlichen Wegen verlaufen wie die der Säugetiere in der übrigen Welt.

Solche natürlichen Experimente zeigen, dass die Geschichte des Lebens keine Aneinanderreihung zufälliger Ereignisse ist. Die Würfel sind gezinkt; das liegt einerseits daran, wie Gene und Embryonalentwicklung für den Aufbau eines Körpers sorgen, andererseits aber auch an den physikalischen Beschränkungen aus Umwelt und Vergangenheit. Die Lebewesen jeder Generation haben Rezepte geerbt, und diese Rezepte für den Aufbau von Organen und Körper sind in ihren Genen, Zellen und Embryonen festgeschrieben. Die Vererbung wirkt sich auf die Zukunft aus und sorgt dafür, dass bestimmte Wege des Wandels wahrscheinlicher sind als andere. Im Körper und in den Genen aller Lebewesen mischen sich Vergangenheit, Gegenwart und Zukunft.

8.
Fusionen und Übernahmen

Manchmal ist die Welt für eine neue Erfindung oder Idee noch nicht reif. Leonardo da Vinci (1452–1519) entwarf schon im 16. Jahrhundert Gleiter und andere Flugmaschinen. Gebaut wurden sie nicht, denn zu jener Zeit existierten dafür weder die notwendigen Materialien noch die Methoden. Ganz ähnlich war es auch in der Geschichte des Lebens. In den vorzeitlichen Gewässern tauchten Fische mit Lunge und Armen schon auf, lange bevor sie die ersten Atemzüge taten und die ersten Schritte auf festem Untergrund zurücklegten. Damals hätten große Tiere an Land nicht überleben können, weil es Pflanzen und Insekten noch nicht in ausreichend großer Zahl gab. Der richtige Zeitpunkt ist für Erfindungen das Wichtigste, ob es dabei um die Evolution, die Technologie der Menschen oder auch die Bemühungen einer jungen Wissenschaftlerin in den 1960er Jahren geht.

Lynn Margulis (1938–2011), die unter ihrem Ehenamen Lynn Sagan publizierte, studierte Mikrobiologie an der University of Chicago und in Berkeley. In einem ihrer ersten Forschungsprojekte beschäftigte sie sich mit der Vielfalt der Zellen in den Lebewesen und schlug eine neue Theorie für ihre Entstehung vor. Sie schrieb ihre Gedanken auf und erhielt Absagen von »ungefähr 15 Fachzeitschriften«, wie sie später berichtete. Aber sie ließ sich nicht abschrecken und brachte

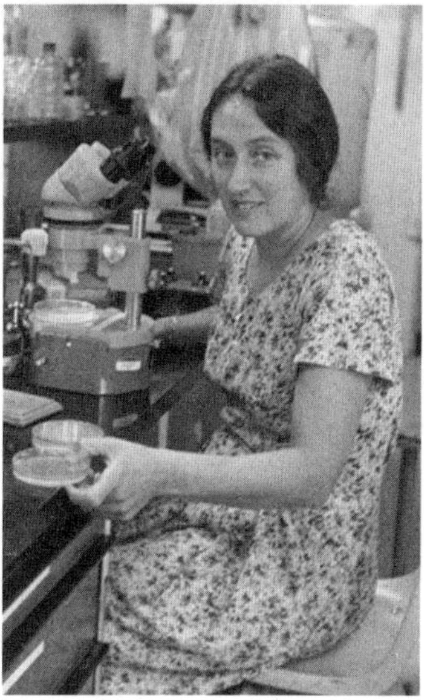

Abb. 39: Lynn Margulis

ihren Artikel schließlich in einem unbekannten Fachblatt über theoretische Biologie unter. Damit bewies Margulis angesichts eines ganzen Chores negativer Gutachten eine atemberaubende Hartnäckigkeit – eine junge Wissenschaftlerin, die am Beginn ihrer Karriere stand, trotzte in einem Fachgebiet, das von Männern beherrscht wurde, der eingefahrenen Lehrmeinung.

Margulis beschäftigte sich mit den Zellen, aus denen Tiere, Pflanzen und Pilze bestehen. Diese Zellen besitzen eine Komplexität, die man bei Bakterien nicht findet. Jede von ihnen enthält einen Zellkern, und dort ist das Genom angesiedelt. Rund um den Zellkern liegt eine ganze Reihe von Organellen, kleine Organe, die verschiedene Aufgaben erfüllen. Am auffälligsten sind die Organellen, die der Zelle ihre Energie liefern. In den Zellen von Tieren sind das die Mitochondrien, die Energie aus Sauerstoff und Zucker gewinnen. Bei Pflanzen sind zusätzlich die Chloroplasten vorhanden, und das darin enthaltene Chlorophyll führt die Photosynthesereaktionen aus, mit denen Sonnenlicht in nutzbare Energie umgewandelt wird.

Margulis fiel auf, dass die Organellen wie kleine Zellen in der Zelle aussahen. Jede von ihnen hat eine eigene Membranhülle, die es von der übrigen Zelle trennt. Ein Organell pflanzt sich innerhalb der Zelle durch Zweiteilung fort: Es verlängert sich und schnürt sich in der Mitte ab wie eine kleine Hantel; anschließend trennen sich beide Hälften und bilden zwei neue, getrennte Einheiten. Das Organell besitzt sogar ein eigenes Genom, das von der DNA im Zellkern getrennt ist. Solche Organellengenome unterscheiden sich allerdings stark vom Genom des Zellkerns. Im Zellkern ist die DNA spiralförmig aufgerollt, in Mitochondrien und Chloroplasten dagegen sind ihre Enden zu einem einzigen Ring verbunden.

Angesichts einer solchen Organellenstruktur mit eigener Membran, eigener Fortpflanzung und einer eigenen DNA-Organisation ging Margulis ein Licht auf. Die gleichen Eigenschaften hatte sie schon früher beobachtet, und zwar bei einzelligen Bakterien und Cyanobakterien. Die Organismen beider Gruppen pflanzen sich durch Zweiteilung fort, sind von einer ähnlichen Membran umgeben und besitzen ein Genom, das ganz ähnlich aussieht wie das der Chloroplasten und Mitochondrien. Die Organellen, die den Zellen von Tieren und Pflanzen ihre Energie liefern, ähneln den Bakterien und Cyanobakterien in jeder Hinsicht stärker als dem Zellkern der Zelle, in dem sie angesiedelt sind.

Auf der Grundlage solcher Beobachtungen formulierte Margulis für die Evolutionsvergangenheit eine radikale neue Theorie. Ihrzufolge waren die Chloroplasten ursprünglich freilebende Cyanobakterien; diese wurden irgendwann in eine andere Zelle aufgenommen und dort als Stoffwechselarbeiter und Energielieferanten nutzbar gemacht. Ähnlich die Mitochondrien: Auch sie waren ursprünglich freilebende Bakterien, vereinigten sich dann aber mit einer anderen Zelle und lieferten ihr die Energie. Nach Margulis' radikaler Vorstellung waren in beiden Fällen unterschiedliche Individuen aufeinandergetroffen und hatten einen neuen, komplizierteren Organismus gebildet.

Wie bei einem 15-mal abgelehnten Fachartikel nicht anders zu erwarten, stieß Margulis mit ihrer Idee allgemein auf Hohn und Spott oder auf völlige Gleichgültigkeit. Was sie nicht wusste: Schon 60 Jahre zuvor hatten russische und französische Biologen unabhängig voneinander eine ähnliche Vorstellung geäußert, die ebenfalls lächerlich gemacht wurde und in unbekannten Fachzeitschriften versteckt blieb. Margulis dagegen hielt die Idee mit ihrer Furchtlosigkeit, Hartnäckigkeit und Kreativität am Leben und verwendete mehrere Jahrzehnte darauf, immer neue Belege zu sammeln und in der Öffentlichkeit beharrlich zu argumentieren. Leider waren ihre Bemühungen vergeblich. Was ihren wissenschaftlichen Ruf anging, blieb sie eine Randfigur. Die Ähnlichkeiten, auf die sie hinwies, überzeugten ihre Fachkollegen nicht.

Zum Glück für Margulis und die Wissenschaft im Allgemeinen verbesserten sich die technischen Möglichkeiten. Nachdem man in den 1980er Jahren neue Verfahren zur schnellen Sequenzierung von DNA entwickelt hatte, konnte man die Gene in den Organellen im Hinblick auf ihre Vergangenheit mit den Genen im Zellkern vergleichen. Dabei kristallisierte sich ein Stammbaum heraus, der schön und überraschend zugleich war. Weder Mitochondrien noch Chloroplasten sind genetisch mit der DNA im Kern ihrer eigenen Zelle verwandt. Tatsächlich sind die Chloroplasten

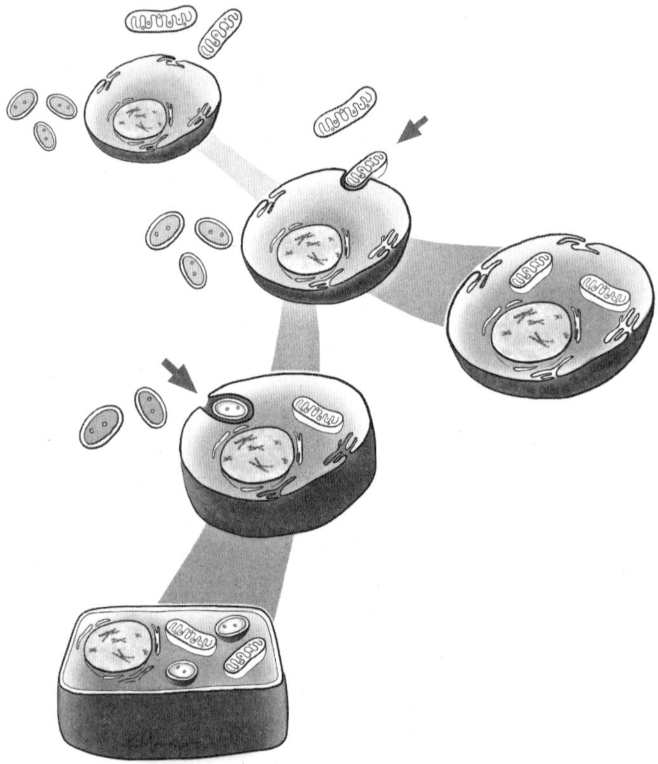

Abb. 40: Evolution durch Kombination: Komplexe Zellen sind durch die Verschmelzung einer urtümlichen Zelle mit zweierlei Mikroorganismen entstanden (Pfeile), aus den einen wurden die Mitochondrien (oben), aus den anderen die Chloroplasten (unten).

mit verschiedenen Arten von Cyanobakterien enger verwandt als mit irgendeinem Bestandteil der Pflanzenzelle. Ähnlich die Mitochondrien: Sie sind Nachkommen einer Spezies Sauerstoff verwertender Bakterien und stehen ebenfalls in keinem Verwandtschaftsverhältnis zu ihrem Zellkern. In jeder komplexen Zelle finden zwei Familien von Lebewesen zusammen: Der Zellkern gehört zu der einen Familie, die Vorfahren der anderen waren freilebende Cyanobakterien oder Bakterien.

In jüngerer Zeit deuten DNA-Vergleiche darauf hin, dass eine solche Form der Kombination ein häufiges Ereignis in der Geschichte des Lebens war. Auf die gleiche Weise sind auch andere, nicht mit Tieren oder Pflanzen verwandte Zellen entstanden, die unterschiedliche Organellen besitzen. Ein Beispiel ist *Plasmodium falciparum,* der Mikroorganismus, der Malaria verursacht: Er besitzt ein seltsames Organell, das wie eine Narrenkappe auf einer Seite der Zelle liegt und an einer ganzen Reihe von Stoffwechselprozessen mitwirkt. Die DNA-Sequenzierung zeigt, dass dieses Gebilde früher eine freilebende Alge war. Wegen seiner Vergangenheit als eigenständige Zelle besitzt das Organell auf den Membranen, die es einhüllen, charakteristische Moleküle. Diese wurden in der Medizin nutzbar gemacht: Sie bilden einen Ansatzpunkt, auf den Medikamente, die den Malariaerreger zerstören sollen, zielen können.

Margulis trotzte also dem Gegenwind, aber leider endete ihre Karriere auf tragische Weise: 2011, mit 73 Jahren, erlitt sie einen Schlaganfall. Vor ihrem Tod erlebte sie noch, wie ihre Theorie bestätigt wurde. Im Rückblick auf ihre Laufbahn fasste Margulis ihre Einstellung gegenüber der Kontroverse mit einem einfachen Satz zusammen, der ihr in den jahrzehntelangen wissenschaftlichen Konflikten als Mantra gedient hatte: »Ich halte meine Ideen nicht für umstritten, ich halte sie für richtig.«

Kreativität, eine starke Persönlichkeit und neue technische Möglichkeiten: Diese drei Faktoren veränderten unsere Sichtweise für die Geschichte des Lebens. Große Umwälzungen spielten sich ab, als Individuen sich zu komplexeren Lebewesen zusammentaten und zuvor freilebende Organismen zu Teilen eines größeren Ganzen wurden. Heute ist jede Pflanze und jedes Tier auf der Erde ein Individuum, das eine komplexe Hierarchie verschiedener Teile enthält, von den Organen über Zellen und Organellen bis hin zu den Genen. Die Geschichte über die Entstehung dieser Organisation erstreckt sich über Jahrmilliarden und beginnt fast am Anbeginn der Erde selbst.

Der notwendige Zusammenbau

Je weiter wir in die Vergangenheit vordringen, desto unschärfer wird das Bild des Lebendigen. Das weiß vielleicht niemand besser als J. William Schopf: Er hatte es sich zur Lebensaufgabe gemacht, Spuren der ersten Lebewesen auf der Erde zu finden. Seine Suche führte ihn in die trockenen Berglandschaften Westaustraliens. Sie sind eine ganz besondere Region, denn hier ist das Gestein mehr als drei Milliarden Jahre alt; damit gehört es zu den ältesten Gesteinsformationen der Welt. Entsprechend sammelten sich hier die Wissenschaftler, um etwas über die Frühzeit der Erde zu erfahren. Solches Gestein hat schon alles miterlebt – in den Erdzeitaltern seit seiner ursprünglichen Ablagerung wurde es erhitzt, gequetscht und hin und her geschoben. Alles, was ursprünglich darin enthalten war, darunter auch Fossilien, ist entweder verschmort oder wurde zermalmt.

Anfang der 1980er Jahre untersuchte Schopf eine Gesteinsformation, die unter dem Namen Apex Chert bekannt ist. Dabei fiel ihm auf, dass manche Teile des Gesteins im Verhältnis zu ihrem Alter relativ wenig verformt waren. Gestein, das auf hohe Temperaturen erhitzt wurde oder hohem Druck ausgesetzt war, enthält charakteristische Mineralstoffe, die sich durch derartige Verformungen bilden. Im Apex Chert gab es davon relativ wenige. Da Schopf wusste, dass so etwas selten ist, brachte er das Gestein ins Labor und untersuchte seine Inhaltsstoffe. Chert (auch Hornstein genannt) bildet sich aus dem Schlamm am Meeresboden und enthält häufig die Überreste mikroskopisch kleiner Lebewesen, die nach ihrem Tod im Meer zu Boden gesunken sind.

Mit Chert zu arbeiten ist oftmals mühevoll. Jeder Gesteinsbrocken wird mit einer Diamantsäge in Scheiben geschnitten, und diese legt man auf einen Objektträger, um sie unter dem Mikroskop zu analysieren. Schopf setzte zwei Doktoranden auf das Projekt an; die blickten einige Jahre lang jeden Tag mehrere Stunden durch das Mikroskop und fanden – nichts. Ein dritter Student griff die Arbeiten auf, suchte einige weitere Monate und fand in dem Gestein mikroskopisch kleine Fasern. Er hielt sie nicht für bemerkenswert und legte sie zur späteren Analyse in einen Materialschrank. Am Ende nahm der Student eine Stelle in der Industrie an, und die Proben lagen zwei weitere Jahre in der Schublade.

Schopf wusste überhaupt nicht, was er da besaß. Eines Tages holte er die Chert-Stücke wieder aus dem Schrank, um sie zu untersuchen. Die mikroskopisch kleinen Fasern sahen teilweise aus wie Splitter, Streifen oder Bänder. Meist waren sie wie Perlenketten angeordnet – kleine, aneinandergeheftete, ringförmige Strukturen. Solche Anordnungen hatte Schopf bereits gesehen: Kolonien von Cyanobakterien sehen ganz ähnlich aus. Aber die zellähnlichen Strukturen, mit denen er es hier zu tun hatte, stammten aus fast dreieinhalb Milliarden Jahre altem Gestein. Schopf wagte die kühne Aussage, er habe die ältesten Fossilien der Welt gefunden, und sie stammten aus Gestein, das sich eine Milliarde Jahre nach der Entstehung von Erde und Sonnensystem gebildet hatte.

Damit konnte er nicht alle Kollegen überzeugen: Sofort nach der Ankündigung meldeten sich lautstarke Kritiker zu Wort. Unter anderem wurde der Einwand erhoben, Strukturen wie Schopfs Fasern könnten ein natürliches Produkt des Prozesses sein, durch den sich das Gestein im Laufe der Jahrmilliarden gebildet hatte. Die Kritiker behaupteten, es handle sich bei den Fragmenten nicht um Fossilien, sondern um eine Form von Graphit, die entsteht, wenn Gestein unter hohem Druck zerquetscht wird. Die Fachzeitschriften füllten sich mit Artikeln, in denen das Pro und Contra von Schopfs Behauptung diskutiert wurde. Schopf selbst führte eine öffentliche Debatte mit einem angesehenen Gegner. Das Thema – mikroskopisch kleine Fasern im Gestein – mag entsetzlich weit hergeholt wirken, aber das galt sicher nicht für das Thema, das auf dem Spiel stand: die Entdeckung der allerältesten Lebewesen.

Nun probierte Schopf es auf einem anderen Weg. Er verglich nicht mehr die Fasern und Cyanobakterien, sondern wollte einen anderen Hinweis auf frühe Lebensformen finden. Einige Jahrzehnte nach seiner ersten Entdeckung konnten Wissenschaftler mit neuen technischen Methoden die chemische Zusammensetzung der Körner im Gestein und in den mutmaßlichen Fossilien untersuchen. Das Element Kohlenstoff gibt es auf der Erde in mehreren Formen: Manche Kohlenstoffatome sind schwerer als andere. Lebewesen setzen Kohlenstoff in ihrem Stoffwechsel um und nutzen dabei bevorzugt einen Typ. Wegen dieser chemischen Spezifität hinterlassen Lebewesen im Gestein einen Fingerabdruck in Form der Mengenverhältnisse verschiedener Kohlenstoffvarianten.

Mit dem Massenspektrometer, einer Apparatur von der Größe einer Haushalts-Geschirrspülmaschine, untersuchten Schopf und seine Kollegen den Kohlenstoffgehalt der Körner im Gestein und in den Fasern. Die Fasern enthielten die für Lebewesen charakteristische Kohlenstoffzusammensetzung. Und das war noch nicht alles: Sie repräsentierten mindestens fünf Arten von Lebewesen. Manche trugen den Kohlenstoff-Fingerabdruck von Organismen, die eine primitive Form von Photosynthese betreiben konnten. Andere sahen aus wie Mikroorganismen, die bekanntermaßen Methan als Brennstoff für ihren Stoffwechsel verwenden. Wenn der Apex Chert einen winzigen Blick auf die Frühzeit der Erde ermöglichte, dann zeigte er, dass das Leben auf unserem Planeten vor dreieinhalb Milliarden Jahren bereits vielgestaltig war.

Man kann also in Gestein nach chemischen Anhaltspunkten für Leben suchen. Selbst wenn die Fossilien schon lange verschwunden sind, bleibt der chemische Fingerabdruck des Lebendigen unter Umständen erhalten. Wenn Lebewesen in ihrem Stoffwechsel Kohlenstoff umgesetzt haben, bleiben

Reste des veränderten Kohlenstoffgehalts im Gestein zurück. Eine Arbeitsgruppe der Yale University analysierte den Kohlenstoffgehalt in Material aus dem Osten Grönlands und fand selbst in Gestein, das noch älter war als der Apex Chert, Anhaltspunkte für Leben. Es war vor vier Milliarden Jahren entstanden, also 500 Millionen Jahre nach der Entstehung der Erde und des Sonnensystems.

Solche Untersuchungen zeigen, dass die Erde von jenen allerersten Anfängen bis vor rund zwei Milliarden Jahren ausschließlich von einzelligen Lebewesen bevölkert war, die allein oder in Kolonien lebten. Die Gene jedes einzelnen Mikroorganismus brachten neue Generationen hervor – ein Individuum teilte sich in zwei Töchter, die Töchter teilten sich wiederum, und die Generationen wuchsen heran. Neuerungen betrafen meist die Entwicklung abgewandelter Aspekte des Stoffwechsels, chemische Anpassungen zum effizienteren Umsatz von Energie, Brennstoffen und Abfällen. Manche Arten bezogen ihre Energie aus Schwefel oder Stickstoff, andere aus Licht und Kohlendioxid. Wieder andere verbrauchten Sauerstoff zur Energiegewinnung. Die einzelligen Lebewesen schufen die Voraussetzungen für die nachfolgenden Revolutionen.

Der Stoffwechsel von Mikroorganismen hat die Welt verändert. Cyanobakterien waren fast zwei Milliarden Jahre lang die zahlreichsten Lebewesen. Sie betrieben Photosynthese, das heißt, sie stellten aus Sonnenenergie und Kohlendioxid nutzbare Energie her. Dabei fiel Sauerstoff als Abfallprodukt an. Cyanobakterien bilden Kolonien, die entweder streifenförmig sind wie die Strukturen, die Schopf gefunden hatte, oder aber die Form von Schwammpilzen annehmen, die so groß wie ein Mikrowellenofen werden konnten. Seit dreieinhalb Milliarden

Jahren waren solche Kolonien rund um die Welt verbreitet. Über Jahrmilliarden schieden sie Sauerstoff aus und sorgten damit für eine grundlegende Veränderung der Atmosphäre. Hatte diese während der ersten Jahrmilliarden kaum Sauerstoff enthalten, so stieg die Sauerstoffkonzentration nun so weit an, dass sie eine Grundlage für vielfältige Lebensformen bildete.

Der Anstieg der Sauerstoffkonzentration war für die Mikroorganismen ein zweischneidiges Schwert. Für manche von ihnen war Sauerstoff ein Gift, anderen eröffnete er neue Möglichkeiten. Insbesondere eine Form von Mikroorganismen konnte nun gedeihen – was nicht verwunderlich ist, da sie ihre Energie aus Sauerstoff bezieht.

Einzellige Organismen waren über Jahrmilliarden gewissermaßen Körper ohne Organe: Sie besaßen in ihrem Inneren keine Organellen mit spezialisierten Funktionen. Die ältesten Anzeichen für einen Wandel erkennt man an Fossilien, die 1992 in einem Eisenbergwerk in Ishpeming im US-Bundesstaat Michigan gefunden wurden. Sie sehen aus wie spiralförmige Streifen aus Zellen und sind gute acht Zentimeter lang. Das Gestein, aus dem sie stammen, ist fast zwei Milliarden Jahre alt, aber sie besitzen bereits den klassischen Aufbau komplexer Zellen mit Organellen. Auch wenn es auf den ersten Blick nicht danach aussah, waren diese spiralförmigen Streifen die Vorboten einer Revolution.

Nachdem ein Saucrstoff verwertendes Bakterium die Verbindung zu einem anderen Mikroorganismus eingegangen war, wurde die Erde zum ersten Mal von einer neuen Form von Lebewesen bewohnt. Wie Margulis gezeigt hatte, erfolgte die Verschmelzung nicht nach dem Prinzip eins plus eins gleich zwei; vielmehr sah sie eher nach eins plus eins gleich 400 aus.

Der Wirt der Verschmelzung war eine Zelle, die einen Zellkern und den Apparat zur Herstellung verschiedener Proteine besaß. Nachdem sie ein Sauerstoff verbrauchendes Bakterium aufgenommen und zu ihrem eigenen Kraftwerk gemacht hatte, besaß die neue, kombinierte Zelle nun alle energetischen Voraussetzungen, um noch kompliziertere Proteine zu produzieren und neue Verhaltensweisen an den Tag zu legen.

Dem einzelligen Bakterium stand es jetzt nicht mehr frei, allein zu leben; es gehörte zu einem größeren Ganzen, einem neuen, komplexeren Individuum mit unterschiedlichen Teilen. Das einstmals freilebende Bakterium konnte sich nicht mehr bei Bedarf fortpflanzen; seine Funktionen standen nun in den Diensten der Wirtszelle. Und die neu gebildete Zelle, die jetzt mit ihrer größeren Energie ein aktiveres Leben führen konnte und den Apparat zur Produktion neuartiger Proteine besaß, wurde in der Geschichte des Lebens zum Vorboten einer noch bedeutsameren Veränderung.

Die neuen Zellen waren nun Turbo-Proteinfabriken und schufen die Voraussetzungen für den Aufstieg einer weiteren neuen Form von Lebewesen.

Wenn alles zusammenkommt

Jedes Tier und jede Pflanze besteht aus vielen Zellen; bei dem Fadenwurm *Caenorhabditis* sind es circa tausend, beim Menschen viele Billionen. Aber trotz der großen Unterschiede in der Zellzahl gibt es im Körperbau weitreichende, uralte Ähnlichkeiten.

Die ältesten vielzelligen Lebewesen, von denen man Fossilien kennt, sehen unscheinbar aus. Sie wurden in mehr als 600 Millionen Jahre altem Gestein aus Australien, Namibia und Grönland gefunden und sind eigentlich nur Abdrücke. Was in dem Gestein eingelagert war, ist längst durch Erosion verschwunden. Ihr Größenspektrum reicht von einer kleinen Münze bis zu einem Essteller, und sie sehen aus wie Bänder, Farnwedel oder Scheiben. Die Formen wirken nicht gerade anregend, aber ganz anders steht es mit der Frage, wie sie entstanden sind. Es sind die ältesten Fossilien vielzelliger Lebensformen, Lebewesen mit einem Körper. Der vielzellige Körper als solcher war auf der Erde ein ganz neuer Typus.

Philosophen definieren ein Individuum unterschiedlich, aber in einem ganz grundlegenden Sinn haben Individuen einen Anfang und ein Ende, eine Geburt und einen Tod, und sie können sich fortpflanzen; wichtig ist dabei, dass ihre verschiedenen Teile durch ihr Zusammenwirken ein funktionierendes Ganzes bilden. Jeder von uns ist ein Individuum, weil unser Körper genau wie der Körper anderer Tiere und Pflanzen alle diese Eigenschaften besitzt. Außerdem funktioniert unser Körper nur, weil seine vielen Einzelteile ein größeres Ganzes ergeben. Einige Billionen Nervenzellen bilden beispielsweise das Gehirn, aber wenn wir sie aufzählen, wüssten wir noch nicht, wie Gedanken, Gefühle und Erinnerungen entstehen. Ein Gehirn kann Gedanken hervorbringen, einzelne Neuronen sind dazu nicht in der Lage – das Denken ist ein Vorgang höherer Ordnung, der aus der organisierten Interaktion von Milliarden Nervenzellen erwächst.

Auch die vielgestaltigen Zellen in einem Körper sind Individuen, allerdings in einem anderen Sinn. Jede Zelle wird geboren und stirbt. Jede Zelle pflanzt sich fort. Und jede Zelle trägt in ihrem Inneren interagierende Teile. Aber bedenken wir: Der Körper eines Menschen besteht aus vielen Billionen Zellen. Diese Zellen bilden Organe, jedes mit eigener Größe, Form und Lage im Körper. Zellen müssen sich auf geregelte Weise fortpflanzen und absterben, damit Herz, Leber und Darm die richtige Größe haben und an der richtigen Stelle liegen. Die Koordination der Zellen macht einen Körper erst möglich: Ihre Fortpflanzung und ihr Tod werden gesteuert, damit ein funktionierender Gesamtorganismus entsteht. Zellen haben kein individuelles Verhalten; Wachstum, Tod und Leben werden bei ihnen streng kontrolliert. Im Körper begrenzen sie ihre Fortpflanzung und sterben zur richtigen Zeit, das heißt, sie opfern sich für das große Ganze, für die ordnungsgemäße Funktion des Organismus.

Ihre Fähigkeit, zusammenzuwirken und einen Körper aufzubauen, erlangen die Zellen durch einen ganz besonderen molekularen Apparat. Die einzelnen Zellen müssen sich zusammenheften. Ein fester Körper kann sich kaum bilden, wenn die Zellen nicht nach einer sehr präzisen Ordnung aneinanderhaften. Hautzellen haben beispielsweise besondere mechanische Eigenschaften, durch die sie sich aneinanderkoppeln und flache Gewebeschichten bilden können. Sie produzieren Kollagene, Keratin und andere Proteine, die dem Gewebe seine charakteristische Konsistenz verleihen. Und schließlich müssen die Zellen im Körper auch miteinander kommunizieren, um ihre Fortpflanzung, ihre Genaktivität und ihren Tod zu koordinieren. Auch dafür sind Proteine zuständig: Sie teilen den Zellen mit, wann und wo sie sich teilen, mehr Proteine ausscheiden oder absterben sollen.

Möglich wird das alles durch die Gene der großen Genfamilien, von denen in Kapitel 5 die Rede war. Jedes Gen einer solchen Genfamilie produziert ein Protein, das sich von seinen Vettern geringfügig unterscheidet. Eine Klasse derartiger Proteine sind die Cadherine: Von ihnen gibt es mindestens 100 verschiedene Typen, die jeweils für ein Gewebe spezifisch sind – für Haut, Nerven, Knochen und so weiter. Diese Proteine halten beispielsweise in der Haut die Zellen zusammen und ermöglichen ihre chemische Kommunikation: Sie geben den Zellen den Befehl, sich zu teilen, andere Proteine zu bilden oder abzusterben.

Was dabei wichtig ist: Die Herstellung solcher Proteine bedeutet für die Zellen einen großen Aufwand – sie zu synthetisieren und zusammenzusetzen erfordert eine beträchtliche Menge an Stoffwechselenergie. Deshalb hätten vielzellige Organismen ohne Margulis' neuartige Zellen nicht entstehen können. Die Verschmelzung, die sie sich ausmalte, führte ein Kraftwerk und einen Proteinhersteller zusammen. Die so entstandene Zellchimäre besaß nun sowohl die Energie als auch die DNA zur Herstellung der vielfältigen Proteine, und nun wurde die Evolution eines vielzelligen Körpers möglich. Ausgestattet mit einer Energiequelle und Methoden zur Produktion vielfältiger Proteine konnten die neuen Zellen sich an andere Zellen koppeln, mit ihnen kommunizieren und neue Verhaltensweisen an den Tag legen.

Im Laufe von Jahrmilliarden entstand eine Abfolge immer komplexerer Lebewesen. Die Entstehung eines neuartigen Individuums, einer Zelle mit Organellen, machte das nächste Individuum möglich: einen Körper aus vielen Zellen.

Diese Reihenfolge wirft die nächste Frage auf: Wie sind die vielzelligen Lebewesen entstanden?

Meine Kollegin Nicole King in Berkeley hat während ihrer gesamten Berufslaufbahn eine besondere Art einzelliger Lebewesen erforscht. Die mikroskopisch kleinen, wie eine Geleebohne geformten Organismen haben ein ungewöhnliches Merkmal: Aus einem Ende der Zellen ragt ein Haarkranz heraus, der aussieht wie die Tonsur eines verängstigten Mönchs. Damit sind die Choanoflagellaten oder Choanos, wie King sie liebevoll nennt, etwas Besonderes. Ihr Genom wurde vor zehn Jahren zusammen mit dem anderer einzelliger Lebewesen und verschiedener Tiere sequenziert. Dabei gewann man die Erkenntnis, dass Choanos die engsten Verwandten der vielzelligen Tiere sind. Wegen dieser Verwandtschaft könnten sie Hinweise darauf liefern, welche Mechanismen hinter der Entstehung der Vielzelligkeit standen.

Außerdem beherrschen die Choanos einen wichtigen Trick. Sie schwimmen während eines großen Teils ihres Lebens frei herum und wedeln mit den Haaren, um sich fortzubewegen. Zu bestimmten Zeiten sorgt aber ein Auslöser dafür, dass sie Klumpen bilden. In diesen Gebilden, die wegen ihrer blütenähnlichen Form auch als Rosetten bezeichnet werden, sind mindestens zehn einzelne Choanos aneinandergeheftet. Der Übergang vom einzelligen Lebewesen zu einem Klumpen aus vielen Zellen, ein Vorgang, der in der Evolution Jahrmilliarden in Anspruch genommen hat, findet also bei diesen Organismen in einem Augenblick statt.

King ist zwar studierte Molekularbiologin, hat aber die Denkweise einer Paläontologin. Wie die Fossiliensammler, die sich Lebewesen ansehen und dann fragen, wie ihre Vorläufer ausgesehen haben könnten, so stellt auch King im Zusammenhang mit den Mechanismen, durch die vielzellige

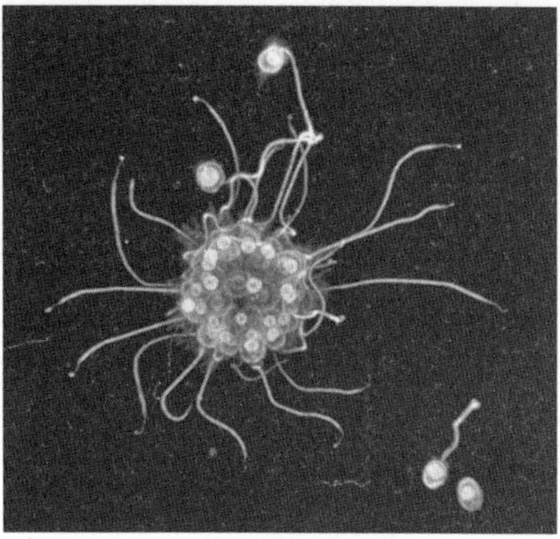

Abb. 41: Choanoflagellaten können Kolonien wie diese bilden.

Organismen entstehen, die Frage, welche molekularen Mechanismen notwendig sind, um einen Körper aufzubauen, und woher sie kommen.

Wenn Zellen zum Aufbau eines Körpers besondere Proteine herstellen, wie wir es bereits beschrieben haben, ergeben sich Anhaltspunkte für den Ursprung der Vielzelligkeit, wenn man der Frage nachgeht, wie diese Moleküle entstanden sind. Die Antwort liegt im Genom. Heute stehen die Sequenzen von Choanos, Bakterien und vielen anderen Mikroorganismen zur Analyse bereit. Mit Hilfe von Computerdatenbanken kann man die genetische Information eines Lebewesens betrachten und genau angeben, welche Proteine es hervorbringt.

Als man das Genom der Choanos sequenzierte, stellte sich etwas Unglaubliches heraus. Viele Proteine, die einen vielzelligen Körper aufbauen, sind bei diesen einzelligen Lebewesen bereits vorhanden. Sie dienen dort entweder zur Bildung der Rosetten oder – unter anderem – zum Aufstöbern und Verzehren von Beute. Diese Beobachtung veranlasste King und andere zu einer noch weiter gefassten Suche: Sie analysierten jetzt die Genome anderer Mikroorganismen. Das Ergebnis ist eine Gesetzmäßigkeit der Evolution, die wir bereits kennengelernt haben.

Was King und ihre Kollegen entdeckten: Verschiedene Versionen der Proteine, die bei Tieren für den Aufbau des Körpers sorgen, darunter Kollagene, Cadherine und viele andere, gibt es auch bei einer breiten Palette einzelliger Lebewesen, von Bakterien bis zu komplexeren Formen mit Organellen. Was fangen sie mit diesen Proteinen an, wenn sie keinen vielzelligen Körper aufbauen? Die Antwort: Sie heften sich damit an Beuteorganismen oder Teilen ihrer Umwelt fest. Sie nutzen die Proteine, um natürlichen Feinden aus dem Weg zu gehen. Außerdem können auch einzellige Lebewesen mit chemischen Signalen untereinander kommunizieren. Im Rahmen der Anpassung an ihre Umwelt entwickelten Mikroorganismen die chemischen Vorläufer, die den Tieren später zum Aufbau ihres Körpers dienten. Vielzelliges Leben ist nur deshalb möglich, weil Moleküle in neuen Kombinationen von ihrer ursprünglichen Funktion bei einzelligen Lebewesen zweckentfremdet wurden. Die großen Erfindungen, denen wir vielzellige Lebewesen verdanken, sind älter als die Vielzelligkeit selbst.

Kürzlich entdeckte King den Auslöser für die Rosettenbildung bei den Choanoflagellaten. Wenn die Choanos spüren, dass in ihrer Nähe eine bestimmte Bakterienart vorkommt, produzieren sie Proteine, die für die Klumpenbildung sorgen. Wie die Bakterien den Vorgang auslösen, wissen wir nicht genau. Möglicherweise geben sie ein chemisches Signal ab, das die Bildung der Rosette anregt. Dennoch ist es eine faszinierende Beobachtung: Einzellige Lebewesen bilden nicht nur das Ausgangsmaterial für einen Körper, sondern setzen auch seine Entstehung in Gang.

Damit vielzellige Lebewesen entstehen konnten, waren sowohl das Potenzial als auch die Gelegenheit erforderlich. Den Apparat zur Bildung eines Körpers gab es schon lange, bevor die ersten Vielzeller unter den Fossilfunden auftauchen. Vor einer Milliarde Jahren hatte der Sauerstoff für Lebewesen, die in ihm gedeihen konnten, eine neue Welt geschaffen. Mit dem Anstieg der Sauerstoffkonzentration in der Atmosphäre konnten Lebewesen, die das Gas in ihrem Stoffwechsel nutzten, sich eine Lebensweise mit höherem Energieverbrauch zu eigen machen. Nutzbar gemacht wurde die Energie durch die von Margulis beschriebenen neuartigen Zellen. Proteine in dem zur Bildung eines vielzelligen Organismus notwendigen großen Maßstab zu produzieren ist nur möglich, wenn die Zellen über Kraftwerke verfügen, die von Sauerstoff angetrieben werden. Und diesen Treibstoff gab es vor einer Milliarde Jahren im Überfluss.

Die Summe der Teile

Ein vielzelliger Organismus ist in mehrfacher Hinsicht wie eine russische Puppe aufgebaut: Der Körper enthält Organe, diese setzen sich aus Geweben zusammen, die ihrerseits aus Zellen bestehen, und die Zellen tragen Organellen, die Gene enthalten. In den Jahrmilliarden der Evolution gaben die einzelnen Teile ihre Individualität auf und wurden zu Komponenten eines größeren Ganzen. Freilebende Mikroorganismen taten sich zu neuartigen Zellen zusammen. Diese neuen Zellen hatten besondere Eigenschaften, dank derer sie eine weitere neue Kombination bilden konnten, den vielzelligen Körper. Nach und nach entstanden immer kompliziertere Individuen mit immer mehr raffinierten Einzelteilen.

Körper und Zellen sind auf ein genau kontrolliertes Verhalten ihrer Einzelteile angewiesen. Aber hinter der Ordnung steht Zwietracht. Die Teile eines Körpers zu koordinieren heißt, konkurrierende Interessen einzudämmen, die in den verschiedenen Zellen und Genomteilen vorhanden sind. Die verschiedenen Gene, Organellen und Zellen in einem Körper pflanzen sich ständig fort. Lässt man ihnen ihren Lauf, kann ein Teil die Kontrolle übernehmen. Der Konflikt – einerseits Teile, die sich egoistisch verhalten und bestrebt sind, sich uneingeschränkt fortzupflanzen, andererseits die Bedürfnisse des Gesamtorganismus – ist eine Geschichte von Gesundheit, Krankheit und Evolution. Das Ergebnis kann zur Mutter weiterer Erfindungen werden, aber auch zum Weg in die Katastrophe.

Stellen wir uns einmal eine Zelle vor, die mit ihrem Verhalten ausschließlich auf sich selbst gestellt ist: Sie teilt sich einfach und pflanzt sich mit wilder Entschlossenheit fort, oder sie stirbt umgekehrt nicht zur richtigen Zeit oder am richtigen Ort ab. Solche Zellen können im Körper die Herrschaft übernehmen und ihn ruinieren. Nichts anderes ist Krebs: Krebszellen brechen die Regeln und verhalten sich egoistisch; sie koordinieren weder ihre Fortpflanzung noch ihren Tod mit den Bedürfnissen des Organismus, in dem sie angesiedelt sind.

Krebs macht ein grundlegendes Spannungsverhältnis zwischen Teilen und Ganzem sichtbar – in unserem Fall zwischen den Bestandteilen, die einen Körper bilden, und dem Gesamtorganismus. Wenn einzelne Teile ihrem kurzfristigen Eigeninteresse folgen und sich uneingeschränkt teilen, können sie den Organismus zugrunde richten. Krebs entsteht durch genetische Mutationen, die sich anhäufen und dafür sorgen, dass die Zellen sich zu schnell vermehren oder nicht ordnungsgemäß absterben. Die Organismen haben für solche Fälle Abwehrmechanismen entwickelt, so die Immunantwort, die unbotmäßige Zellen aussondert. Nur wenn solche Kontrollpunkte und Abwehrmechanismen endgültig zusammenbrechen und sich das Verhalten der Zellen nicht mehr kontrollieren lässt, führt der Krebs zum Tod.

Ein ähnlicher Konflikt spielt sich auch innerhalb des Genoms ab. Barbara McClintocks springende Gene sind ganz ähnlich wie Krebszellen dazu da, Kopien ihrer selbst herzustellen. Im Inneren der Zellen tobt ein Krieg zwischen bösartigen, egoistischen Elementen, die sich ungehindert vermehren wollen, und dem Organismus. Mit seinen Genen, die sich ständig um die Eindämmung egoistischer Elemente bemühen, mit ununterbrochen eindringenden Viren und Billionen Zellen, die den Körper durch ihr Zusammenwirken funktionsfähig halten, ist jedes vielzellige Lebewesen ein Bündnis von Teilen, die zu verschiedenen Zeiten und manchmal auch an verschiedenen Orten entstanden sind. Manche dieser Teile stehen untereinander im Konflikt, andere arbeiten zusammen und alle verändern sich im Laufe der Zeit, aber gemeinsam bilden sie den Brennstoff für das Feuer der Evolution. Vielzellige Organismen können im Laufe der Evolution neuartige Varianten bilden, weil sie aus vielfältigen Teilen bestehen, die auf vielfältige Weise interagieren.

Mixologie

Räder existieren auf der Erde seit ungefähr 6000 Jahren. Reisekoffer gibt es schon seit Jahrhunderten. Aber Reisekoffer mit Rädern wurden erst vor wenigen Jahrzehnten erfunden und haben das Leben vieler Menschen, die reisen, verändert. Jedes Mal, wenn ich an einem Flughafen bin, freue ich mich darüber, dass man etwas so Umwälzendes erfinden konnte, indem man alte Teile auf neue Weise kombinierte.

Wie neue Kombinationen auch in der Natur zu neuen Erfindungen führen können, zeigte Margulis am Beispiel der Organellen. Wie aber sieht es aus, wenn eine Abstammungslinie etwas nicht selbst erfindet, sondern stattdessen ein Merkmal übernimmt, das bei einer anderen Spezies entstanden ist? Die Mitochondrien, die unseren Zellen die Energie liefern, wurden nicht durch Veränderungen in unserem eigenen Genom erfunden, als unser Vorfahre noch ein Einzeller war. Die Erfindung fand anderswo statt und wurde dann, als die urtümlichen Bakterien mit unserer Abstammungslinie verschmolzen, übernommen und einer neuen Verwendung zugeführt. Ganz ähnlich die Viren: Seit Jahrmilliarden infizierten sie die Genome und versetzten sie so in die Lage, neue Proteine herzustellen. Durch ihre Zweckentfremdung entstanden neue Moleküle, die den Verlauf der Schwangerschaft oder das Erinnerungsvermögen unterstützen.

Oft werden Merkmale, die bei einer Spezies auftauchen, von einer anderen sofort übernommen, gestohlen und zu neuen Zwecken abgewandelt. Der Wirt erbt eine vorgefertigte Erfindung und muss sie nicht selbst aufbauen. Durch die Kombination verschiedener Teile entstehen neuartige Individuen, und dadurch können sich in der Evolution neue Möglichkeiten eröffnen.

Jahrmilliarden lang war das Leben einzellig; die Erfindungen betrafen die Methoden, mit denen Lebewesen die Energie und die chemischen Substanzen aus ihrer Umwelt verwerteten. Was lebte, war klein. Als aber immer komplexere Formen auftauchten, eröffneten sich neue Wege für die Herstellung von Proteinen, für Fortbewegung und Nahrungsaufnahme. Lebewesen mit einem vielzelligen Körper – Tiere, Pflanzen und Pilze – erschienen erst relativ spät auf der Bildfläche. Sie alle bestehen aus Zellen, die durch die Verschmelzung verschiedener Individuen entstanden sind. Mit den vielzelligen Lebewesen eröffneten sich neue Wege der Evolution. Lebewesen aus vielen Zellen, die jeweils durch Organellen angetrieben wurden, konnten größer werden und neue Gewebe und Organe hervorbringen. Das Ergebnis ist eine Vielfalt von Geweben und Organen, mit deren Hilfe Tiere sich in die höchsten Höhen der Luft erheben, am Meeresboden schwimmen oder Satelliten entwickeln können, um die fernen Bereiche des Sonnensystems zu erkunden.

Die Vereinnahmung der Zukunft

Kombination, Übernahme und Zweckentfremdung der technischen Möglichkeiten und Erfindungen anderer Arten – das war Milliarden Jahre unsere Vergangenheit. Und es ist auch ein Teil unserer Zukunft.

Im Jahr 1993 erforschte der spanische Mikrobiologe Francisco Mojica (geb. 1963) die Salzmarschen an der Costa Blanca in Südspanien. Er wollte klären, wie Bakterien sich im Laufe ihrer Evolution so entwickeln, dass sie in einem stark salzhaltigen Lebensraum gedeihen können. Irgendeine Eigenschaft in ihrem Genom machte sie widerstandsfähig gegen eine Umwelt, die für die meisten anderen Arten tödlich ist. Fast zehn Jahre lang verfolgte er das Ziel weiter: Er sequenzierte das Genom der Bakterien und entdeckte ein rätselhaftes Merkmal. Den größten Teil ihrer DNA machten gewöhnliche Bakteriensequenzen aus unterschiedlichen Buchstaben aus. An wenigen Stellen lag jedoch ein kurzer Abschnitt, der ein Palindrom bildete, das heißt, er war vorwärts und rückwärts gelesen gleich wie der Name Hannah, nur bestand er in diesem Fall aus den Buchstaben A, T, G und C. Außerdem waren die Abstände zwischen den kurzen Palindromabschnitten gleich, so dass sich ein Wiederholungsmuster bildete: Palindrom, andere Sequenzen, Palindrom, andere Sequenzen. Und zufällig hatte eine japanische Arbeitsgruppe die gleichen Palindromsequenzen schon ungefähr zehn Jahre zuvor nachgewiesen.

Das, davon war Mojica überzeugt, war kein Zufall. Also suchte er auch bei anderen Bakterien nach der seltsamen Anordnung. Und siehe da: Wie sich herausstellte, kommt sie sehr häufig vor – man findet sie bei mehr als 20 Arten. Ein solches gut definiertes, weitverbreitetes Muster im Genom musste eine Funktion haben, aber worin konnte die bestehen?

In dieser Phase baute Mojica in Spanien sein eigenes Labor auf, aber die Finanzmittel reichten nicht für Sequenzierung oder Hightech-Laborarbeit. Davon ließ er sich aber nicht abschrecken: Ihm reichten der PC auf seinem Schreibtisch, ein Textverarbeitungsprogramm und die Internetverbindung zu einer Gen-Datenbank. Er gab die Sequenz der Palindrome und die zwischen ihnen liegenden Abstände ein und wollte so herausfinden, wo sie sonst noch vorkommen. Seine Suche lieferte Treffer, aber nicht bei anderen Bakterien. Die beste Übereinstimmung fand er mit einem Virus. Und es handelte sich um ein Virus, gegen das diese Bakterienart eine Resistenz entwickelt hatte. Im nächsten Schritt analysierte er 88 Abschnitte, die zwischen den Palindromen lagen. Über zwei Drittel davon entsprachen Viren, gegen die das Bakterium ebenfalls resistent war. Es war fast, als würden die fraglichen Sequenzabschnitte das Bakterium vor eindringenden Viren schützen.

Nun formulierte Mojica eine kühne, nicht überprüfte Hypothese: Danach ist das System aus Palindromen und Zwischensequenzen eine Waffe der Bakterien gegen Viren. Er brachte seine Gedanken zu Papier und reichte sie bei einigen führenden Fachzeitschriften ein. Eine lehnte den Artikel ab, ohne ihn auch nur an Gutachter zu schicken. Eine andere Ablehnung wurde mit einem Mangel an »Neuerungen oder Bedeutung« begründet. Das Ganze wiederholte sich fünfmal, bevor die Arbeit schließlich in einer Fachzeitschrift für molekulare Evolution erschienen. Im gleichen Jahr veröffentlichte unabhängig davon auch ein französisches Labor, das sich geringfügig anderer Methoden bedient hatte, die gleichen Überlegungen.

Nun machte sich ein Netzwerk von Instituten an die Arbeit. Ein potenzielles bakterielles Abwehrsystem wäre ein Segen für die Joghurtindustrie, deren Kulturen regelmäßig unter eindringenden Viren leiden. Angesichts eines solchen Anreizes wurde schon bald überzeugend nachgewiesen, dass es sich bei dem genetischen System tatsächlich um einen Abwehrmechanismus handelt, der sich bei den Bakterien im evolutionären Rüstungswettlauf mit den Viren entwickelt hatte. Viren greifen nicht nur Menschen an, sondern auch Bakterien. Unser Organismus wehrt sie mit Hilfe des Immunsystems ab. Das bakterielle System funktioniert wie ein molekularer Wegweiser und ein Skalpell: Die Palindrome bilden die Orientierungsmarken, und ein molekulares Skalpell nutzt sie, um die Virus-DNA zu zerschneiden und damit unschädlich zu machen. Der Abwehrmechanismus richtet sich gegen das egoistische Bestreben der Viren, zu infizieren, sich zu vermehren und andere Genome unter ihre Kontrolle zu bringen.

Im Gefolge solcher Entdeckungen konnte eine ganze Reihe von Instituten rund um die Welt mit kreativer, bahnbrechender Forschung neue Erkenntnisse über das molekulare Skalpell (das den Namen *Cas9* trägt) gewinnen und zeigen, wie man das System zweckentfremden kann, um damit nicht nur Virus-DNA zu verändern, sondern die DNA aller Lebewesen. In Artikeln, die innerhalb weniger Monate bei den Fachzeitschriften eingereicht wurden, zeigten die Autoren, wie man das bakterielle System abwandeln und bei anderen biologischen Arten einsetzen kann. Die Methode, CRISPR-Cas genannt, ist uns bereits im Zusammenhang mit Nipam Patel begegnet, der mit ihrer Hilfe die Extremitäten von *Parhyale* hin und her bewegte. Sie bildet die Basis für das *genome editing* oder Redigieren von Genomen, ein heute weitverbreitetes Verfahren, mit dem man die Genome von Pflanzen, Tieren und Menschen verändern und damit in vielen Bereichen von der Landwirtschaft bis hin zum Gesundheitswesen nützliche Wirkungen erzielen kann. Und das ist nur der Anfang: Mittlerweile werden fast im Monatsrhythmus weiter verfeinerte

Methoden entwickelt, die ein immer präziseres, schnelleres und effizienteres Arbeiten ermöglichen.

Mit dem Verfahren kann man Teile des Genoms praktisch über Nacht neu schreiben. In der Evolution haben solche Veränderungen Dutzende von Jahrmillionen in Anspruch genommen. Die Methode steckt zwar noch in den Kinderschuhen, und häufig hört man übertriebene neue Nachrichten, aber eines ist klar: Wir können heute Teile des Genoms von Pflanzen und Tieren schnell und mit geringem Aufwand gezielt verändern. In meinem Institut haben wir die Methode in ihrer gröbsten Form auf Fische angewandt und einzelne Gene beseitigt. Andere Institute können ganze Genomabschnitte ausschneiden und woanders wieder einbauen; sie bewegen Gene und ihre Schalter von einer Spezies zur anderen oder von Individuum zu Individuum.

Die Entdeckung des Redigierens von Genomen mit CRISPR-Cas folgt einem ausgetretenen, vier Milliarden Jahre alten Pfad der evolutionären Erfindungen. Der Durchbruch, der zu der technologischen Umwälzung führte, fand nicht an dem Ort statt, den wir damit in Verbindung bringen – redigiert wurden zunächst nicht die Genome von Tieren und Pflanzen –, sondern ganz woanders: bei der Erforschung von Salzwasser-Ökosystemen. Dann folgte ein verworrener Weg der Entdeckungen: Zahlreiche Erfinder entwickelten zur gleichen Zeit ähnliche Ideen, technische Mittel wurden kombiniert, und alle erlebten das gleiche Flair des Neuen. Und wie bei biologischen Innovationen, so stellte sich der Schlüsselmoment auch hier ein, als eine Erfindung, die eine Spezies – Bakterien – gemacht hatte, von einer anderen – nämlich uns – zu einem neuen Zweck verwendet wurde. An der Entwicklung von CRISPR-Cas waren Hunderte jüngere und ältere Wissenschaftler beteiligt, die parallel arbeiteten. Die Launen der Geschichte, Mehrfachentwicklungen und zahlreiche unerwartete Zwischenfälle machten das Ganze zum idealen Stoff für eine weitere Spezies: die Juristen. Wenn man die Geschichte von CRISPR-Cas entwirren will, stehen Patentstreitigkeiten im Mittelpunkt.

Der Gedanke, dass unser bewusstes Gehirn etwas erreicht hat, was Zellen und ihre Genome bereits seit Jahrmilliarden bewerkstelligen, hat etwas Erhabenes. Eine Lebensform, nämlich Bakterien, hatte eine Methode erfunden, und diese wurde von anderen übernommen, abgewandelt und zweckentfremdet. Das Gehirn, das die biologischen Erfindungen vereinnahmt und verändert hat, besteht seinerseits zum Teil aus zweckentfremdeten Virusproteinen und bezieht seine Energie von einstmals freilebenden Bakterien. Neue Kombinationen können die Welt verändern.

Epilog

Am Weihnachtstag 2018 hatte ich mich fast den ganzen Vormittag wegen eines sommerlichen Schneesturms in mein Zelt verkrochen. Als der Himmel aufklarte, stieg ich oberhalb unseres Lagers auf einen Bergrücken, um mir die Beine zu vertreten. Mit jedem Schritt fühlte ich mich stärker befreit, und am Ende stand ich auf dem Gipfel des Mount Ritchie, einer der Erhebungen im Transantarktischen Gebirge. Umgeben war ich von einer Eisfläche, die größer ist als die kontinentalen Vereinigten Staaten. Die Gesteinsformationen, in die unsere Arbeitsgruppe ihre Fossilsuche verlagert hatte, waren älter als jene in der Nähe des Nordpols, in denen wir den fischähnlichen *Tiktaalik roseae* gefunden hatten. Hier, am anderen Ende der Erde, suchten wir nach besonders alten Fischen mit einem Knochenskelett. Und der richtige Gesteinstyp mit dem richtigen Alter für solche Fossilien befand sich in den Gebirgen in diesem Teil der Antarktis.

Hier ragen die Berggipfel aus den Gletschern hervor und offenbaren eine Schichtstruktur aus verschiedenen Farben, die einen lebendigen Kontrast zu dem unendlichen Weiß ihrer Umgebung bilden. Schicht auf Schicht, in Rot, Braun und Grün, spiegelt sich die seit 400 Millionen Jahre andauernde Geschichte des Lebens und der Erde wider. Die inneren Strukturen des Gesteins zeigen, dass diese Polarregion einst ein riesiges tropisches Flussmündungsgebiet von der Größe des Amazonasdeltas war, und später herrschte hier heftige Vulkanaktivität. Entsprechend veränderte sich auch die Lebenswelt. Die am tiefsten liegenden Gesteinsformationen sind fast 400 Millionen Jahre alt und enthalten vorwiegend Fische; die obersten zählen 200 Millionen Jahre, und hier sind Ökosysteme mit vielfältigen Reptilien anzutreffen.

Aus der Distanz betrachtet, ist man leicht versucht, sich beim Anblick solcher Schichtstrukturen einen geordneten Ablauf des evolutionären Wandels vorzustellen. Global gesehen, liegen Schichten mit den ältesten Mikroorganismen tiefer als solche mit den ältesten Tieren, solche mit den ältesten Fischen liegen unter jenen mit Amphibien, solche mit den ältesten Amphibien unter denen mit Reptilien und so weiter.

Wir Menschen füllen die Lücken in unseren Kenntnissen gern mit unseren Vorurteilen, das heißt mit irgendeiner Kombination aus Hoffnung, Erwartung und Furcht. Unser Geist neigt dazu, einzelne Punkte aus der Vergangenheit zu einem Narrativ zu verbinden, in dem eine Veränderung in linearer Abfolge der nächsten vorausgeht. Wir alle haben schon einmal Zeichnungen zur Evolution der Menschen gesehen, in denen eine Prozession von Kleinaffen über Menschenaffen bis zum Menschen führt, das heißt von gebückten Tieren auf vier Beinen bis zu denen, die aufrecht gehen. Solche Darstellungen sind häufig satirisch gemeint: Am Ende der Evolution liegt dann ein Mensch auf der Couch und sieht sich die *Simpsons* an oder hängt am Telefon. Dieser Blick auf die Vergangenheit ist tief verwurzelt. Wie oft haben wir den Begriff *missing link* – »fehlendes Bindeglied« – gehört, als gäbe es eine große Kette der Evolution, in der jedes Glied zwangsläufig zum nächsten führt? Und wie oft hatten wir die Vorstellung, solche fehlenden Bindeglieder müssten wie eine genaue Mischung der Merkmale von Vorfahren und Nachkommen aussehen?

Es stimmt: Die ersten Fische tauchen in fossiler Form früher auf als die ersten Landlebewesen. Aber auch etwas anderes haben wir bereits erfahren: Je genauer wir uns Fossilien, Embryonen und die DNA verschiedener Arten ansehen, desto stärker stellen wir fest, dass viele Veränderungen, die den Tieren das Leben an Land ermöglichten, bereits früher eingetreten sind, nämlich als die Fische noch im Wasser lebten. Alle wichtigen Umwälzungen in der Geschichte des Lebens liefen nach dem gleichen Prinzip ab. Nichts beginnt da, wo man seinen Anfang vermutet: Vorläufer tauchen früher und an anderen Orten auf, als wir es uns vorstellen. Und was schon Darwin wusste, als er vor über 150 Jahren auf St. George Jackson Mivart antwortete: Anders hätte die Geschichte des Lebens sich nicht entfalten können.

Darwin wusste nichts von DNA, von der Funktionsweise der Zellen oder den Gesetzmäßigkeiten, nach denen genetische Rezepte während der Embryonalentwicklung einen Körper aufbauen. Indem die DNA sich ständig windet und wendet, weil sie gegen sich selbst und gegen äußere Eindringlinge Krieg führt, wird sie zum Treibstoff des evolutionären Wandels. Alte Viren machen zehn Prozent unseres Genoms aus, und mindestens 60 weitere Prozent bestehen aus Wiederholungselementen, die durch außer Rand und Band geratene springende Gene entstanden sind. Nur zwei Prozent sind unsere eigenen Gene. Da Zellen und genetisches Material verschiedener Arten verschmelzen und Gene sich ständig verdoppeln und zu neuen Zwecken genutzt werden, fließt die Geschichte des Lebens nicht wie ein gerader Kanal dahin, sondern wie ein verzweigter, gewundener Fluss. Mutter Natur gleicht einem faulen Bäcker, der eine verwirrende Vielfalt von Produkten erzeugt, indem er alte Rezepte und Zutaten immer wieder neuen Zwecken zuführt, kopiert, abwandelt und erneut verwendet. Auf diese Weise haben sich einzellige Mikroorganismen während der Erdzeitalter durch Improvisation, Verdoppelung und Zweckentfremdung so weit entwickelt, dass ihre Nachkommen in allen Lebensräumen der Erde gedeihen und sogar auf dem Mond spazieren gehen konnten.

Hin und wieder betrachte ich noch einmal das Diagramm, mit dem meine berufliche Laufbahn vor 30 Jahren begann: das Bild eines Fisches, das durch einen Pfeil mit einem Amphibium verbunden ist. Heute wirkt es seltsam und sogar naiv. Die Abbildung spiegelte den Stand der Evolutionsbiologie zu einer Zeit wider, in der wir noch nicht viel über Genome, eindringende Viren und die Gene, die Körper erschaffen, wussten. Wir wussten nichts von dem mit Extremitäten ausgestatteten Fisch, den meine Kollegen und ich 2004 entdecken sollten, und ebenso wussten wir nichts über die anderen in jüngster Zeit entdeckten Fossilien, die uns etwas über weitere große Ereignisse in der Geschichte des Lebens erzählen. Unsere heutigen wissenschaftlichen Arbeiten hätten wir uns noch vor wenigen Jahrzehnten nicht vorstellen können. Wie die Geschichte des Lebens, so ist auch die Geschichte wissenschaftlicher Entdeckungen voller unerwarteter Windungen, Wendungen, Irrtümer und gelegentlicher Sackgassen, durch die sich unser Blick auf die Welt um uns herum verändert. Die Ideen, mit denen wir die Vielfalt der Natur zu verstehen und zu analysieren versuchen, werden ihrerseits im Vergleich zu den Gedanken, die unsere Vorgänger vor Jahrzehnten oder sogar Jahrhunderten entwickelten, zweckentfremdet und abgewandelt.

Der Dichter William Blake schrieb, er habe das Universum in einem Sandkorn und den Himmel in einer Wildblume gesehen. Wenn man weiß, wo man suchen muss, sieht man Jahrmilliarden in jedem Organ, jeder Zelle und jedem Stück DNA der Lebewesen. Und dann kann man in unseren Verbindungen zu allen anderen Lebewesen auf unserem Planeten schwelgen.

Weiterführende Literatur und Anmerkungen

Es gibt eine ganze Reihe ausgezeichneter allgemeiner Einführungen in die Geschichte der Erde und des Lebens. Richard Fortey, ein angesehener Paläontologe und begabter Autor, hat zwei Bücher mit einem breiten Themenspektrum verfasst: *Life: A Natural History of the First Four Billion Years of Life on Earth* (New York: Vintage, 1999) [dt. *Leben: eine Biographie; die ersten vier Milliarden Jahre.* Üb. v. F. Griese u. S. Kuhlmann-Krieg; München: Beck, 1999] und *Earth: An Intimate History* (New York: Vintage, 2005) [dt. *Der bewegte Planet: eine geologische Reise um die Erde.* Üb. v. J. Seeling; Heidelberg: Elsevier Spektrum Akad. Verlag, 2005]. Richard Dawkins unternimmt einen Streifzug durch den Stammbaum des Lebendigen in umgekehrter Reihenfolge; dabei erzählt er, wie sich die Arten im Laufe der Zeit verändert haben und mit welchen Hilfsmitteln wir die Geschichte rekonstruieren: *The Ancestor's Tale: A Pilgrimage to the Dawn of Evolution* (New York: Mariner Books, 2016) [dt. *Geschichten vom Ursprung des Lebens.* Üb. v. S. Vogel; Berlin: Ullstein 2008]. Überzeugende, lehrreiche Quellen zur Frühgeschichte des Lebens sind unter anderem Andrew Knoll, *Life on a Young Planet: The First Three Billion Years of Evolution on Earth* (Princeton, NJ: Princeton University Press, 2004), Nick Lane, *The Vital Question: Energy, Evolution, and the Origins of Complex Life* (New York: Norton, 2015) [dt. *Der Funke des Lebens: Energie und Evolution.* Üb. v. M. Niehaus, M. Wiese u. J. Wissmann; Darmstadt: Theiss, 2017]; und J. William Schopf, *Cradle of Life: The Discovery of Earth's Earliest Fossils* (Princeton, NJ: Princeton University Press, 1999). Eine lebendige, umfassende Geschichte der Fossilfunde ist Brian Switek, *Written in Stone: Evolution, the Fossil Record, and Our Place in Nature* (New York: Bellevue Literary Press, 2010).

In den letzten Jahren ist eine ganze Reihe hervorragender allgemeiner Darstellungen über Genetik und Vererbung erschienen, die fast an die Mehrfachentwicklungen in der Evolution erinnern: Siddhartha, Mukherjee, *The Gene: An Intimate History* (New York: Scribner, 2017) [dt. *Das Gen: eine sehr persönliche Geschichte.* Üb. v. U. Bischoff; Frankfurt a. M.: S. Fischer, 2017]; Adam Rutherford, *A Brief History of Everyone Who Ever Lived: The Human Story Retold Through Our Genes* (New York: The Experiment, 2017) [dt. *Eine kurze Geschichte von jedem, der jemals gelebt hat: Was unsere Gene über uns verraten.* Üb. v. M. Niehaus u. C. Wink; Reinbek: Rowohlt, 2018]; und Carl Zimmer, *She Has Her Mother's Laugh: The Power, Perversions, and Potential of Herededity* (New York.: Dutton, 2018). Ein fesselnder Bericht über die molekulare Evolution und viele von ihr ausgehende neue Gedanken ist David Quammen, *The Tangled Tree: A Radical New History of Life* (New York: Simon and Schuster, 2018).

Prolog

Literatur zu »Fischen mit Armen, Schlangen mit Beinen und aufrecht gehenden Affen« sind unter anderem N. Shubin et al., »The Pectoral Fin of *Tiktaalik roseae* and the Origin of the Tetrapod Limb«, *Nature* 440 (2006): 764–771; D. Martill et al., »A Four Legged Snake from the Cretaceous of Gondwana«, *Science* 349 (2015): 416–419; und T. D. White et al., »Neither Chimpanzee nor Human, Ardipithecus Reveals the Surprising Ancestry of Both«, *Proceedings of the National Academy of Sciences* 112 (2015): 4877–4884.

1. Fünf Wörter

Geleitet wurde das Seminar von dem mittlerweile verstorbenen Farish A. Jenkins, Jr., der zu meinem Mentor wurde und an den Expeditionen beteiligt war, die zur Entdeckung von *Tiktaalik roseae* führten. Das Diagramm, aus dem ich meine Anregung bezog, fand den Weg in ein wunderschönes kleines Buch über die großen Übergänge in der Evolution der Wirbeltiere: Leonard Radinsky, *The Evolution of Vertebrate Design* (Chicago: University of Chicago Press, 1987), Abbildung S. 78. Farish war eng mit Radinsky befreundet; dieser hatte ihm Entwürfe für die Abbildungen des Buches, die von Sharon Emerson angefertigt wurden, für die Lehrveranstaltung zur Verfügung gestellt. Nebenbei bemerkt, war Radinsky auch mein Vorgänger als Leiter des Instituts für Anatomie an der University of Chicago. Als Doktorand ahnte ich noch nicht, dass sein Diagramm mich Jahrzehnte später dazu anregen sollte, in seine Fußstapfen zu treten.

Das Zitat von Lillian Hellman stammt aus ihrer Autobiographie *An Unfinished Woman: A Memoir* (New York: Penguin, 1972) [dt. *Eine unfertige Frau: Ein Leben zwischen Dramen.* Üb. v. K. Stromberg; Frankfurt a. M.: Insel, 1970]. Die biologischen Fachbegriffe für die Konzepte, die sie zum Ausdruck brachte, lauten *Exaptation* und *Präadaptation*. Die feinen Unterschiede zwischen beiden werden erörtert in Stephen. J. Gould und Elisabeth Vrba, »Exaptation – A Missing Term in the Science of Form«, *Paleobiology* 8 (r982): 4–15. siehe auch W. J. Bock, »Preadaptation and Multiple Evolutionary Pathways«, *Evolution* 13 (1959): 194–211. Beide Aufsätze sind wichtig und enthalten zahlreiche Beispiele.

Meine Darstellung von St. George Jackson Mivart wurde entnommen aus J. W. Gruber, *A Conscience in Conflict: The Life of St. George Jackson Mivart* (New York: Temple University Publications, Columbia. University Press, 1960). Mivarts 1871 erschienenes Werk *On the Genesis of Species* ist online verfügbar unter https://archive.org/details/a593007300mivauoft.

Die 6. Aufl. von Darwins *On the Origin of Species* ist ebenfalls online verfügbar unter https://www.gutenberg.org/files/2009/2009-h/2009-h.htm. Eine neue deutsche Übersetzung von E. Schönfeld erschien 2018 unter dem Titel *Der Ursprung der Arten* (Stuttgart: Klett-Cotta, 2018).

Gould erörtert das Problem mit den »zwei Prozent eines Flügels« in Stephen Jay Gould, »Not Necessarily a Wing«, *Natural History* (Oktober 1985) [dt. »Nicht unbedingt ein Flügel«, in: S. J. Gould, *Bravo, Brontosaurus*. Üb. v. S. Vogel; Hamburg: Hoffmann und Campe, 1994, S. 157–171].

Mein Bericht über Leben und Werk von Saint-Hilaire wurde entnommen aus H. Le Guyader, *Geoffroy Saint-Hilaire: A Visionary Naturalist* (Chicago: University of Chicago Press, 2004), und aus P. Humphries, »Blind Ambition: Geoffroy St-Hilaire's Theory of Everything«, *Endeavor* 31 (2007):134–139.

Die ursprüngliche Beschreibung des Australischen Lungenfisches steht in A. Gunther, »Description of *Ceratodus*, a Genus of Ganoid Fishes, Recently Discovered in Rivers of Queensland, Australia«, *Philosophical Transactions of the Royal Society of London* 161 (1870–71): 377–379. Die Geschichte seiner Entdeckung findet sich in A. Kemp, »The Biology of the Australian Lungfish, *Neoceratodus forsteri* (Krefft, 1870)« *Journal of Morphology Supplement* (1986): 181–198.

Zu den entwicklungsbiologischen und evolutionären Beziehungen zwischen Schwimmblase und Lunge siehe Bashford Dean, *Fishes, Living and Fossil* (New York: Macmillan, 1895). Sein Katalog der Sammlung von Rüstungen im Metropolitan Museum of Art ist digital verfügbar unter http://libmma.contentdm.oclc.org/cdm/ref/collection/p15324coll10/id/17498. Eine zusammenfassende Darstellung über sein Werk und Leben findet sich unter https://hyperallergic.com.102513/the-eccentric-fish-enthusiast-who-brought-armor-to-the-met/.

Analysen zum Atmen von Luft sind unter anderem K. F. Liem, »Form and Function of Lungs: The Evolution of Air Breathing Mechanisms«, *American Zoologist* 28 (1988): 739–759; und Jeffrey B. Graham, *Air-Breathing Fishes* (San Diego: Academic Press, 1997). Beide zeigen, warum Lungen bei Knochenfischen der primitive Zustand sind, und bestätigen den Vergleich zwischen Schwimmblase und Lunge.

In jüngster Zeit wurden durch genetische Vergleiche tiefgreifende Ähnlichkeiten zwischen Lunge und Schwimmblase gefunden. Siehe A. N. Cass et al., »Expression of a Lung Developmental Cassette in the Adult and Developing Zebrafish Swimbladder«, *Evolution and Development 15* (2013): 119–132. Dean und seine Zeitgenossen wären stolz gewesen.

Die Geschichte der Lunge ist nur ein Beispiel dafür, wie wichtig der Funktionswechsel bei der Entstehung der landlebenden Fische war.

Gunnar Säve-Söderbergh leitete mit 22 Jahren ein kleines Geologenteam, das im Gestein der Region nach Fossilien suchte. Die Suche war relativ einfach und technisch anspruchslos. Jeden Tag schwärmte die Mannschaft über die Felsen aus und suchte nach Knochen, die an der Oberfläche durch Verwitterung freigelegt waren. Wenn sie etwas gefunden hatten, verfolgten sie die Bruchstücke und versuchten herauszufinden, aus welcher Gesteinsschicht sie stammten. Mit genau den gleichen Methoden fand auch meine Arbeitsgruppe fast 80 Jahre später in der kanadischen Arktis *Tiktaalik roseae,* den Fisch mit Beinen.

Säve-Söderbergh suchte nach den ersten Tieren, die auf dem Trockenen gehen konnten. Zu jener Zeit hatte noch niemand in Gestein aus der Devonzeit – dieses ist rund 365 Millionen Jahre alt – einen Anhaltspunkt für Tiere mit Extremitäten gefunden. Er verfolgte das Ziel, in noch älterem Gestein ein fischähnliches Amphibium zu finden, eine Spezies, welche die Grenze zwischen Fischen und Amphibien verschwimmen ließ.

Säve-Söderbergh war berühmt für seine unermüdliche Energie; er arbeitete bis spät in die Nacht und legte zu Fuß gewaltige Entfernungen zurück, um Fossilien zu finden. Außerdem war er höchst zuversichtlich. Pessimisten finden keine Fossilien; nur wenn man daran glaubt, dass es Fossilien im Gestein gibt, wendet man lange Stunden und viele gescheiterte Versuche auf, um sie zu finden. Seine Mitarbeiter legten ihre Funde jeden Tag in eine von zwei Kisten: P für Fische (*Pisces*) und A für Amphibien. Es war eine kühne Maßnahme. In Gestein dieses Alters hatte noch nie jemand Amphibien gefunden. Wie man sich leicht vorstellen kann, füllte sich die Kiste für Fische während der Freilandsaison 1929 mit Fossilien, und die Kiste für Amphibien blieb leer.

Gegen Ende der Saison fand Säve-Söderbergh in dem Geröll am Celsius Berg, einer roten Spitzgruppe in Nachbarschaft des Eises am Ostgrönländischen Meer eine Reihe seltsam aussehender Knochenfragmente. Er sammelte fast ein Dutzend Knochenplatten, die jeweils so im Gestein eingebettet waren, dass man ihre Struktur zum größten Teil nicht erkennen konnte. Mit ihren Vorsprüngen und Rillen sahen diese Platten wie andere fossile Fische aus, die man zu jener Zeit gefunden hatte. Nach den erhaltenen Strukturen zu urteilen, gehörten sie in die Kiste für die Fische. Sie stammten eindeutig von einem Schädel, waren aber so flach, dass man sie mit keinem damals bekannten Fisch in Verbindung bringen konnte. Säve-Söderbergh vermutete, es könne sich um Amphibien handeln. Immer Optimist, legte er sie in die A-Kiste.

Nach Schweden zurückgekehrt, machte sich Säve-Söderbergh an die mühsame Arbeit, das Gestein rund um die einzelnen Knochen Körnchen für Körnchen zu entfernen. Als er die Schichten freilegte, offenbarte sich ein echtes Wunder. Er hatte ein Tier gefunden, das mit seiner Körperform wie ein Fisch aussah, der Kopf hatte aber die lange Schnauze und die flache Gestalt eines Amphibiums. Säve-Söderbergh hatte seinen ersten Amphibienfund gemacht.

Das Fossil wurde berühmt. Säve-Söderbergh wäre ebenfalls berühmt geworden, aber er starb schon vor seinem 30. Geburtstag auf tragische Weise an Tuberkulose.

Die Geschichte von Säve-Söderberghs Arbeit wurde Erik Jarvik erzählt, einem seiner Kollegen und Freunde, der auch auf den ersten Expeditionen dabei war. Eine kurze Geschichte der

Grönland-Expeditionen findet sich in seinem umfangreichen Werk über *Ichthyostega,* einen der ersten Vierbeiner aus dem Devon, der entdeckt wurde: E. Jarvik, »The Devonian Tetrapod *Ichthyostega*«, *Fossils and Strata* 40 (1996): 1–212. Carl Zimmer, *At the Watery Edge: Fish with Fingers, Whales with* Legs (New York: Atria, 1999) berichtet in leicht verständlicher Form über Säve-Söderbergh, Jarvik und die umfassendere Geschichte des Fachgebietes.

50 Jahre nach Säve-Söderbergh kehrte meine Kollegin Jenny Clack von der Universität Cambridge noch einmal zum Celsius Berg und den anderen Fundstätten zurück, um einen neuen Blick darauf zu werfen. Ihr Paläontologen-Team war mit Säve-Söderberghs Entdeckungen und Beschreibungen gut vertraut. Sie wollte fehlende Teile des Skeletts finden, die er nicht eingesammelt hatte. In dem ganzen Rummel um die Fossilien war die Tatsache, dass ihre Extremitäten noch kaum bekannt waren, nahezu in Vergessenheit geraten. Das wollte Clack ändern. Mit dem richtigen Team, gutem Wetter und dem Wissen, dass es vielversprechendes Gestein war, kehrte sie am Ende mit einem großen Fossilienschatz zurück. Und an diesen Fossilien findet man auch gut erhaltene Extremitätenknochen.

Die Gliedmaßen hatten die klassische Form, die man bei allen Wirbeltieren mit Extremitäten findet, ganz gleich, ob es Säugetiere, Vögel, Amphibien oder Reptilien sind: ein Knochen – zwei Knochen – kleine Knochen – Finger (siehe Seite 169 f.). Eine Überraschung wurden aber Hände und Füße. Diese Tiere hatten mehr als fünf Finger und Zehen, genauer gesagt, bis zu acht. Durch die zusätzlichen Finger wurden die Gliedmaßen breit und flach. Alles an ihnen, von den Proportionen bis zu den Muskelansatzstellen an einzelnen Knochen, ließ darauf schließen, dass sie im Wasser als Paddel oder Ruder dienten. Die ganze Extremität erinnerte mehr an eine Flosse als an eine Hand.

Was hat das alles mit Darwins fünf Wörtern zu tun? Die ersten Tiere, die Extremitäten mit Fingern und Zehen besaßen, bewegten sich damit nicht an Land fort, sondern sie badeten im

Wasser oder steuerten durch die seichten Gewässer in Sümpfen und Bächen. Wie bei der Lunge wurden diese großartigen Erfindungen der landlebenden Tiere anfangs nicht für das Leben an Land genutzt, sondern um die Umwelt im Wasser auf neue Weise zu nutzen. Das Organ entstand frühzeitig in einem bestimmten Umfeld, und die große Revolution – der Wechsel in eine neue Umwelt – bestand darin, dass es für eine neue Funktion zweckentfremdet wurde.

Clacks maßgebliches Werk *Gaining Ground: The Origin and Evolution of Tetrapods* (Bloomington: Indiana University Press, 2012) ist das Ergebnis lebenslanger Untersuchungen am Ursprung der Vierbeiner, mit denen die Autorin das Fachgebiet in die moderne Zeit führte. Ihr Buch enthält neben den wissenschaftlichen Aspekten auch die Geschichte des Fachgebietes sowie einen wichtigen persönlichen Bericht über ihre Arbeit an den Devon-Fundstätten in Grönland.

Ganz gleich, ob man heutige oder längst ausgestorbene Arten betrachtet: Lunge, Arme, Ellenbogen und Handgelenk tauchten zum ersten Mal bei Wasserbewohnern auf. Die wichtige Revolution, der Übergang vom Leben im Wasser zu einem Leben an Land war nicht mit neuen Erfindungen verbunden. Vielmehr wurden Erfindungen verändert, die schon Jahrmillionen zuvor entstanden waren.

Wäre Geschichte eine einzige Abfolge von Veränderungen, in der ein Schritt unausweichlich zum nächsten führt und jeweils mit einer allmählichen Verbesserung einer einzigen Funktion verbunden ist, wären größere Wandlungen nicht möglich. Jeder große Übergang würde nicht nur eine Neuerung voraussetzen, sondern eine Fülle von ihnen, die sich gleichzeitig ereignen. Wenn die Erfindungen dagegen bereits vorhanden sind und andere Aufgaben erfüllen, kann eine neue Zweckentfremdung den Weg des Wandels eröffnen. In dieser Veränderungsfähigkeit liegt der eigentliche Gehalt von Darwins fünf Wörtern.

Nachdem wir wissen, dass urtümliche Tiere mit Lunge, Armknochen, Handgelenk und sogar Fingern im Wasser lebten, können wir die Frage nach der Besiedelung des Landes durch Fische anders stellen. Sie lautet nun nicht mehr »Wie konnten sich jemals Tiere entwickeln, die an Land gehen konnten?«, sondern »Warum ereignete sich der Übergang in der Geschichte unseres Planeten nicht schon früher?«

Auch hier bietet das Gestein einen Anhaltspunkt. Über Jahrmilliarden fehlte eines in allem Gestein auf der Erde. Gesteine aus der Zeit vor vier Milliarden bis ungefähr 400 Millionen Jahren liefern Anhaltspunkte für riesige Ozeane und kleinere Wasserwege, und an Land waren schnell fließende Flüsse in der Lage, Gesteinsbrocken und Felsen zu bewegen. Aber – und das war entscheidend – nichts deutet darauf hin, dass an Land bereits Pflanzen lebten.

Stellen wir uns einmal eine Welt ohne Landpflanzen vor. Wenn Pflanzen absterben, werden sie zersetzt und lassen Boden entstehen. Pflanzen haben Wurzeln, die den Boden zusammenhalten. Es war eine öde, steinige Welt ohne Böden. Außerdem fehlte jegliche Nahrung für die Tiere.

Die ersten Landpflanzen tauchen in den Fossilien vor ungefähr 400 Millionen Jahren auf, und wenig später folgten insektenähnliche Tiere. Als die Pflanzen das Land besiedelten, entstand eine ganz neue Welt, in der Käfer und andere Insekten gedeihen konnten. An manchen fossilen Pflanzenblättern erkennt man Schäden, was darauf schließen lässt, dass sie von diesen ersten Insekten gefressen wurden. Mit den Landpflanzen kamen die Überbleibsel, weil sie abstarben und verwesten. Die so entstehenden Böden machten flache Wasserläufe und Tümpel möglich, die Fischen und Amphibien als Lebensräume dienen konnten.

Dass Fische mit einer Lunge erst vor 375 Millionen Jahren an Land gingen, lag daran, dass es zuvor für sie unbewohnbar war. Erst die Pflanzen und die Insekten, die ihnen folgten, veränderten alles; jetzt eigneten sich die Ökosysteme für Fische, die in der Lage waren, kurze Zeiträume an Land zu überstehen. Erst als die neuen Umweltbedingungen vorhanden waren, konnten unsere entfernten, fischähnlichen Vorfahren ihre ersten Schritte unternehmen, und dabei bedienten sie sich der Organe, die bereits während ihres Lebens im Wasser entstanden waren. Der richtige Zeitpunkt ist alles.

In jüngster Zeit hat sich in geologischen Untersuchungen gezeigt, wie Pflanzen die Welt verändert haben. Insbesondere die Besiedelung des Landes durch Pflanzen veränderte die Wasserläufe, die im Devon vorhanden waren. Pflanzen mit Wurzeln lassen Boden entstehen und schaffen damit die Möglichkeit, dass sich an flachen Wasserläufen stabile Ufer ausbilden. Weitere Erläuterungen und Analysen finden sich in M. R. Gibling und N. S. Davies, »Palaeozoic Landscapes Shaped by Plant Evolution«, *Nature Geoscience* 5 (2012): 99–105.

Allgemeine Darstellungen über die Evolution der Dinosaurier und ihre Verwandtschaft mit den Vögeln sowie populärwissenschaftliche Berichte von Dinosaurierexperten sind unter anderem Lowell Dingus und Timothy Rowe, *The Mistaken Extinction* (New York: W. H. Freeman, 1998); Steve Brusatte, *The Rise and Fall of the Dinosaurs: A New History of a Lost World* (New York: HarperCollins, 2018) [dt. *Aufstieg und Fall der Dinosaurier: eine neue Geschichte der Urzeitgiganten.* Üb. v. N. de Palézieux; München: Piper, 2018]; und Mark Norell und Mick Ellison, *Unearthing the Dragon* (New York: Pi Press, 2005) [dt. *Auf der Spur der Drachen: China und das Geheimnis der gefiederten Dinosaurier.* Üb. v. M. Niehaus; Heidelberg: Elsevier Spektrum Akad. Verlag, 2007].

Ein liebenswürdiger populärwissenschaftlicher Bericht über Huxleys Untersuchungen am *Archaeopteryx* und der Entstehung der Vögel ist Riley Black, »Thomas Henry Huxley and the Dinobirds«, *Smithsonian* (Dezember 2010).

Zu Baron Nopcsa, seinem schillernden Leben und seinen bahnbrechenden wissenschaftlichen Erkenntnissen siehe E. H. Colbert, *The Great Dinosaur Hunters and Their Discoveries* (New York: Dover, 1984); Vanessa Veselka, »History – Forgot This Rogue Aristocrat Who Discovered Dinosaurs and Died Penniless«, *Smithsonian* (Juli 2016); and David Weishampel und

Wolf-Ernst Reif, »The Work of Franz Baron Nopcsa (1877–1933): Dinosaurs, Evolution, and Theoretical Tectonics«, *Jahrbuch der Geologischen Anstalt* 127 (1984): 187–203.

Die Arbeiten von John Ostrom wurde in den 1960er und 1970er Jahren in einer Reihe von Aufsätzen veröffentlicht, so unter anderem seine offizielle Beschreibung von *Deinonychus:* J. Ostrom, »Osteology of *Deinonychus antirrhopus,* an Unusual Theropod from the Lower Cretaceous of Montana«, *Bulletin of the Peabody Museum of Natural History* 30 (1969): 1–165. Weitere Aufsätze sind unter anderem J. Ostrom, »*Archaeopteryx* and the Origin of Birds«, *Biological Journal of the Linnaean Society* 8 (1976): 91–182; und J. Ostrom, »The Ancestry of Birds«, *Nature* 242 (1973): 136–139. Eine Darstellung von Ostroms wissenschaftlichen Beiträgen findet sich in Richard Conniff, »The Man Who Saved the Dinosaurs«, *Yale Alumni Magazine* (Juli 2014).

Neuere Untersuchungen zur Entstehung von Eigenschaften erstrecken sich von der Paläontologie bis in die Entwicklungsbiologie. Siehe R. Prum und A. Brush, »Which Came First, the Feather or the Bird?«, *Scientific American* 288 (2014): 84–93; und R. O. Prum, »Evolution of the Morphological Innovations of Feathers«, *Journal of Experimental Zoology* 304B (2005): 570–579.

2. Ideen im Embryo

Am deutlichsten wird Dumérils Geschichte an seiner anfänglichen Überraschung und an der Lösung, die er am Ende für das Rätsel fand. Danach richtete er eine Brutkolonie von Axolotls ein und verteilte die Tiere freigebig an alle Wissenschaftler, die sie haben wollten. Nachkommen dieser Population leben wahrscheinlich noch heute in verschiedenen Instituten. Auch wenn man es nach dem Titel nicht vermuten würde, findet sich ein guter neuerer Bericht über Duméril in G. Malacinski, »The Mexican Axolotl, *Ambystoma mexicanum:* Its Biology and Developmental Genetics, and Its Autonomous Cell-Lethal Genes«, *American*

Zoologist 18 (1978): 195–206. Ein Teil von Dumérils frühen Arbeiten wurde veröffentlicht in in M. Auguste Duméril, »On the Development of the Axolotl«, *Annals and Magazine of Natural History* 17 (1866): 156–157; und in »Experiments on the Axolotl«, *Annals and Magazine of Natural History* 20 (1867): 446–449.

Das Fachgebiet der Biologie ist mit einigen Lehrbüchern gesegnet, die so gut sind, dass sie die Forschung auf dem Fachgebiet vorangetrieben haben. Dazu gehören Michael Barresi und Scott Gilbert, *Developmental Biology* (New York: Sinauer Associates, 2016); und Lewis Wolpert and Cheryll Tickle, *Principles of Development* (New York: Oxford University Press, 2010) [Ältere Ausgabe dt. *Entwicklungsbiologie.* Üb. v. S. Hartung; Heidelberg: Spektrum Akad. Verlag, 1999].

Meine Darstellung über von Baer (einschließlich seiner Aussage über die falsche Bestimmung von Embryonen in Gefäßen) und Pander stützt sich zum Teil auf historische Arbeiten von Robert Richards, online verfügbar unter home.uchicago.edu/~rjr6/articles/von%20Baer.doc.

Das Buch *Ontogeny and Phylogeny* von Stephen Jay Gould (Cambridge, MA: Belknap Press, 1985) enthält in seiner ersten Hälfte eine großartige Geschichte der Embryologie und Berichte über die Arbeiten von von Baer, Haeckel und Duméril. Eine hervorragende Fortsetzung ist ein kurzer Übersichtsartikel: B. K. Hall, »Balfour, Garstang and deBeer: The First Century of Evolutionary Embrology«, *American Zoologist* 40 (2000): 718–728.

Im Laufe der Jahre lernten viele Schüler Haeckels Gedanken im Unterricht kennen, aber die Wissenschaftler aus dem Fachgebiet entwickelten eine Hassliebe zu ihm: Manche waren Anhänger seiner Arbeiten, andere, darunter auch Garstang, hielten ihn für einen Betrüger. Dass es auch in der jüngeren Geschichte unterschiedliche Ansichten gab, erkennt man in Robert Richards, *The Tragic Sense of Life: Ernst Haeckel and the Struggle over Evolutionary Thought* (Chicago: University of Chicago Press, 2008). In jüngerer Zeit glauben einige Embryologen, Haeckels ursprüngliche Diagramme seien, um es freundlich auszudrücken, so gezeichnet worden, dass sie seine wichtigsten Aussagen unterstrichen: M. K. Richardson et al., »Haeckel, Embryos and Evolution«, *Science* 280 (1998): 983–985.

Apsley Cherry-Garrard, *The Worst Journey in the World* (London: Penguin Classics, 2006) [dt. *Die schlimmste Reise der Welt: die Antarktis-Expedition 1910–1913.* Üb. v. S. Michelet; Berlin: Semele, 2006] ist ein Klassiker der Expeditionsliteratur. Ich las das Buch vor meiner ersten Antarktisexpedition. Es sorgte dafür, dass mir der McMurdo Sound Hut Point und der Mount Erebus bereits vertraut vorkamen, als ich sie zum ersten Mal sah.

Walter Garstang, *Larval Forms and Other Zoological Verses* (Oxford: Blackwell, 1951), wurde von University of Chicago Press 1985 neu aufgelegt.

Über Heterochronie gibt es aus der Zeit von Walter Garstang und sogar davor eine umfangreiche Literatur. Für die Geschwindigkeit und den zeitlichen Ablauf der Entwicklung wurden ganze systematische Systeme vorgeschlagen. Eine Momentaufnahme über einige wichtige Ansätze (mit guten Literaturhinweisen) findet sich in P. Alberch et al., »Size and Shape in Ontogeny and Phylogeny«, *Paleobiology* 5 (1979): 296–317; Gavin De Beer, *Embryos and Ancestors* (London: Clarendon Press, 1962); und Stephen Jay Gould, *Ontogeny and Phylogeny* (Cambridge, MA: Belknap Press, 1985). Goulds Buch hatte in den 1980er Jahren großen Einfluss und führte zu einem neuen Interesse an dem Denkansatz.

Die Biologie und Metamorphose der Amphibien werden erörtert in W. Duellman und L. Trueb, *Biology of Amphibians* (New York: McGraw-Hill, 1986); und D. Brown und L. Cai, »Amphibian Metamorphosis«, *Developmental Biology* 306 (2007): 20–33. Das Buch von Duellman und Trueb enthält eine ausführliche Darstellung der Anatomie, Evolution und Entwicklung.

In jüngster Zeit zeigten Genomanalysen, dass die Tunicata, zu denen auch die Seescheiden gehören, heute die engsten Verwandten der Wirbeltiere sind. Siehe Delsuc et al., »Tunicates and Not Cephalochordates Are the Closest Living Relatives of Vertebrates«, *Nature* 439 (2006): 965–968. Unsere Erkenntnisse über den Ursprung der Wirbeltiere stützen sich noch auf ein anderes heute lebendes Tier, nämlich das Lanzettfischchen (*Amphioxus*). Sein Genom wird erörtert in L. Z. Holland et al., »The Amphioxus Genome Illuminates Vertebrate Origins and Cephalochordate Biology«, *Genome Research* 18 (2008): 1100–1111.

Einen allgemeinen Überblick über Garstangs Hypothese und die Frage nach dem Ursprung der Wirbeltiere gibt Henry Gee, *Across the Bridge: Understanding the Origin of Vertebrates* (Chicago: University of Chicago Press, 2018).

Das allgemein bekannte Foto von Naef wurde im Laufe der Jahre zum Anlass umfassender Diskussionen. Dass er ein ausgestopftes Exemplar benutzte, ist kaum zu bezweifeln. Siehe aus jüngster Zeit Richard Dawkins, *The Greatest Show on Earth* (New York: Free Press, 2010) [dt. *Die Schöpfungslüge.* Üb. v. S. Vogel; Berlin: Ullstein, 2010]. Die Körperhaltung war also vermutlich künstlich, die Ähnlichkeit der Proportionen von Schädelgewölbe und Gesicht sowie der Lage des *Foramen magnum* bei jungen Schimpansen und Menschen wurde jedoch quantitativ in den im Folgenden genannten Schriften nachgewiesen.

Die bekanntesten Vertreter der Pädomorphose von Menschen waren Ashley Montagu, *Growing Young* (New York: Greenwood Press, 1989) [dt. *Zum Kind reifen.* Üb. v. U. Stopfel; Stuttgart: Klett-Cotta, 1984] und Stephen Jay Gould, *Ontogeny and Phylogeny* (Cambridge, MA: Belknap Press, 1985). Eine gegensätzliche Ansicht vertritt B. Shea, »Heterochrony in Human Evolution: The Case for Neoteny Reconsidered«, *Yearbook*

Physical Anthropology 32 (1989): 69–101. Manche Merkmale scheinen zwar pädomorph zu sein, für andere jedoch, so für den aufrechten Gang, gilt das nicht.

Das ursprünglich 1917 erschienene Werk *On Growth and Form* von D'Arcy Wentworth Thompson (New York: Dover, 1992) setzte in der quantitativen Biologie eine Revolution in Gang. Seit jener Zeit war die Morphometrik, das heißt die quantitative Analyse von Formveränderungen, stets ein aktives Forschungsgebiet.

Einen Überblick über die Bedeutung der neuralen Leiste in Entwicklung und Evolution gibt C. Gans und G. Northcutt, »Neural Crest and the Origin of Vertebrates: A New Head«, *Science* 220 (1983): 268–273; und Brian Hall, *The Neural Crest in Development and Evolution* (Amsterdam: Springer, 1999).

Leben und Werk von Julia Platt werden beschrieben in S. J. Zottoli und E. Seyfarth, »Julia B. Platt (1857–1935): Pioneer Comparative Embryologist and Neuroscientist«, *Brain, Behavior and Evolution* 43 (1994): 92–106.

3. Der Maestro im Genom

Das nicht verbürgte Zitat stammt aus J. D. Watson, *The Double Helix* (New York: Touchstone, 2001) [dt. *Die Doppel-Helix*. Ü. v. W. Frisch; Neuauflage Reinbek: Rowohlt, 2011]. Das vollständige Zitat von Watson und Crick steht in dem zweiseitigen Aufsatz, in dem ihre Entdeckung in der Wissenschaft bekannt gemacht wurde: »Wir möchten eine Struktur für das Salz der Desoxyribonucleinsäure (D. N. A.) vorschlagen. Diese Struktur hat neuartige Eigenschaften, die von beträchtlichem biologischem Interesse sind.« J. D. Watson und F. Crick, »A Structure for Deoxyribose Nucleic Acid«, *Nature* 171 (1953): 737–38.

Die Geschichte von der Aufklärung der Funktionsweise der DNA und dem Weg, auf dem sie Proteine produziert, werden erörtert in Matthew Cobb, *Life's Greatest Secret: The Race to Crack the Genetic Code* (New York: Basic Books, 2015). Ein Klassiker ist auch Horace Freeland Judson, *The Eighth Day of Creation: Makers of the Revolution in Biology* (New York: Simon and Schuster, 1970) [dt. *Der 8. Tag der Schöpfung: Sternstunden der neuen Biologie*. Üb. v. M. Würmli; Wien: Meyster, 1980].

Zuckerkandl und Pauling begründeten ihren neuen Ansatz Mitte der 1960er Jahre in einer Reihe von Veröffentlichungen. Zu den wichtigsten gehören E. Zuckerkandl und L. Pauling, »Molecules as Documents of Evolutionary History«, *Journal of Theo-*

retical Biology 8 (1965): 357–366; und E. Zuckerkandl und L. Pauling, »Evolutionary Divergence and Convergence in Proteins«, 97–166, in V. Bryson und H. J. Vogel, Hrsg., *Evolving Genes and Proteins* (New York: Academic Press, 1965).

Zuckerkandl und Pauling wollten nicht nur die Verwandtschaft zwischen Arten aufklären. Sie schlugen vor, die Unterschiede zwischen Proteinen und Genen als eine Art Uhr zu verwenden und damit festzustellen, seit wie langer Zeit die Evolution verschiedener Arten unabhängig voneinander abläuft. Wenn die Veränderungen der Proteinsequenzen sich in langen Zeiträumen mit relativ konstanter Geschwindigkeit abspielen, bieten die Unterschiede der Proteine eine Möglichkeit, auf den zeitlichen Ablauf zu schließen.

Die Hypothese der molekularen Uhr geht davon aus, dass Veränderungen in der Aminosäuresequenz eines Proteins sich mit gleichbleibender Geschwindigkeit ereignen. Eine Anwendung dieses Konzepts greift auf die Analyse von Aminosäuresequenzen zurück. Betrachten wir einmal als vollkommen hypothetisches Beispiel den Vergleich einer Frosch-, einer Affen- und einer Menschenspezies. Zunächst sequenzieren wir die Proteine. Dann zählen wir, wie viele Aminosäuren sich zwischen den Arten unterscheiden. Angenommen, wir betrachten ein Protein aus der Haut, und dieses unterscheidet sich beim Frosch von dem des Menschen und des Affen in jeweils 80 Aminosäuren. Bei Mensch und Affe sind nur 30 Aminosäuren unterschiedlich. Um die molekulare Uhr anzuwenden, müssten wir anhand der Fossilien ein Datum ermitteln, um damit die Geschwindigkeit der Aminosäure-Veränderungen festzustellen; anschließend können wir diese Geschwindigkeit auch an Stellen anwenden, an denen wir keine Fossilien besitzen.

Angenommen, ein Fossil lässt darauf schließen, dass Frösche, Affen und Menschen vor 400 Millionen Jahren einen gemeinsamen Vorfahren hatten. Um die Uhr zu eichen, teilen wir 80 durch 400 und erhalten so für die Veränderung der Proteine eine Geschwindigkeit von 0,2 Prozent je Millionen Jahre. Mit dieser Zahl können wir dann berechnen, wie viel Zeit seit dem gemeinsamen Vorfahren von Menschen und Affen vergangen ist: Wir multiplizieren 0,2 mit 30 und erhalten sechs Millionen Jahre. Das Beispiel ist hypothetisch, aber es zeigt, wie man zunächst die Proteine sequenziert, dann die Unterschiede in den Aminosäuren zählt und mit einem Fossil die Geschwindigkeit der Proteinveränderung schätzt. Anschließend können wir mit Hilfe der so ermittelten Geschwindigkeit das Alter von Ereignissen kalkulieren, für die wir keine Fossilien besitzen.

Der Bericht über Zuckerkandls und Paulings Bemühungen, einen empörenden Artikel zu schreiben, und der allgemeine historische Zusammenhang ihrer Arbeiten werden erörtert in G. Morgan, »Emile Zuckerkandl, Linus Pauling, and the Molecular Evolutionary Clock«, *Journal of the History of Biology* (1998): 155–178. Der maßgebliche Artikel ist E. Zuckerkandl and L. Pauling, »Molecular Disease, Evolution and Genic Heterogeneity 2; 189–225, in Michael Kasha und Bernard Pullman, Hrsg., *Horizons in Biochemistry: Albert Szent-Györgyi Dedicatory* (New York: Academic Press, 1962).

Eine mündlich überlieferte Geschichte mit Émile Zuckerkandl findet sich in »The Molecular Clock«, https://authors.library.caltech.edu/5456/1/hrst.mit.edu/hrs/evolution/public/clock/zuckerkandl.html.

Allan Wilson und Mary-Claire King verfolgten den Ansatz in ihren Arbeiten weiter. Ursprünglich waren es Nachfolgeuntersuchungen zu einem wichtigen, umstrittenen Artikel über die molekulare Uhr, der die Vermutung nahelegt, dass Menschen und Schimpansen in relativ junger Vergangenheit einen gemeinsamen Vorfahren haben. Dieser Artikel ist A. Wilson und V. Sarich, »A Molecular Time Scale for Human Evolution«, *Proceedings of the National Academy of Sciences* 63 (1969): 1088–1093. Sie hatten das Ziel, mehr Proteine in die Analyse einzubeziehen und so die Uhr genauer zu kalibrieren. Kings bahnbrechender Aufsatz ist M. C. King und A. C. Wilson, »Evolution at Two Levels in Humans and Chimpanzees«, *Science* 188 (1975): 107–116.

Die beiden angesprochenen Ebenen sind die Evolution auf der Ebene der Proteinkodierung und die Evolution auf der Ebene der Genregulation, das heißt der Schalter. Ihre Daten legten die Vermutung nahe, dass viele Unterschiede zwischen Menschen und Schimpansen auf Unterschiede in Ort und Zeit der Genaktivität zurückzuführen sind; deshalb war von Genregulation die Rede.

Eine Bestätigung ihrer Arbeit aus jüngerer Zeit ist beschrieben in Kate Wong, »Tiny Genetic Differences Between Humans and Other Primates Pervade the Genome«, *Scientific American*, 1. September 2014; und K. Prüfer et al., »The Bonobo Genome Compared with Chimpanzee and Human Genomes«, *Nature* 486 (2012): 527–531.

Über Geschichte und Bedeutung des Human Genome Project informieren mehrere Ressourcen im Internet: »The Human Genome Project (1990–2003)«, The Embryo Project Encyclopedia, https://embryo.asu.edu/pages/human-genome-project-1990-2003; »What is the Human Genome Project?«, National Human Genome Research Institute, https://www.genome.gov/12011238/an-overview-of-the-human genome-project/; und https://www.nature.com/scitable/topicpage/sequencing-human-genome-the-contributions-of-francis-686.

Wichtige Fachartikel zu dem Thema sind unter anderem Human Genome Sequencing Consortium, »Finishing the Euchromatic Sequence of the Human Genome«, *Nature* 431 (2004): 931–945; und ebd., »Initial Sequencing and Analysis of the Human Genome«, *Nature* 409 (2001): 860–921.

Maßgebliche Bücher über das Human Genome Project sind unter anderem Daniel J. Kevles und Leroy Hood, Hrsg., *The Code of Codes* (Cambridge, MA: Harvard University Press, 2000); und James Shreeve, *The Genome War: How Craig Venter Tried to Capture the Code of Life and Save the World* (New York: Random House, 2004). Ein Bericht aus erster Hand ist John Craig Venter, A *Life Decoded: My Genome: My Life* (New York: Viking Press, 2007) [dt. *Entschlüsselt: Mein Genom, mein Leben.* Üb. v. S. Vogel; Frankfurt a. M.: S. Fischer, 2009].

Zur Struktur des Genoms und der Anzahl der Gene gibt es umfangreiche Literatur, darunter einige herausragende Projekte mit vielen Beteiligten. Einige einführende Beispiele mit guten Literaturangaben sind A. Prachumwat und W.-H. Li, »Gene Number Expansion and Contraction in Vertebrate Genomes with Respect to Invertebrate Genomes«, *Genome Research* 18 (2008): 221 – 232 und R. R. Copley, »The Animal in the Genome: Comparative Genomics and Evolution«, *Philosophical Transactions of the Royal Society, B* 363 (2008): 1453 – 1461. Die Fachzeitschrift *Nature* betreibt eine gute Website zur Einführung: https://www.nature.com/scitable/topicpage/eukaryotic-genome-complexity-437.

Leistungsfähige Genom-Browser versetzen Wissenschaftler in die Lage, Gene und Genome verschiedener Arten zu vergleichen. Zu den am häufigsten genutzten derartigen Programmen gehören ENSEMBL, https://useast.ensembl.org/; VISTA, http://pipeline.lbl.gov/cgi-bin/gateway2; und das BLAST-Suchtool, https://blast.ncbi.nlm.nih.gov/Blast.cgi. Man kann sie ausprobieren. Sie geben uns eine Welt der Entdeckungen in die Hand.

Der Klassiker von François Jacob und Jacques Monod ist einer der großartigsten Artikel in der gesamten Biologie: »Genetic Regulatory Mechanisms in the Synthesis of Proteins«, *Journal of Molecular Biology* 3 (1961): 318 – 356; für den Neuling ist er nicht einfach zu lesen. Ein gründlicher, aber besser verständlicher Abriss ist ein weiterer Klassiker der wissenschaftlichen Kommunikation: Horace Freeland Judson, *The Eighth Day of Creation: Makers of the Revolution in Biology* (New York: Simon and Schuster, 1970) [dt. *Der 8. Tag der Schöpfung: Sternstunden der neuen Biologie.* Üb. v. M. Würmli; Wien: Meyster, 1980].

Über die unglaublichen Hintergründe der Arbeiten von Jacob und Monod gibt es einen ergreifenden, maßgeblichen Bericht: Sean B. Carroll, *Brave Genius: A Scientist, a Philosopher, and Their Daring Adventures from the French Resistance to the Nobel Prize* (New York: Norton, 2013). Ich hatte geglaubt, ich wüsste alles über die beiden, aber dieses Buch eröffnete mir ganz neue Aspekte.

Von Sean B. Carroll stammt auch ein klassisches Werk über die Genregulation und ihre Auswirkungen auf die Evolution: *Endless Forms Most Beautiful: The New Science of Evo Devo* (New York: Norton, 2006) [dt. *Evo Devo: Das neue Bild der Evolution.* Üb. v. K. Beginnen u. S. Kuntz; Berlin: Berlin Univ. Press, 2008].

Die Rolle von *Sonic Hedgehog* für Anomalien der Extremitäten wird erörtert in E. Anderson et al., »Human Limb Abnormalities Caused by Disruption of Hedgehog Signaling«, *Trends in Genetics* 28 (2012): 364–373. Anomalien entstehen, weil sich die Aktivität von *Sonic* ändert oder weil der Signalweg der Gene, mit denen *Sonic* interagiert, gestört wird.

Die Tätigkeit des über große Entfernungen wirkenden Schalters, der in der Fachsprache als Fern-Enhancer bezeichnet wird, ist in einer Reihe sehr schöner Artikel beschrieben: L. A. Lettice et al., »The Conserved *Sonic hedgehog* Limb Enhancer Consists of Discrete Functional Elements That Regulate Precise Spatial Expression«, *Cell Reports* 20 (2017): 1396–1408; L. Lettice et al., »A Long-Range *Shh* Enhancer Regulates Expression in the Developing Limb and Fin and Is Associated with Preaxial Polydactyly«, *Human Molecular Genetics* 12 (2003): 1725–1735; und R. Hill und L. Lettice, »Alterations to the Remote Control of *Shh* Gene Expression Cause Congenital Abnormalities«, *Philosophical Transactions of the Royal Society, B* 368 (2013), http://doi.org/10.1098/rstb.2012. 0357.

Viele derartige Fernwirkungsschalter sind mittlerweile bekannt. Über ihre allgemeinen biologischen Eigenschaften sowie ihre Auswirkungen auf Entwicklung und Evolution berichten A. Visel et al., »Genomic Views of Distant-Acting Enhancers«, *Nature* 461 (2009): 199–205; H. Chen et al., »Dynamic Interplay Between Enhancer-Promoter Topology and Gene Activity«, *Nature Genetics* 50 (2018): 1296–1303; und A. Tsai und J. Crocker, »Visualizing Long-Range Enhancer-Promoter Interaction«, *Nature Genetics* 50 (2018): 1205–1206.

Die Rückbildung der Extremitäten bei Schlangen und der Zusammenhang mit Veränderungen im Fernwirkungsenhancer von

Sonic werden erörtert in E. Z. Kvon et al., »Progressive Loss of Function in a Limb Enhancer During Snake Evolution«, *Cell* 167 (2016): 633–642.

Über die Bedeutung von Veränderungen in genetischen Regulationselementen (Schaltern) berichtet umfangreiche Literatur. Siehe M. Rebeiz und M. Tsiantis, »Enhancer Evolution and the Origins of Morphological Novelty«, *Current Opinion in Genetics and Development* 45 (2017): 115–123; und Sean B. Carroll, *Endless Forms Most Beautiful: The New Science of Evo Devo* (New York: Norton, 2006) [dt. *Evo Devo: Das neue Bild der Evolution.* Üb. v. K. Beginnen u. S. Kuntz; Berlin: Berlin Univ. Press, 2008]. Zu dem Beispiel der Stichlinge siehe Y. F. Chan et al., »Adaptive Evolution of Pelvic Reduction in Sticklebacks by Recurrent Deletion of a *Pitx1* Enhancer«, *Science* 327 (2010): 302–305.

4. Schöne Monster

Thomas Soemmerring war ein Universalgelehrter. Er beschrieb als einer der Ersten fliegende Reptilien – die Pterosaurier –, konstruierte Teleskope, entwickelte Impfstoffe und analysierte Mutanten. Sein klassisches Werk über Entwicklungsanomalien ist S. T. von Soemmerring, *Abbildungen und Beschreibungen einiger Mißgeburten die sich ehemals auf dem anatomischen Theater zu Cassel befanden* (Mainz: kurfürstl. privilegirte Universitätsbuchhandlung, 1791).

Ein einflussreicher Artikel über Monster – Entwicklungsanomalien – und wichtige Aufschlüsse, die man aus ihnen gewinnen kann, ist P. Alberch, »The Logic of Monsters: Evidence for Internal Constraint in Development and Evolution«, *Geobios* 22 (1989): 21–57.

Von klassischen Interpretationen über Entwicklungsanomalien und Teratologie handelt Dudley Wilson, *Signs and Portents: Monstrous Births from the Middle Ages to the Enlightenment* (New York: Routledge, 1993).

Zu den zeitlosen Beiträgen von Geoffroy und Isidore Saint-Hilaire zu unseren Erkenntnissen über Entwicklungsanomalien siehe A. Morin, »Teratology from Geoffroy Saint Hilaire to the Present«, *Bulletin de l'Association des anatomistes (Nancy)* 80 (1996): 17–31.

Eine informative Website über die Geschichte und die Auswirkungen teratologischer Untersuchungen auf Biologie und Medizin ist »A New Era: The Birth of a Modern Definition of Teratology in the Early 19th Century«, New York Academy of Medicine, https://nyam.org/library/collections-and-resources/digital-collections-exhibits/digital-telling-wonders/new-era-birth-modern-definition-teratology-early-19th-century/.

Der Klassiker von William Bateson über Variationen trägt den Titel *Materials for the Study of Variation Treated with Especial Regard to Discontinuity in the Origin of Species* (London: Macmillan, 1894).

Ein früherer Student von T. H. Morgan, der auch selbst ein herausragender Wissenschaftler war, schrieb für die National Academy of Sciences folgende biographischen Memoiren: A. H. Sturtevant, *Thomas Hunt Morgan, 1866–1945: A Biographical Memoir* (Washington, DC: National Academy of Sciences, 1959), online verfügbar unter http://www.nasonline.org/publications/biographical-memoirs/memoir-pdfs/morgan-thomas-hunt.pdf.

Calvin Bridges stand im Mittelpunkt der 2014 erschienenen Filmbiographie *The Fly Room;* Rezension in Ewen Callaway, »Genetics: Genius on the Fly«, *Nature* 516 (11. Dezember 2014), online unter https://www.nature.com/articles/516169a.

Das Cold Spring Harbor Laboratory betreibt eine biographische Website, die Calvin Bridges gewidmet ist: Calvin Blackman Bridges, Unconventional Geneticist (1889–1938), unter http://library.cshl.edu/exhibits/bridges.

Eine historische Darstellung der Arbeit von Lewis und Bridges ist I. Duncan und G. Montgomery, »E. B. Lewis and the Bithorax Complex«, Teil 1 und 2, *Genetics* 160 (2002): 1265–1272, und 161 (2002): 1–10. Lewis interessierte sich anfangs mehr für die Verdoppelung von Genen als für Entwicklung; so kam es zu seinem Interesse für diesen Chromosomenabschnitt.

Das Bandenmuster von Chromosomen als Wegweiser zu *Bithorax* und anderen Mutanten wird beschrieben in C. B. Bridges, »Salivary Chromosome Maps: With a Key to the Banding of the Chromosomes of *Drosophila melanogaster*«, *Journal of Heredity* 26 (1935): 60–64; und C. B. Bridges und T. H. Morgan, *The Third-Chromosome Group of Mutant Characters of Drosophila melanogaster* (Washington, DC: Carnegie Institution, 1923).

Der klassische Artikel von Edward Lewis ist E. B. Lewis, »A Gene Complex Controlling Segmentation in Drosophila«, *Nature* 276 (1978): 565–570.

Die Homöobox wurde parallel auch entdeckt von W. McGinnis et al., »A Conserved DNA Sequence in Homoeotic Genes of the *Drosophila* Antennapedia and Bithorax Complexes«, *Nature* 308 (1984): 428–433; und von M. Scott und A. Weiner, »Structural Relationships Among Genes That Control Development: Sequence Homology Between the Antennapedia, Ultrabithorax, and Fushi Tarazu Loci of Drosophila«, *Proceedings of the National Academy of Sciences* 81 (1984): 4115–4119.

Die Entdeckung der Homöobox und ihre Bedeutung für die Evolution werden umfassend und mit Literaturangaben beschrieben in Sean B. Carroll, *Endless Forms Most Beautiful: The New Science of Evo Devo* (New York: Norton, 2006) [dt. *Evo Devo: das neue Bild der Evolution.* Üb. v. K. Beginnen u. S. Kuntz; Berlin: Berlin Univ. Press, 2008]. Ed Lewis gab einen rückblickenden Überblick über die Fragestellung in E. B. Lewis, »Horneosis: The First 100 Years«, *Trends in Genetics* 10 (1994): 341–343.

Patels Arbeiten mit *Parhyale* werden beschrieben in A. Martin et al., »CRISPR / Cas9 Mutagenesis Reveals Versatile Roles of *Hox* Genes in Crustacean Limb Specification and Evolution«, *Current Biology* 26 (2016): 14–26; und J. Serano et al., »Comprehensive Analysis of *Hox* Gene Expression in die Amphipod Crustacean *Parhyale hawaiensis*«, *Developmental Biology* 409 (2016): 297–309.

Zur Bedeutung der Homöobox-Gene für die Entwicklung der

Wirbel siehe D. Wellik und M. Capecchi, »*Hox10* and *Hox11* Genes Are Required to Globally Pattern the Mammalian Skeleton«, *Science* 301 (2003): 363–67; und D. Wellik, »*Hox* Patterning of the Vertebrate Axial Skeleton«, *Developmental Dynamics* 236 (2007): 2454–2463.

Die »Handgene« heißen in der Fachsprache *Hoxa-13* und *Hoxd-13*. Der Aufsatz, in dem ihre Entfernung bei Mäusen beschrieben wird, ist C. Fromental-Ramain et al., »*Hoxa-13* and *Hoxd-13* Play a Crucial Role in the Patterning of the Limb Autopod«, *Development* 122 (1996): 2997–3011.

Die Untersuchungen von Tetsuya Nakamura und Andrew Gehrke zur Bedeutung der Homöobox-Gene für die Flossen-Entwicklung sind enthalten in T. Nakamura et al., »Digits and Fin Rays Share Common Developmental Histories«, *Nature* 537 (2016): 225–228. Ihre Arbeiten werden auch beschrieben in Carl Zimmer, »From Fins into Hands: Scientists Discover a Deep Evolutionary Link«, *New York Times,* 17. August 2016.

5. Der Nachahmungstäter

Vicq d'Azyr ist in der Anatomiegeschichte eine unterschätzte Gestalt. Er stellte in vielen Fällen die gleichen Beobachtungen zur Ähnlichkeit von Formen (wie die Homologie) an wie Richard Owen, verallgemeinerte sie aber nie; deshalb wird er vielfach nicht als ihr Urheber anerkannt. Siehe R. Mandressi, »The Past, Education and Science. Felix Vicq d'Azyr and the History of Medicine in the 18th Century«, *Medicina nei secoli* 20 (2008): 183–212; und R. S. Tubbs et al., »Félix Vicq d'Azyr (1746–1794): Early Founder of Neuroanatomy and Royal French Physician«, *Childs Nervous System* 27 (2011): 1031–1034.

Eine neuere Darstellung des Konzepts von Doppelorganen im Körper, der sogenannten seriellen Homologie, findet sich in Günter Wagner, *Homology, Genes, and Evolutionary Innovation* (Princeton, NJ: Princeton University Press, 2018).

Die Mutante mit den kleinen Augen wurde erstmals beschrieben in Sabra Colby Tice, A *New Sex-linked Character in Drosophila* (New York: Zoological Laboratory, Columbia University, 1913).

Wie Bridges seine Chromosomenkarten zur Aufdeckung von Genverdoppelungen verwendete, wird beschrieben in Calvin Bridges, »Salivary Chromosome Maps: With a Key to the Banding of the Chromosomes of *Drosophila melanogaster*«, *Journal of Heredity* 26 (1935): 60–64.

Über das Leben von Susumu Ohno berichtet U. Wolf, »Susumu Ohno«, *Cytogenetics and Cell Genetics* 80 (1998): 8–11; und Ernest Beutler, »Susumu Ohno, 1928–2000«, *Biographical Memoirs* 81 (2012) der National Academy of Sciences, online unter https://www.nap.edu/read/10470/chapter/14.

Über Ohnos Arbeiten berichten mehrere Artikel und ein Buch, das seine Untersuchungen an Genverdoppelungen zusammenfasst: Susumu Ohno, »So Much ›junk‹ DNA in Our Genome«, 336–370, in H. H. Smith, Hrsg., *Evohttion of Genetic Systems* (New York: Gordon and Breach, 1972); Susumu Ohno, »Gene Duplication and the Uniqueness of Vertebrate Genomes Circa 1970–1999«, *Seminars in Cell and Developmental Biology* 10 (1999): 517–22; und Susumu Ohno, *Evolution by Gene Duplication* (Amsterdam: Springer, 1970).

Yves Van de Peer, Eshchar Mizrachi und Kathleen Marchal, »The Evolutionary Significance of Polyploidy«, *Nature Reviews Genetics* 18 (2017): 411–424; und S. A. Rensing, »Gene Duplication as a Driver of Plant Morphogenetic Evolution«, *Current Opinion in Plant Biology* 17 (2014): 43–48.

T. Ohta, »Evolution of Gene Families«, *Gene* 259 (2000): 45–52; J. Thornton und R. DeSalle, »Gene Family Evolution and Homology: Genomics Meets Phylogenetics«, *Annual Reviews of Genomics and Human Genetics* 1 (2000): 41–73; und J. Spring, »Genome Duplication Strikes Back«, *Nature Genetics* 31 (2002): 128–129.

Für Genfamilien und ihre Evolution gibt es viele Beispiele. Besonders hübsch ist der Fall der Opsingene, die für das Sehvermögen wichtig sind. Siehe R. M. Harris und H. A. Hoffman, »Seeing Is Believing: Dynamic Evolution of Gene Families«, *Proceedings of the National Academy of Sciences* 112 (2015): 1252–1253.

Ein weiteres Beispiel für eine Genfamilie, die durch Genverdoppelungen entstanden ist, sind die Homöobox-Gene. Andere Sichtweisen für die Mechanismen und die Bedeutung dieser Verdoppelung finden sich in H. Holland, »Did Homeobox Gene Duplications Contribute to the Cambrian Explosion?«, *Zoological Letters* 1 (2015): 1–8; G. P. Wagner et al., »*Hox* Cluster Duplications and the Opportunity for Evolutionary Novelties«, *Proceedings of the National Academy of Sciences* 100 (2003): 14 603–14 606; und N. Soshnikova et al., »Duplications of *Hox* Gene Clusters and the Emergence of Vertebrates«, *Developmental Biology* 378 (2013): 194–199.

Die Notch-Signalübertragung und die Verdoppelung von Genen während der Evolution des Gehirns waren das Thema zweier unabhängig voneinander veröffentlichter Artikel: I. T. Fiddes et al., »Human-Specific *NOTCH2NL* Genes Affect Notch Signaling and Cortical Neurogenesis«, *Cell* 173 (2018): 1356–1369; und I. K. Suzuki et al., »Human-Specific *NOTCH2NL* Genes Expand Cortical Neurogenesis Through Delta / Notch Regulation«, *Cell* 173 (2018): 1370–1384.

Über das Leben von Roy Britten berichtete sein langjähriger Mitarbeiter in Eric Davidson, »Roy J. Britten, 1919–2012: Our Early Years at Caltech«, *Proceedings of the National Academy of Sciences* 109 (2012): 6358–6359. Davidson und Britten veröffentlichten gemeinsam einen spekulativen Aufsatz über die Bedeutung dieser Sequenzen; ihre Überlegungen waren ihrer Zeit weit voraus und wurden für eine ganze Wissenschaftlergeneration zur Anregung für weitere Forschung: R. J. Britten und E. H. Davidson, »Repetitive and Non-Repetitive DNA Sequences and a Speculation on the Origins of Evolutionary Novelty«, *Quarterly Review of Biology* 46 (1971): 111–138.

Der Artikel, in dem Britten die Sequenzwiederholungen und die zu ihrem Nachweis verwendeten Methoden beschreibt, ist

R. J. Britten und D. E. Kohne, »Repeated Sequences in DNA«, *Science* 161 (1968): 529–540. Eine einfachere Darstellung der Arbeiten und ihres Zusammenhanges findet sich in R. Andrew Cameron, »On DNA Hybridization and Modern Genomics«, at https://onlinelibrary.wiley.com/doi/pdf/10.1002/mrd.22034.

Die Arbeitsgruppe aus dem Institut von Manyuan Long beschrieb ihre Untersuchungen zum Ursprung neuer Gene in V. Zhang et al., »New Genes Drive the Evolution of Gene Interaction Networks in the Human and Mouse Genomes«, *Genome Biology* 16 (2015): 202–226. Die Entstehung neuer Gene ist ein aktuelles Forschungsthema. Zwar entstehen viele neue Gene durch Genverdoppelungen, in manchen Fällen geschieht das aber nicht; welche Mechanismen dann wirksam sind, wird derzeit untersucht. Ein Beispiel mit Literaturangaben findet sich in L. Zhao et al., »Origin and Spread of De Novo Genes in *Drosophila melanogaster* Populations«, *Science* 343 (2014): 769–772.

McClintocks Entdeckung der springenden Gene wird erstmals beschrieben in Barbara McClintock, »The Origin and Behavior of Mutable Loci in Maize«, *Proceedings of the National Academy of Sciences* 36 (1950): 344–355. Eine rückblickende Würdigung und Erklärung des Aufsatzes bietet S. Ravindran, »Barbara McClintock and the Discovery of Jumping Genes«, *Proceedings of the National Academy of Sciences* 109 (2012): 20 198–20 199.

Zur Entdeckung und Funktionsweise der springenden Gene siehe L. Pray und K. Zhaurova, »Barbara McClintock and the Discovery of Jumping Genes (Transposons)«, *Nature Education* 1 (2008): 169.

Die National Library of Medicine hat die Aufsätze von McClintock online gespeichert, darunter auch die hier wiedergegebenen Zitate und das Zitat von Nixon von der Feier bei der Verleihung der National Medal of Science: https://profiles.nlm.nih.gov/ps/retrieve/Narrative/LL/p-nid/52.

6. Unser inneres Schlachtfeld

Das klassische Werk von Ernst Mayr trägt den Titel *Animal Species and Evolution* (Cambridge, MA: Harvard University Press, 1963) [dt. *Artbegriff und Evolution*. Üb. v. G. Heberer; Hamburg: Parey, 1967].

Das Buch von Richard Goldschmidt heißt *The Material Basis of Evolution* (New Haven, CT: Yale University Press, 1940). Der Artikel, über den Mayr sich so ärgerte, ist Goldschmidt, »Evolution as Viewed by One Geneticist«, Amer*ican Scientist* 40 (1952): 84–98.

Zu Goldschmidts Leben siehe Curt Stern, *Richard Benedict Goldschmidt, 1878–1958: A Biographical Memoir* (Washington, DC: National Academy of Sciences, 1967), verfügbar unter http://www.n.asonline.org/publications/biographical-memoirs/memoir-pdfs/goldschmidt-richard.pdf.

Das Zeitalter, in dem Mayr seine wichtigsten Beiträge leistete, wird als Zeit der Synthese in der Evolutionswissenschaft bezeichnet; sie hatte ihren Höhepunkt Ende der 1940er Jahre, als Befunde aus der Genetik in die Fachgebiete der biologischen Systematik, Paläontologie und vergleichenden Anatomie einflossen. Während unserer auch weiterhin stattfindenden Teestunden sprach Mayr häufig davon, in den 1990er Jahren stehe eine ganz neue Synthese am Horizont, mit der sich die Arbeiten seiner Generation in die Molekularbiologie und Entwicklungsgenetik erweitern würden. Entsprechend forderte er die Doktoranden in seinem Dunstkreis auf, sich in der entsprechenden wissenschaftlichen Literatur auf dem Laufenden zu halten.

Das ungeheuer einflussreiche Werk von Ronald Fisher war *The Genetical Theory of Natural Selection* (London: Clarendon Press, 1930).

Die Artikel von Vincent Lynch sind V. J. Lynch et al., »Ancient Transposable Elements Transformed the Uterine Regulatory Landscape and Transcriptome During the Evolution of Mammalian Pregnancy«, *Cell Reports* 10 (2015): 551–561; und V. J. Lynch et al., »Transposon-Mediated Rewiring of Gene Regulatory Networks Contributed to the Evolution of Pregnancy in Mammals«, *Nature Genetics* 43 (2011): 1154–1158.

Einen Überblick über das allgemeine Problem gab Lynch in G. P. Wagner und V. J. Lynch, »The Gene Regulatory Logic of Transcription Factor Evolution«, *Trends in Ecology and Evolution* 23 (2008): 377–385; und G. P. Wagner und V. J. Lynch, »Evolutionary Novelties«, *Current Biology* 20 (2010): 48–52. Die Anregung für diese Arbeiten stammte von McClintock selbst in B. McClintock, »The Origin and Behavior of Mutable Loci in Maize«, *Proceedings of the National Academy of Sciences* 36 (1950): 344–355, sowie aus dem bahnbrechenden Aufsatz von R. J. Britten und E. H. Davidson, »Repetitive and Non-Repetitive DNA Sequences and a Speculation on the Origins of Evolutionary Novelty«, *Quarterly Review of Biology* 46 (1971): 111–138.

Die Frage, wie sich springende Gene in nützliche Genomteile verwandeln (ihre sogenannte Domestikation) ist ein aktuelles Forschungsthema. Eine Auswahl aus Aufsätzen und Literaturangaben bieten D. Jangam et al., »Transposable Element Domestication as an Adaptation to Evolutionary Conflicts«, *Trends in Genetics* 33 (2017): 817–831 und E. B. Chuong et al., »Regulatory Activities of Transposable Elements: From Conflicts to Benefits«, *Nature Reviews Genetics* 18 (2017): 71–86.

Einen guten Überblick über die Arbeiten mit Syncytin gibt C. Lavialle et al., »Paleovirology of ›Syncytins‹, Retroviral *env* Genes Exapted for a Role in Placentation«, *Philosophical Transactions of the Royal Society of London,* B 368 (2013): 20120507 und H. S. Malik, »Retroviruses Push the Envelope for Mammalian Placentation«, *Proceedings of the National Academy of Sciences* 109 (2012): 2184–85. Die Entdeckungen zum Syncytin werden beschrieben in S. Mi et al., »Syncytin is a Captive Retroviral Envelope Protein Involved in Human Placental Morphogenesis«, *Nature* 403 (2000): 785–789; J. Denner, »Expression and Function of Endogenous Retroviruses in the Placenta«, *APMIS* 124 (2016): 31–43; A. Dupressoir et al., »Syncytin-A Knockout Mice

Demonstrate the Critical Role in Placentation of a Fusogenic, Endogenous Retrovirus-Derived, Envelope Gene«, *Proceedings of the National Academy of Sciences* 106 (2009): 12 107–12 132; und A. Dupressoir et al., »A Pair of Co-Opted Retroviral Envelope Syncytin Genes is Required for Formation of the Two-Layered Murine Placental Syncytiotrophoblast«, *Proceedings of the National Academy of Sciences* 108 (2011): 1164–1173.

Einen allgemeinen Überblick über die Bedeutung der Retroviren für die Evolution der Plazenta gibt D. Haig, »Retroviruses and the Placenta«, *Current Biology* 22 (2012): 609–613.

Syncytine wurde auch bei anderen Arten gefunden, die der Plazenta ähnliche Strukturen besitzen, beispielsweise bei Eidechsen. Siehe G. Cornelis et al., »An Endogenous Retroviral Envelope Syncytin and Its Cognate Receptor Identified in the Viviparous Placental *Mabuya* Lizard«, *Proceedings of the National Academy of Sciences* 114 (2017): E10991-E11000.

Die Suche nach längst toten oder domestizierten Viren ist ein eigenes Fachgebiet, das als Paläovirologie bezeichnet wird. Weitere Informationen finden sich in M. R. Patel et al., »Paleovirology – Ghosts and Gifts of Viruses Past«, *Current Opinion in Virology* 1 (2011): 304–309; und J. A. Frank und C. Feschotte, »Co-option of Endogenous Viral Sequences for Host Cell Function«, *Current Opinion in Virology* 25 (2017): 81–89.

Die Arbeiten von Jason Shepherd mit *Arc* werden beschrieben in in E. D. Pastuzyn et al., »The Neuronal Gene *Arc* Encodes a Repurposed Retrotransposon Gag Protein That Mediates Intercellular RNA Transfer«, *Cell* 172 (2018): 275–288. Einen Überblick über den Aufsatz für ein Laienpublikum gab Ed Yong in »Brain Cells Share Information with Virus-Like Capsules«, *Atlantic* (Januar 2018).

7. Gezinkte Würfel

Das Buch, das aus Goulds Vorlesungen hervorging, war Stephen Jay Gould, *Wonderful Life: The Burgess Shale and the Nature of History* (New York: Norton, 1989) [dt. *Zufall Mensch: Das Wunder des Lebens als Spiel der Natur.* Üb. v. F. Griese; München: Hanser, 1991].

Ray Lankesters Arbeiten zu Degeneration und Mehrfachentwicklungen in der Evolution werden beschrieben in E. R. Lankester, *Degeneration: A Chapter in Darwinism* (London: Macmillan, 1880); und E. R. Lankester, »On the Use of the Term ›Homology‹ in Modern Zoology, and the Distinction Between Homogenetic and Homoplastic Agreements«, *Annals and Magazine of Natural History* 6 (1870): 34–43.

Erläuterungen zu konvergenter und paralleler Evolution finden sich in Simon Conwav Morris, *Life's Solution: Inevitable Humans in a Lonely Universe* (Cambridge, UK: Cambridge University Press, 2003) [dt. *Jenseits des Zufalls: Wir Menschen im einsamen Universum.* Üb. v. S. Schneckenburger; Berlin: Berlin Univ. Press, 2008]. Conway Morris vertritt den felsenfesten Standpunkt, dass die Evolution insgesamt unvermeidlich ist. Dagegen ist Jonathan Losos, *Improbable Destinies: Fate, Chance, and the Future of Evolution* (New York: Riverhead, 2017) [dt. *Glücksfall Mensch: Ist Evolution vorhersagbar?* Üb. v. S. Schmid u. R. Weitbrecht; München: Hanser, 2018] eine ausgewogene Darstellung der Zusammenhänge zwischen Zufall und Zwangsläufigkeit.

Gute Filmaufnahmen von der herausschießenden Salamanderzunge finden sich unter https://www.youtube.com/watch?v=mRrIITcUeBM.

Eine wissenschaftliche Analyse der anatomischen Verhältnisse hinter diesem verblüffenden Merkmal ist S. M. Deban et al., »Extremely High-Power Tongue Projection in Plethodontid Salamanders«, *Journal of Experimental Biology* 210 (2007): 655–667.

Der ursprüngliche Artikel von Wake über die herausschießende Zunge ist ein Klassiker: R. E. Lombard und D. B. Wake,

»Tongue Evolution in the Lungless Salamanders, Family Plethodontidae IV. Phylogeny of Plethodontid Salamanders and the Evolution of Feeding Dynamics«, *Systematic Zoology* 35 (1986): 532–551.

Die bemerkenswerte Mehrfachevolution der herausschießende Zunge verdeutlicht D. B. Wake et al., »Transitions to Feeding on Land by Salamanders Feature Repetitive Convergent Evolution«, 395–405, in K. Dial, N. Shubin, und E. L. Brainerd, Hrsg., *Great Transformations in Vertebrate Evolution* (Chicago: University of Chicago Press, 2015).

Die Analyse der gefrorenen Salamander wird beschrieben in N. H. Shubin et al., »Morphological Variation in the Limbs of *Taricha Granulosa* (Caudata: Salamandridae): Evolutionary and Phylogenetic Implications«, *Evolution* 49 (1995): 874–884. Die evolutionstheoretische Interpretation und die vorhersagbaren Gesetzmäßigkeiten werden erörtert in N. Shubin und D. B. Wake, »Morphological Variation, Development, and Evolution of the Limb Skeleton of Salamanders«, 1782–1808, in H. Heatwole, Hrsg., »*Amphibian Biology* (Sydney: Surrey Beatty, 2003); N. Shubin und P. Alberch, »A Morphogenetic Approach to the Origin and Basic Organization of the Tetrapod Limb«, *Evolutionary Biology* 20 (1986): 319–387; N. B. Fröbisch und N. Shubin, »Salamander Limb Development: Integrating Genes, Morphology, and Fossils«, *Development Dynamics* 240 (2011): 1087–1099; N. Shubin und D. Wake, »Phylogeny, Variation and Morphological Integration«, *American Zoologist* 36 (1996): 51–60; und N. Shubin, »The Origin of Evolutionary Novelty: Examples from Limbs«, *Journal of Morphology* 252 (2002): 15–28.

Wake schrieb einige allgemeine Arbeiten zu der Frage, wie Mehrfachentwicklungen in der Evolution allgemeine Mechanismen des Wandels deutlich machen: D. B. Wake et al., »Homoplasy: From Detecting Pattern to Determining Process and Mechanism of Evolution«, *Science* 331 (2011): 1032–1035; und D. B. Wake, »Homoplasy: The Result of Natural Selection, or Evidence of Design Limitations?«, *American Naturalist* 138 (1991): 543–561.

Ein weiterer wissenschaftlicher Übersichtsartikel über Mehrfachentwicklungen in der Evolution ist B. K. Hall, »Descent with Modification: The Unity Underlying Homology and Homoplasy as Seen Through an Analysis of Development and Evolution«, *Biological Reviews of the Cambridge Philosophical Society* 78 (2003): 409–433.

Die Arbeiten an den Eidechsen in der Karibik sind zusammengefasst in Jonathan Losos, *Improbable Destinies: Fate, Chance, and the Future of Evolution* (New York: Riverhead, 2017) [dt. *Glücksfall Mensch: Ist Evolution vorhersagbar?* Üb. v. S. Schmid u. R. Weitbrecht; München: Hanser, 2018].

Im Labor von Richard Lenski an der Michigan State University läuft seit 1998 ein Langzeitexperiment. Es war damals ein kühnes Vorhaben und schuf die Möglichkeit, viele wichtige Formen des evolutionären Wandels unmittelbar zu beobachten, denn es gab uns die Hilfsmittel in die Hand, um den Ablauf der Ereignisse zu sehen. Die komplexen Zusammenhänge zwischen Determinismus und Zufall in der Evolution macht ein Übersichtsartikel deutlich: Z. Blount, R. Lenski, and J. Losos, »Contingency and Determinism in Evolution: Replaying Life's Tape«, *Science* 362:6415 (2018): doi: 10.1126/scienceaam5979.

8. Fusionen und Übernahmen

Der ursprüngliche Artikel von Lynn Margulis ist L. Sagan, »On the Origin of Mitosing Cells«, *Journal of Theoretical Biology* 14 (1967): 225–274. Das umfassende Buch über ihre Theorie ist Lynn Margulis, *Symbiosis in Cell Evolution: Life and Its Environment on the Early Earth* (San Francisco: Freeman, 1981. Ihr rückblickendes Zitat stammt aus einem Interview, das sie 2011 dem Magazin *Discover* gab. Dieses ist online verfügbar unter http://discovermagazine.com/2011/apr/16-interview-lynn-margulis-not-controversial-right.

Neuere Perspektiven und Literaturangaben finden sich in

J. Archibald, *One Plus One Equals One: Symbiosis and the Evolution of Complex Life* (Oxford: Oxford University Press, 2014); L. Eme et al., »Archaea and the Origin of Eukaryotes«, *Nature Reviews Microbiology* 15 (2017): 711–723; J. M. Archibald, »Endosymbiosis and Eukaryotic Cell Evolution«, *Current Biology* 25 (2015): 911–921; und M. O'Malley, »Endosymbiosis and Its Implications for Evolutionary Theory«, *Proceedings of the National Academy of Sciences* 112 (2015): 10 270–10 277.

Überzeugende, lehrreiche Werke über die ersten Phasen in der Geschichte des Lebens sind unter anderem Andrew Knoll, *Life on a Young Planet: The First Three Billion Years of Evolution on Earth* (Princeton, NJ: Princeton University Press, 2004); Nick Lane, *The Vital Question: Energy, Evolution, and the Origins of Complex Life* (New York: Norton, 2015) [dt. *Der Funke des Lebens: Energie und Evolution.* Üb. v. M. Niehaus, M. Wiese u. J. Wissmann; Darmstadt: Theiss, 2017]; und J. William Schopf, *Cradle of Life: The Discovery of Earth's Earliest Fossils* (Princeton, NJ: Princeton University Press, 1999).

Schopfs Gemeinschaftsprojekte zur Kohlenstoffisotopenanalyse der Strukturen im Apex Chert werden beschrieben in »SIMS Analyses of the Oldest Known Assemblage of Microfossils Document Their Tixon-Correlated Carbon Isotope Compositions«, *Proceedings of the National Academy of Sciences* 115 (2018): 53–58.

Bedeutung und Evolution der Individualität werden in einem kleinen Büchlein erörtert, das große Wirkungen entfaltete: Leo Buss, *The Evolution of Individuality* (Princeton, NJ: Princeton University Press, 1988). Buss konzentriert sich auf die Frage, was ein Individuum ist, und zeigt, wie die natürliche Selektion wirksam wird, wenn neue Individuen und Selektionsebenen auftauchen.

Eine Erörterung über die Entstehung neuer Typen von Individuen und ihre Auswirkungen auf die Evolution findet sich in John Maynard-Smith und Eörs Szathmáry, *The Major Transitions in Evolution* (Oxford: Oxford University Press, 1998) [dt. *Evolution: Prozesse, Mechanismen, Modelle.* Üb. v. I. Raschke; Heidelberg: Spektrum Akademischer Verlag, 1996].

Der großartige Vortrag von Nicole King, »Choanoflagellates and the Origin of Animal Multicellularity«, ist online verfügbar unter https://www.ibiology.org/ecology/choanoflagellates/.

Arbeiten über Choanoflagellaten werden unter anderem beschrieben in T. Brunet und N. King, »The Origin of Animal Multicellularity and Cell Differentiation«, *Developmental Cell* 43 (2017): 124–140; S. R. Fairclough et al., »Multicellular Development in a Choanoflagellate«, *Current Biology* 20 (2010): 875–876; R. A. Alegado und N. King, »Bacterial Influences on Animal Origins«, *Cold Spring Harbor Perspectives in Biology* 6 (2014): 6:ao16162; und D. J. Richter und N. King, »The Genomic and Cellular Foundations of Animal Origins«, *Annual Review of Genetics* 47 (2013): 509–537.

Eine gute Einführung über das Redigieren von Genomen mit CRISPR-Cas und die Geschichte des Verfahrens wurde von einer seiner Pionierinnen mitverfasst: Jennifer Doudna und Samuel Sternberg, A *Crack in Creation: Gene Editing and the Unthinkable Power to Control Evolution* (New York: Houghton Mifflin Harcourt, 2017) [dt. *Eingriff in die Evolution: Die Macht der CRISPR-Technologie und die Frage, wie wir sie nutzen wollen*. Üb. v. S. Vogel; Berlin: Springer, 2018].

Epilog

Der Mount Ritchie liegt im Victorialand in der Antarktis. Wir waren dort im Rahmen eines Projekts des US-Antarktisprogramms, das von der National Science Foundation, Grant 1 543 367 finanziert wurde.

Danksagungen

Dieses Buch ist meinen verstorbenen Eltern Seymour und Gloria Shubin gewidmet, die in mir nicht nur die Liebe zur Natur weckten, sondern auch die Neugier darauf, wie sie funktioniert, und das Bewusstsein, wie wichtig es ist, eine gute Geschichte zu erzählen. Für mein früheres Buch diente mir mein Vater, ein Belletristik-Autor, für den Wissenschaft keine leichte Kost war, als Probepublikum. Wenn er am Narrativ Spaß hatte und die Wissenschaft zu schätzen wusste, wusste ich, dass ich etwas richtig gemacht hatte. Er ist auch hier auf jeder Seite gegenwärtig.

Dieses ist das dritte Buch, das ich zusammen mit der Illustratorin Kalliopi Monoyios geschrieben habe. Sie bringt eine Leidenschaft für die Wissenschaft und einen scharfen Blick für die visuelle Umsetzung von Geschichten mit; darin machte sie auch bei diesem Buch keine Ausnahme. Sie las Entwürfe, holte Genehmigungen ein und war von unschätzbarem Wert, weil sie Schwächen in meinem Erzählfluss und den wissenschaftlichen Aussagen aufdeckte. Kapi ist online unter www.kalliopimonoyios.com und bei Instagram unter kalliopi.monoyios.

Mehrere Menschen berichteten mir großzügig über ihre Wissenschaft, ihre persönliche Vergangenheit oder ihre Ideen. Dazu gehörten unter anderem Cedric Feschotte, Bob Hill, Mary-Claire King, Nicole King, Chris Lowe, Vinny Lynch, Nipam Patel, Jason Shepherd und David Wake. John Novembre, Michele Seidl und Kalliopi Monoyios lasen Teile des Entwurfs und gaben wichtige Kommentare ab. Jede Fehlinterpretation persönlicher Geschichten oder wissenschaftliche Fehler liegen in meiner Verantwortung.

Die Mitarbeiter in meinem Institut ertrugen während der letzten drei Jahre häufig meine Abwesenheit. Heutigen und früheren Angehörigen des Labors bin ich zutiefst dankbar: Noritaka Adachi, Melvin Bonilla, Andrew Gehrke, Katie Mika, Mirna Marinic, Tetsuya Nakamura, Atreyo Pal, Joyce Pieretti, Igor Schneider, Gayani Senevirathne, Tom Stewart und Julius Tabin trieben mich an und inspirierten mich, in der wissenschaftlichen Arbeit immer besser zu werden. Zu meinem Glück hatte ich Wissenschaftler als Kollegen, die sowohl meine Arbeit voranbrachten als auch meine Art, über sie zu berichten. Dazu gehören die Mitglieder meiner letzten Freilandmannschaften in Polargebieten als auch jene, die in der Molekularbiologie mit mir zusammengearbeitet oder mir etwas beigebracht haben: Sean Carroll, Ted Daeschler, Marcus Davis, John Long, Adam Maloof, Tim Senden, José-Luis Gomez Skarmeta und Cliff Tabin.

Nichts beginnt da, wo man glaubt, dass es beginnt. Auf diese oder jene Weise hatte ich solche Ideen im Kopf, seit ich an der Harvard-Universität promovierte, und auch später in Berkeley, wo ich die Gelegenheit hatte, mit Menschen in Kontakt zu kommen, deren Gedanken und Ansichten mein Weltbild zutiefst beeinflussten. Unter ihnen waren Pere Alberch, Stephen Jay Gould, Ernst Mayr und Greg Mayer. In Diskussionen und kollegialen Gesprächen mit allen diesen Personen kristallisierte sich mein eigenes Denken klarer heraus.

Zu einem großen Teil schrieb ich dieses Buch, während ich in der Leitung des Marine Biological Laboratory in Woods Hole (Massachusetts) mitarbeitete. Wenn man Wissenschaft erlernen und betreiben will, ist das MBL ein ganz besonderer Ort: Es lockt jedes Jahr eine bemerkenswerte Gemeinschaft fest angestellter und gastweise anwesender Biowissenschaftler an. Als ich in der Lillie Library des MBL einige Kapitel dieses Buches schrieb, fühlte ich mich mit früheren Mitarbeitern verbunden, die für mehrere Kapitel die Grundlagen lieferten: Julia Platt, O. C. Whitman, T. H. Morgan und Émile Zuckerkandl. Die Bibliotheken in Wellfleet, Eastham, Orleans und Truro dienten mir als stille, erholsame Orte, an denen ich jeden Sommer schreiben konnte.

Katinka Mason, Max Brockman und Russell Weinberger von meiner Agentur waren eine stetige Quelle der Unterstützung und begleiteten dieses Projekt. Dan Frank hat bereits drei meiner Bücher lektoriert, und das war jedes Mal eine Meisterschule in der Kunst des Schreibens und der Veröffentlichung. Dan ermutigte mich, stachelte mich zu Verbesserungen an und hatte während der ganzen Entstehungsgeschichte große Geduld mit mir. Mein britischer Lektor Sam Carter war eine großartige Quelle der Ermutigung. Dan Franks Assistentin Vanessa Rae Haughton begleitete das Projekt fröhlich vom Manuskript bis zum fertigen Buch. Die bemerkenswerten Teams von Herstellern und Lektoren beim Verlag Pantheon – Romeo Enriquez, Ellen Feldman, Janet Biehl, Chuck Thompson und Laura Starrett – leisteten geradezu heldenhafte Arbeit. Mein Dank gilt Anna Knighton für die Textgestaltung und Perry De La Verga, der aus den Themen des Buches ein großartiges Umschlagbild machte. Mit Michiko Clark und der Werbemannschaft bei Pantheon zu arbeiten war eine Freude.

Meine Familie lebte fast fünf Jahre mit diesem Projekt, erduldete meine Abwesenheit und endlose Diskussionen über Fossilien, DNA und die Geschichte des Lebens. Meine Frau Michele Seidel und die Kinder Nathaniel und Hannah waren immer an meiner Seite auf einem Weg, der in vielem der Evolution glich: Er war voller Windungen, Wendungen, Überraschungen und Wunder.

Abbildungsnachweis

Abb. 3 © Kalliopi Monoyios

Abb. 4 Mit freundlicher Genehmigung des © The Metropolitan Museum of Art

Abb. 6 *Deinonychus* mit freundlicher Genehmigung von © Paul Heaston; Silhouette © Kalliopi Monoyios

Abb. 7 Aus F. M. Smithwick, R. Nicholls, I. C. Cuthill, und J. Vinther (2017), »Countershading and Stripes in the Theropod Dinosaur Sinosauropteryx Reveal Heterogeneous Habitats in the Early Cretaceous Jehol Biota« (http://www.cell.com/currentbiology/fulltext/S0960-9822(17)31197-1), *Current Biology*. DOI:10.1016/j.cub.2017.09.032 (https://doi.org/10.1016/j.cub.2017.09.032), verwendet unter CC BY 4.0 International

Abb. 11 Mit freundlicher Genehmigung vom Scott Polar Research Institute, University of Cambridge

Abb. 12 Aus Walter Garstang, *Larval Forms and Other Verses*

Abb. 13 © Kalliopi Monoyios

Abb. 14 © Kalliopi Monoyios

Abb. 17 Mit freundlicher Genehmigung der Stanford University Hopkins Marine Station

Abb. 18 © Kalliopi Monoyios

Abb. 19 von Marc Averette, verwendet unter CC BY 3.0 Unported

Abb. 20 © Kalliopi Monoyios

Abb. 21 © Kalliopi Monoyios

Abb. 22 © 2011 Wolfgang F. Wülker, aus W. F. Wülker u. a.,

»Karyotypes of *Chironomus* Meigen (Diptera: Chironomidae) Species from Africa«, *Comparative Cytogenetics* 5(1): 23–46, https://doi.org/10.3897/compcytogen.v5i1.975, verwendet unter CC BY 3.0

Abb. 23 Mit freundlicher Genehmigung der Archive der Smithsonian Institution

Abb. 24 © Kalliopi Monoyios

Abb. 25 Abbildung von Howard Lipschitz, abgedruckt mit freundlicher Genehmigung von Springer Nature, Niederlande

Abb. 26 © Kalliopi Monoyios

Abb. 27 © Kalliopi Monoyios

Abb. 28 © Kalliopi Monoyios

Abb. 29 © Kalliopi Monoyios

Abb. 30 Andrew Gehrke und Tetsuya Nakamura, University of Chicago

Abb. 31 Mit freundlicher Genehmigung der Hope Archives

Abb. 32 Mit freundlicher Genehmigung der Barbara McClintock Collection des Cold Spring Harbor Laboratory

Abb. 33 Mit freundlicher Genehmigung von Vincent J. Lynch

Abb. 34 Farbige Lithographie nach Sir L. Ward, Wellcome Library, London, verwendet unter CC BY 4.0

Abb. 35 Mit freundlicher Genehmigung von David Wake

Abb. 36 © Kalliopi Monoyios

Abb. 37 Mit freundlicher Genehmigung von Gayani Senevirathne, University of Chicago

Abb. 38 © Kalliopi Monoyios

Abb. 39 Mit freundlicher Genehmigung von Boston University Photography

Abb. 40 © Kalliopi Monoyios

Abb. 41 Mit freundlicher Genehmigung von Nicole King

Register